Hola a tod@s!!

Esta edición impresa del material pretende ser una ayuda más para todos aquellos que no siempre tenéis disponible internet para consultar #BertoBlog o que simplemente (y al igual que me pasa a mí) preferís tener las cosas en papel a la hora de estudiar. Espero que resulte útil a todo el mundo y que con todo vuestro esfuerzo, y este pequeño granito de arena que os aporto yo, alcancéis todos vuestros objetivos. Es un año importante y las pruebas de acceso a la universidad siempre asustan. Pero no puedes dejar que ese miedo te paralice, si no usarlo de motivación para salir a por todas!

Encontraréis en este libro las pruebas de acceso a la universidad de la Comunidad Valenciana de los últimos años con sus soluciones.

Tenéis mucho más contenido en #BertoBlog, y lo mejor es que un pequeño gesto como el que has tenido tú al adquirir el libro, ayudará a que cada día haya más y más contenido disponible.

Un saludo y muchas gracias por adquirir y recomendar el libro.

Espero que te sea de mucha ayuda. Para cualquier cosa nos vemos en #BertoBlog!!

Berto

PRUEBAS DE ACCESO
A LA UNIVERSIDAD
COMUNIDAD
VALENCIANA

MATEMÁTICAS CCSS
2010-2024

INDICE

OPCIÓN A

JUNIO 2010

Todas las respuestas han de ser debidamente razonadas.

Problema 1. En un horno mallorquín se fabrican dos tipos de ensaimadas, grandes y pequeñas. Cada ensaimada grande requiere para su elaboración 500 g. de masa y 250 g. de relleno, mientras que una pequeña requiere 250 g. de masa y 250 g. de relleno. Se dispone de 20 kg. de masa y 15 kg. de relleno. El beneficio obtenido por la venta de una ensaimada grande es de 2 euros y el de una pequeña es de 1,5 euros.

a) ¿Cuántas ensaimadas de cada tipo tiene que fabricar el horno para que el beneficio obtenido sea máximo?

b) ¿Cuál es el beneficio máximo?

Problema 2. Dada la función $f(x) = \dfrac{x^2+1}{x^2-9}$, se pide:

a) Su dominio y puntos de corte con los ejes coordenados.

b) Ecuación de las asíntotas horizontales y verticales.

c) Intervalos de crecimiento y decrecimiento.

d) Máximos y mínimos locales.

e) Representación gráfica a partir de la información de los apartados anteriores.

Problema 3. Se sabe que $p(B|A) = 0,9$, $p(A|B) = 0,2$ y $p(A) = 0,1$.

a) Calcula $p(A \cap B)$ y $p(B)$.

b) ¿Son independientes los sucesos A y B? ¿Por qué?

c) Calcula $p(A \cup \bar{B})$, donde $\bar{B}$ representa el suceso complementario o contrario de B.

OPCIÓN B

Todas las respuestas han de ser debidamente razonadas.

Problema 1. Obtén la matriz X que verifica:

$$2\begin{pmatrix} 2 & 2 \\ -1 & -3 \end{pmatrix} X - \begin{pmatrix} 3 \\ 2 \end{pmatrix} = \begin{pmatrix} 2 & 0 & -1 \\ 4 & -1 & 3 \end{pmatrix} \begin{pmatrix} 1 \\ 5 \\ -3 \end{pmatrix}$$

Problema 2. La siguiente función representa la valoración de una empresa en millones de euros en función del tiempo, t, a lo largo de los últimos 13 años:

$$f(t) = \begin{cases} 5 - 0,1t & 0 \le t < 5 \\ 4,5 + 0,05(t-5) & 5 \le t < 10 \\ 4,75 + 0,1(t-10)^2 & 10 \le t \le 13 \end{cases}$$

Estudia analíticamente en el intervalo $[0,13]$:

a) Si la función $f(t)$ es o no continua, indicando en caso negativo los puntos de discontinuidad.

b) Instante t en el que la valoración de la empresa es máxima y dicha valoración máxima.

c) Instante t en el que la valoración de la empresa es mínima y dicha valoración mínima.

Problema 3. Al 80% de los miembros de una sociedad gastronómica le gusta el vino *Raïm Negre*. Entre estos, al 75% le gusta el queso de cabra. Además, a un 4% de los miembros de esta sociedad no le gusta el vino *Raïm Negre* ni el queso de cabra.

a) ¿A qué porcentaje le gusta tanto el vino *Raïm Negre* como el queso de cabra?

b) ¿A qué porcentaje no le gusta el queso de cabra?

c) Si a un miembro de la sociedad le gusta el queso de cabra, ¿cuál es la probabilidad de que le guste el vino *Raïm Negre*?

d) ¿A qué porcentaje le gusta el vino *Raïm Negre* entre aquéllos a los que no les gusta el queso de cabra?

OPCIÓN A

PROBLEMA 1

	Unidades	Masa	Relleno	Beneficio
Ensaimadas Grandes	x	$0'5x$	$0'25x$	$2x$
Ensaimadas Pequeñas	y	$0'25y$	$0'25y$	$1'5y$
TOTAL	$x+y$	$0'5x+0'25y$	$0'25x+0'25y$	$2x+1'5y$
Restricción	/	≤ 20	≤ 15	objetivo

Función Objetivo : $f(x,y) = 2x + 1'5y$ (maximizar)

Restricciones :

$$0'5x + 0'25y \leq 20 \Big\} \xrightarrow{\times 4} 2x + y \leq 80 \longrightarrow y \leq 80 - 2x$$

$$0'25x + 0'25y \leq 15 \Big\} \xrightarrow{\times 4} x + y \leq 60 \longrightarrow y \leq 60 - x$$

$$x \geq 0 ; \quad y \geq 0$$

x	$y = 80 - 2x$
0	80
40	0

x	$y = 60 - x$
0	60
60	0

Ya tenemos los vértices:

A (0,0)

B (0,60)

D (40,0)

Calculamos el vértice que falta:

$$C \begin{cases} y = 80 - 2x \\ y = 60 - x \end{cases} \Rightarrow 80 - 2x = 60 - x \Rightarrow x = 20 \Rightarrow C(20, 40)$$

y por tanto:

$f(x,y) = 2x + 1'5y$

$\quad \hookrightarrow f(0,0) = 0 \,€$

$\quad \hookrightarrow f(0,60) = 1'5 \cdot 60 = 90 \,€$

$\quad \hookrightarrow f(20,40) = 2 \cdot 20 + 1'5 \cdot 40 = 100 \,€$

$\quad \hookrightarrow f(40,0) = 2 \cdot 40 = 80 \,€$

Hay que fabricar 20 grandes y 40 pequeñas para obtener el máximo beneficio de 100 €.

⸨PROBLEMA 2⸩

$$f(x) = \frac{x^2 + 1}{x^2 - 9}$$

✱ Dominio:

$$x^2 - 9 = 0 \left\langle \begin{matrix} x = -3 \\ x = 3 \end{matrix} \right. \Rightarrow Dom(f(x)) = \mathbb{R} \smallsetminus \{-3, 3\}$$

✱ Puntos de corte con los ejes:

– Con el eje X : $f(x) = 0$

$\dfrac{x^2 + 1}{x^2 - 9} = 0 \Rightarrow x^2 + 1 \neq 0 \Rightarrow$ No corta al eje X

– Con el eje Y : $x = 0$

$f(0) = -\dfrac{1}{9} \Rightarrow PC\left(0, -\tfrac{1}{9}\right)$

* Asíntotas:

→ A. Verticales:

$$\lim_{x \to -3} \frac{x^2+1}{x^2-9} = \left[\frac{10}{0}\right] \longrightarrow \begin{cases} \lim_{x \to -3^-} \frac{x^2+1}{x^2-9} = +\infty \\[2mm] \lim_{x \to -3^+} \frac{x^2+1}{x^2-9} = -\infty \end{cases}$$

$$\Rightarrow x=-3 \text{ es A. Vertical}$$

$$\lim_{x \to 3} \frac{x^2+1}{x^2-9} = \left[\frac{10}{0}\right] \longrightarrow \begin{cases} \lim_{x \to 3^-} \frac{x^2+1}{x^2-9} = -\infty \\[2mm] \lim_{x \to 3^+} \frac{x^2+1}{x^2-9} = +\infty \end{cases}$$

$$\Rightarrow x=3 \text{ es A. Vertical}$$

→ A. Horizontales:

$$\lim_{x \to \infty} \frac{x^2+1}{x^2-9} = \left[\frac{\infty}{\infty}\right] = \lim_{x \to \infty} \frac{x^2}{x^2} = 1$$

$$\lim_{x \to -\infty} \frac{x^2+1}{x^2-9} = \lim_{x \to \infty} \frac{(-x)^2+1}{(-x)^2-9} = \lim_{x \to \infty} \frac{x^2+1}{x^2-9} = 1$$

$$\Rightarrow y=1 \text{ es A. Horizontal}$$

* Monotonía y extremos relativos:

$$f'(x) = \frac{2x \cdot (x^2-9) - (x^2+1) \cdot 2x}{(x^2-9)^2} = \frac{2x \cdot (-10)}{(x^2-9)^2} = \frac{-20x}{(x^2-9)^2}$$

$$f'(x) = 0 \longrightarrow -20x = 0 \Rightarrow x=0$$

f(x) ↗	f(x) ↗	f(x) ↘	f(x) ↘

$$f'(x)>0 \quad (-3) \quad f'(x)>0 \quad 0 \quad f'(x)<0 \quad (3) \quad f'(x)<0$$

Creciente: $(-\infty, -3) \cup (-3, 0)$

Decreciente: $(0, 3) \cup (3, +\infty)$

Máximo relativo en $x = 0 \Rightarrow$ Máx $(0, f(0)) \Rightarrow$ Máx $(0, -1/9)$

* Representación:

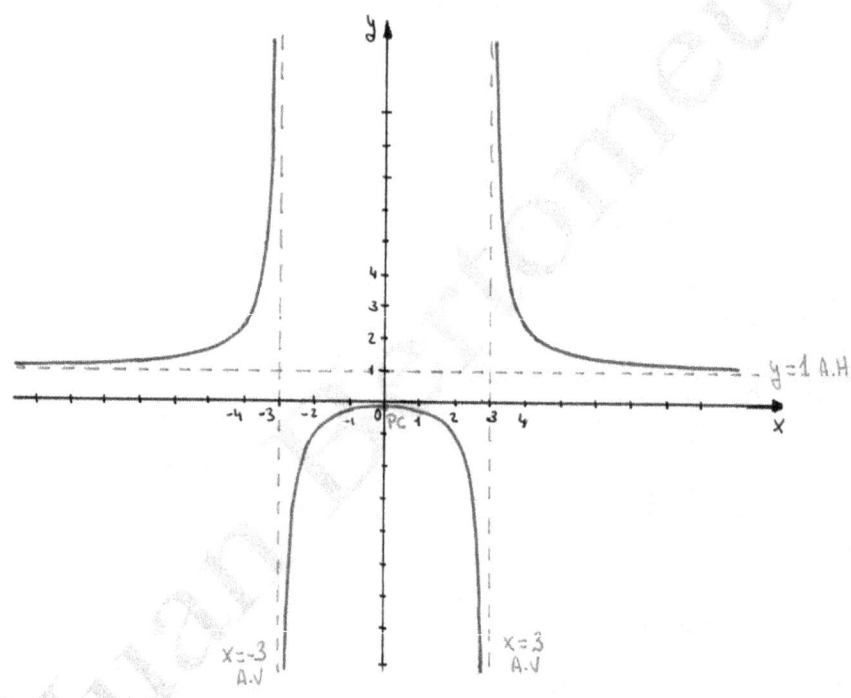

$y = 1$ A.H

$x = -3$ A.V

$x = 3$ A.V

PROBLEMA 3

Datos: $p(B/A) = 0'9$; $p(A/B) = 0'2$; $p(A) = 0'1$

a) $p(B/A) = \dfrac{p(A \cap B)}{p(A)}$; $\Rightarrow 0'9 = \dfrac{p(A \cap B)}{0'1} \Rightarrow p(A \cap B) = 0'09$

$p(A/B) = \dfrac{p(A \cap B)}{p(B)} \Rightarrow p(B) = \dfrac{p(A \cap B)}{p(A/B)} = \dfrac{0'09}{0'2} = 0'45$

PÁGINA 4

b) Dos sucesos A y B son independientes cuando se verifica que $p(A/B) = p(A)$. Como vemos en los datos $p(A/B) \neq p(A)$. y por tanto A y B NO SON INDEPENDIENTES.

c)

A, $\bar{B}$

$$p(A \cup \bar{B}) = p(\bar{B}) + p(A \cap B)$$

$$p(A \cup \bar{B}) = 0'55 + 0'09 = 0'64$$

{OPCIÓN B}

{PROBLEMA 1}

$$2 \cdot \begin{pmatrix} 2 & 2 \\ -1 & -3 \end{pmatrix} \cdot X - \begin{pmatrix} 3 \\ 2 \end{pmatrix} = \begin{pmatrix} 2 & 0 & -1 \\ 4 & -1 & 3 \end{pmatrix} \cdot \begin{pmatrix} 1 \\ 5 \\ -3 \end{pmatrix} \Rightarrow$$

$$\Rightarrow \begin{pmatrix} 4 & 4 \\ -2 & -6 \end{pmatrix} \cdot X - \begin{pmatrix} 3 \\ 2 \end{pmatrix} = \begin{pmatrix} 5 \\ -10 \end{pmatrix} \Rightarrow \begin{pmatrix} 4 & 4 \\ -2 & -6 \end{pmatrix} X = \begin{pmatrix} 8 \\ -8 \end{pmatrix} \Rightarrow$$

$$A \cdot X = B$$

$$\Rightarrow X = A^{-1} \cdot B \; ; \; A^{-1} = \frac{1}{\det(A)} \cdot [Adj(A)]^{t}, \quad \det(A) = \begin{vmatrix} 4 & 4 \\ -2 & -6 \end{vmatrix} = -16$$

$$Adj(A) = \begin{pmatrix} -6 & 2 \\ -4 & 4 \end{pmatrix} ; \; [Adj(A)]^{t} = \begin{pmatrix} -6 & -4 \\ 2 & 4 \end{pmatrix} \Rightarrow A^{-1} = \frac{-1}{16} \cdot \begin{pmatrix} -6 & -4 \\ 2 & 4 \end{pmatrix}$$

PÁGINA 5

13

$$X = A^{-1} \cdot B = -\frac{1}{16} \cdot \begin{pmatrix} -6 & -4 \\ 2 & 4 \end{pmatrix} \cdot \begin{pmatrix} 8 \\ -8 \end{pmatrix} = -\frac{1}{16} \begin{pmatrix} -16 \\ -16 \end{pmatrix} = \begin{pmatrix} 1 \\ 1 \end{pmatrix}$$

PROBLEMA 2

$$f(t) = \begin{cases} 5 - 0'1t & \text{si } 0 \le t < 5 \\ 4'5 + 0'05(t-5) & \text{si } 5 \le t < 10 \\ 4'75 + 0'1(t-10)^2 & \text{si } 10 \le t \le 13 \end{cases}$$

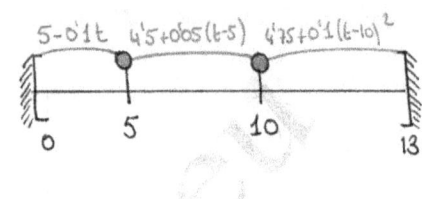

Si $0 \le t < 5$ → $f(t) = 5 - 0'1t$ → Continua en $\mathbb{R}$

   ↳ Continua en $[0, 5)$

Si $5 < t < 10$ → $f(t) = 4'5 + 0'05(t-5)$ → Continua en $\mathbb{R}$

   ↳ Continua en $(5, 10)$

Si $10 < t \le 13$ → $f(t) = 4'75 + 0'1(t-10)^2$ → Continua en $\mathbb{R}$

   ↳ Continua en $(10, 13]$

Si $t = 5$

$f(5) = 4'5 + 0'05 \cdot 0 = 4'5$

$$\lim_{t \to 5} f(t) \longrightarrow \begin{cases} \lim\limits_{t \to 5^-} (5 - 0'1t) = 4'5 \\ \lim\limits_{t \to 5^+} (4'5 + 0'05(t-5)) = 4'5 \end{cases} \lim_{t \to 5} f(t) = 4'5$$

Como $f(5) = \lim\limits_{t \to 5} f(t)$ ⟹ $f(t)$ es continua en $t = 5$.

(Si $t = 10$)

$f(10) = 4'75 + 0'1 . 0 = 4'75$

$$\lim_{t \to 10} f(t) \longrightarrow \begin{cases} \lim\limits_{t \to 10^-} 4'5 + 0'05(t-5) = 4'75 \\[2mm] \lim\limits_{t \to 10^+} 4'75 + 0'1(t-10)^2 = 4'75 \end{cases} \Bigg\} \lim_{t \to 10} f(t) = 4'75$$

Como $f(10) = \lim\limits_{t \to 10} f(t) \Rightarrow f(t)$ es contínua en $t = 10$

$\Longrightarrow f(t)$ es contínua en el intervalo $[0, 13]$

Los máximos y mínimos absolutos de una función definida

en un intervalo $[a, b]$ se localizan de entre los extremos

relativos que estén dentro de ese intervalo y las fronteras

del propio intervalo. Así:

(Si $0 \le t < 5$) $\longrightarrow f(t) = 5 - 0'1 . t$

$\quad f'(t) = -0'1$

$\quad f'(t) \ne 0 \longrightarrow$ No hay puntos críticos.

(Si $5 < t < 10$) $\longrightarrow f(t) = 4'5 + 0'05(t-5)$

$\quad f'(t) = 0'05$

$\quad f'(t) \ne 0 \longrightarrow$ No hay puntos críticos.

(Si $10 < t \le 13$) $\longrightarrow f(t) = 4'75 + 0'1(t-10)^2$

$\quad f'(t) = 0'2 \cdot (t-10)$

$\quad f'(t) = 0 \Rightarrow 0'2(t-10) = 0 \Rightarrow t = 10$

Por tanto:

$f(0) = 5$ | El valor máximo de la empresa de 5'65

$f(5) = 4'5$ | millones de euros se obtiene a los 13 años,

$f(10) = 4'75$ | y el valor mínimo es 4'5 millones de euros

$f(13) = 5'65$ | que se alcanzó a los 5 años.

PROBLEMA 3

Sean los sucesos:

$V \equiv$ Le gusta el vino; $Q \equiv$ Le gusta el queso.

Datos: $p(V) = 0'8$; $p(Q|V) = 0'75$; $p(\bar{V} \cap \bar{Q}) = 0'04$

a) $p(Q|V) = \dfrac{p(Q \cap V)}{p(V)} \Rightarrow 0'75 = \dfrac{p(Q \cap V)}{0'8} \Rightarrow$

$$\Rightarrow p(Q \cap V) = 0'75 \cdot 0'8 = 0'6 \Rightarrow 60\%$$

b)
$\bar{V} \ \bar{Q}$

$p(\bar{V} \cap \bar{Q}) = 1 - p(V \cup Q)$

$0'04 = 1 - p(V \cup Q) \Rightarrow$

$$\Rightarrow p(V \cup Q) = 0'96$$

$p(V \cup Q) = p(V) + p(Q) - p(V \cap Q) \Rightarrow$

$\Rightarrow 0'96 = 0'8 + p(Q) - 0'6 \Rightarrow p(Q) = 0'76$

$\Rightarrow p(Q) + p(\bar{Q}) = 1 \Rightarrow p(\bar{Q}) = 1 - 0'76 = 0'24 \Rightarrow 24\%$

c) $p(V|Q) = \dfrac{p(V \cap Q)}{p(Q)} = \dfrac{0'6}{0'76} = \dfrac{15}{19} = 0'7895$

d) $p(V|\bar{Q}) = \dfrac{p(V \cap \bar{Q})}{p(\bar{Q})}$;

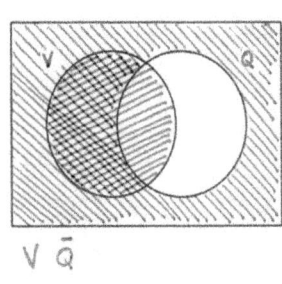

$V \bar{Q}$

$p(V \cap \bar{Q}) = p(V) - p(V \cap Q)$

$\Rightarrow p(V|\bar{Q}) = \dfrac{p(V \cap \bar{Q})}{p(\bar{Q})} = \dfrac{p(V) - p(V \cap Q)}{p(\bar{Q})} =$

$= \dfrac{0'8 - 0'6}{0'24} = \dfrac{5}{6} = 0'8333 \Rightarrow 83'33\%$

OPCIÓN A

SEPTIEMBRE 2010

Todas las respuestas han de ser debidamente razonadas.

Problema 1. Un ganadero dispone de alimento concentrado y forraje para alimentar sus vacas. Cada kg. de alimento concentrado contiene 300 gr. de Proteína Cruda (PC), 100 gr. de Fibra Cruda (FC) y 2 Mcal. de Energía Neta de Lactancia (ENL) y su coste es 11 euros. Por su parte, cada kg. de forraje contiene 400 gr. de PC, 300 gr. de FC y 1 Mcal. de ENL, siendo su coste 6,5 euros. Determina la ración alimenticia de mínimo coste si sabemos que cada vaca debe ingerir al menos 3500 gr. de PC, 1500 gr. de FC y 15 Mcal. de ENL. ¿Cuál es su coste?

Problema 2. Una pastelería ha comprobado que el número de pasteles de un determinado tipo que vende semanalmente depende de su precio p en euros, según la función:

$$n(p) = 2000 - 1000p$$

donde $n(p)$ es el número de pasteles vendidos cada semana. Calcula:

a) La función $I(p)$ que expresa los ingresos semanales de la pastelería en función del precio p de cada pastel.

b) El precio al que hay que vender cada pastel para obtener los ingresos semanales máximos. ¿A cuánto ascenderán dichos ingresos máximos? Justifica la respuesta.

Problema 3. En un colegio se va a hacer una excursión a una estación de esquí con tres autobuses: uno grande, uno mediano y uno pequeño. La cuarta parte de los alumnos apuntados a la excursión irá en el autobús pequeño, la tercera parte en el mediano y el resto en el grande. Saben esquiar el 80% de los alumnos que viajarán en el autobús pequeño, el 60% de los que irán en el mediano y el 40% de los del autobús grande.

a) Calcula la probabilidad de que un alumno de la excursión, elegido al azar, sepa esquiar.

b) Elegimos un alumno de la excursión al azar y se observa que no sabe esquiar. ¿Cuál es la probabilidad de que viaje en el autobús mediano?

c) Se toma un alumno de la excursión al azar y se observa que sabe esquiar. ¿Cuál es la probabilidad de que viaje en el autobús grande o en el pequeño?

OPCIÓN B

Todas las respuestas han de ser debidamente razonadas.

Problema 1. En un cine se han vendido en una semana un total de 1405 entradas y la recaudación ha sido de 7920 euros. El precio de la entrada normal es de 6 euros y la del día del espectador 4 euros. El precio de la entrada para los jubilados es siempre de 3 euros. Se sabe, además, que la recaudación de las entradas de precio reducido es igual al 10% de la recaudación de las entradas normales. ¿Cuántas entradas de cada tipo se han vendido?

Problema 2. Sea la función:

$$f(x) = \begin{cases} \dfrac{2}{x} & \text{si } 1 \leq x \leq 2 \\ 1 & \text{si } 2 < x \leq 3 \\ -x^2 + 6x - 8 & \text{si } 3 < x \leq 4 \\ 0 & \text{si } 4 < x \leq 5 \end{cases}$$

definida en el intervalo $[1,5]$. Se pide:

a) Estudia la continuidad en todos los puntos del intervalo $[1,5]$.

b) Calcula el área de la región del plano limitada por el eje de abscisas, las rectas $x = 2$ y $x = 4$ y la gráfica de $y = f(x)$.

Problema 3. Se tienen diez monedas en una bolsa. Seis monedas son legales mientras que las restantes tienen dos caras. Se elige al azar una moneda.

a) Calcula la probabilidad de obtener cara al lanzarla.

b) Si al lanzarla se ha obtenido cara, ¿cuál es la probabilidad de que la moneda sea de curso legal?

Si se sacan dos monedas al azar sucesivamente y sin reemplazamiento

c) ¿Cuál es la probabilidad de que una sea legal y la otra no lo sea?

OPCIÓN A

PROBLEMA 1

kg	P.C (kg)	F.C. (kg)	ENL $(Mcal)$	Coste $(€)$
Concentrado → x	$0'3x$	$0'1x$	$2x$	$11x$
Forraje → y	$0'4y$	$0'3y$	$1y$	$6'5y$
TOTAL	$x+y$	$0'3x+0'4y$	$0'1x+0'3y$	$2x+y$	$11x+6'5y$
Restricción	/	$\geqslant 3'5$	$\geqslant 1'5$	$\geqslant 15$	objetivo

Función Objetivo: $f(x,y) = 11x + 6'5y$ (Mínimo)

Restricciones:

$0'3x + 0'4y \geqslant 3'5 \quad \xrightarrow{\times 10} \quad 3x + 4y \geqslant 35 \longrightarrow y \geqslant \dfrac{35-3x}{4}$

$0'1x + 0'3y \geqslant 1'5 \quad \xrightarrow{\times 10} \quad x + 3y \geqslant 15 \longrightarrow y \geqslant \dfrac{15-x}{3}$

$2x + y \geqslant 15 \quad \longrightarrow \quad y \geqslant 15 - 2x$

$x \geqslant 0; \; y \geqslant 0$

x	$y = \dfrac{35-3x}{4}$
1	8
9	2

x	$y = \dfrac{15-x}{3}$
0	5
15	0

x	$y = 15-2x$
0	15
7	1

$y = 0$

$x = 0$

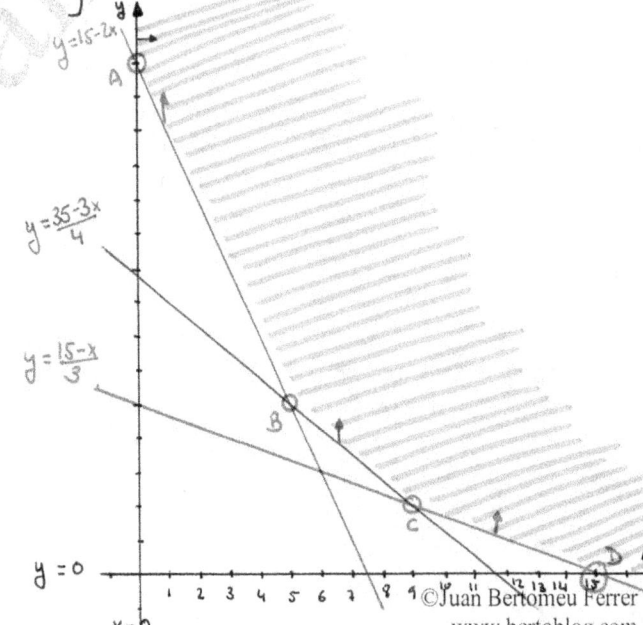

PÁGINA 1

Ya tenemos los vértices $A(0,15)$ y $D(15,0)$. Obtenemos el resto de vértices:

$$B\begin{cases} y = 15-2x \\ y = \dfrac{35-3x}{4} \end{cases} \quad 60-8x = 35-3x \Rightarrow 5x = 25 \Rightarrow x=5 \Rightarrow B(5,5)$$

$$C\begin{cases} y = \dfrac{15-x}{3} \\ y = \dfrac{35-3x}{4} \end{cases} \quad 60-4x = 105-9x \Rightarrow 5x = 45 \Rightarrow x=9 \Rightarrow C(9,2)$$

Y por tanto:

$f(x,y) = 11x + 6'5y$

$\hookrightarrow f(0,15) = 6'5 \cdot 15 = 97'50€$

$\hookrightarrow f(5,5) = 11\cdot 5 + 6'5\cdot 5 = 87'50€$

$\hookrightarrow f(9,2) = 11\cdot 9 + 6'5\cdot 2 = 112€$

$\hookrightarrow f(15,0) = 11\cdot 15 = 165€$

La ración alimenticia de mínimo coste se obtiene mezclando 5 Kg de concentrado con 5 Kg de forraje, siendo dicho coste mínimo de 87'50€

PROBLEMA 2

Ingresos = nº pasteles × precio de cada pastel

a) $I(p) = n(p)\cdot p = (2000 - 1000p)p = 2000p - 1000p^2$ con $p > 0$

b) $I'(p) = 2000 - 2000p$

$I'(p) = 0 \longrightarrow 2000 - 2000p = 0 \Rightarrow p = 1€$

Los ingresos alcanzan su máximo cuando el precio de cada pastel es $p=1€$, siendo dichos ingresos máximos:

$$I(1) = 2000\cdot 1 - 1000\cdot 1^2 = 1000€$$

{PROBLEMA 3}

Representamos las probabilidades dadas en un árbol:

$$p(P) + p(M) + p(G) = 1 \implies p(G) = 1 - \frac{1}{4} - \frac{1}{3} = \frac{5}{12}$$

a) $p(Sabe) = p(P \cap S) + p(M \cap S) + p(G \cap S) =$

$$= \frac{1}{4} \cdot 0'8 + \frac{1}{3} \cdot 0'6 + \frac{5}{12} \cdot 0'4 = \frac{17}{30}$$

b) $p(M/\bar{S}) = \dfrac{p(M \cap \bar{S})}{p(\bar{S})} = \dfrac{\frac{1}{3} \cdot 0'4}{1 - 17/30} = \dfrac{2/15}{13/30} = \dfrac{4}{13}$

c) $p(G \cup P / S) = \dfrac{p((G \cup P) \cap S)}{p(S)} = \dfrac{p(G \cap S) + p(P \cap S)}{p(S)} =$

$$= \dfrac{\frac{5}{12} \cdot 0'4 + \frac{1}{4} \cdot 0'8}{17/30} = \dfrac{11/30}{17/30} = \dfrac{11}{17}$$

PÁGINA 3

23

OPCIÓN B

PROBLEMA 1

Entradas Recaudación

Entrada normal $\longrightarrow$ x ┊ $6x$

Entrada espectador $\longrightarrow$ y ┊ $4y$

Entrada jubilados $\longrightarrow$ z ┊ $3z$

$$x + y + z = 1405$$
$$6x + 4y + 3z = 7920$$
$$4y + 3z = 0'1 \cdot 6x$$

$$A^* = \begin{pmatrix} 1 & 1 & 1 & \vdots & 1405 \\ 6 & 4 & 3 & \vdots & 7920 \\ -0'6 & 4 & 3 & \vdots & 0 \end{pmatrix} ; \quad det(A) = \begin{vmatrix} 1 & 1 & 1 \\ 6 & 4 & 3 \\ -0'6 & 4 & 3 \end{vmatrix} = 6'6 \neq 0$$

$$\Rightarrow rg(A) = 3 \Rightarrow rg(A^*) = 3 \Rightarrow T^{ma} \text{ ROUCHÉ} \Rightarrow \text{Sist. Comp. Determinando} \Rightarrow$$

$$\Rightarrow \text{Regla de Cramer:}$$

$$x = \frac{\begin{vmatrix} 1405 & 1 & 1 \\ 7920 & 4 & 3 \\ 0 & 4 & 3 \end{vmatrix}}{6'6} = \frac{7920}{6'6} = 1200 \text{ entradas normales}$$

$$y = \frac{\begin{vmatrix} 1 & 1405 & 1 \\ 6 & 7920 & 3 \\ -0'6 & 0 & 3 \end{vmatrix}}{6'6} = \frac{693}{6'6} = 105 \text{ entradas del día del espectador}$$

$$z = \frac{\begin{vmatrix} 1 & 1 & 1405 \\ 6 & 4 & 7920 \\ -0'6 & 4 & 0 \end{vmatrix}}{6'6} = \frac{660}{6'6} = 100 \text{ entradas para jubilados}$$

PÁGINA 4

PROBLEMA 2

$$f(x) = \begin{cases} \dfrac{2}{x} & \text{si } 1 \le x \le 2 \\[2mm] 1 & \text{si } 2 < x \le 3 \\[2mm] -x^2+6x-8 & \text{si } 3 < x \le 4 \\[2mm] 0 & \text{si } 4 < x \le 5 \end{cases}$$

Si $1 \le x < 2 \longrightarrow f(x) = \dfrac{2}{x} \longrightarrow$ Continua en $\mathbb{R} - \{0\}$ ← NO AFECTA !!

     ↳ Continua en $[1,2)$

Si $2 < x < 3 \longrightarrow f(x) = 1 \longrightarrow$ Continua en $\mathbb{R}$

     ↳ Continua en $(2,3)$

Si $3 < x < 4 \longrightarrow f(x) = -x^2+6x-8 \longrightarrow$ Continua en $\mathbb{R}$

     ↳ Continua en $(3,4)$

Si $4 < x \le 5 \longrightarrow f(x) = 0 \longrightarrow$ Continua en $\mathbb{R}$

     ↳ Continua en $(4,5]$

Si $x = 2$

     $f(2) = \dfrac{2}{2} = 1$

$$\lim_{x \to 2} f(x) \longrightarrow \begin{cases} \displaystyle\lim_{x \to 2^-} \dfrac{2}{x} = 1 \\[3mm] \displaystyle\lim_{x \to 2^+} 1 = 1 \end{cases} \Rightarrow \lim_{x \to 2} f(x) = 1$$

Como $f(2) = \displaystyle\lim_{x \to 2} f(x) \Rightarrow f(x)$ es continua en $x = 2$

(Si x = 3)

$f(3) = 1$

$\lim\limits_{x \to 3} f(x) \to \begin{cases} \lim\limits_{x \to 3^-} 1 = 1 \\ \lim\limits_{x \to 3^+} (-x^2 + 6x - 8) = 1 \end{cases} \Rightarrow \lim\limits_{x \to 3} f(x) = 1$

Como $f(3) = \lim\limits_{x \to 3} f(x) \Rightarrow f(x)$ es continua en $x = 3$

(Si x = 4)

$f(4) = -(4^2) + 6 \cdot 4 - 8 = 0$

$\lim\limits_{x \to 4} f(x) \to \begin{cases} \lim\limits_{x \to 4^-} (-x^2 + 6x - 8) = 0 \\ \lim\limits_{x \to 4^+} 0 = 0 \end{cases} \Rightarrow \lim\limits_{x \to 4} f(x) = 0$

Como $f(4) = \lim\limits_{x \to 4} f(x) \Rightarrow f(x)$ es continua en $x = 4$

$\Rightarrow f(x)$ es continua $\forall x \in [1, 5]$

b) Veamos si $f(x)$ corta al eje X $(y = 0)$ en algún punto interior a los intervalos:

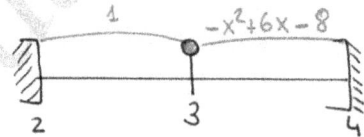

(Si $2 < x \le 3$) $\to f(x) = 1 \Rightarrow$ No corta al eje X

(Si $3 < x \le 4$) $\to f(x) = -x^2 + 6x - 8$

Ptos corte $f(x) = 0 \to -x^2 + 6x - 8 = 0 \left\langle \begin{matrix} x = 2 \\ x = 4 \end{matrix} \right\rangle \Rightarrow$

$\Rightarrow$ No corta en ningún punto interior $(3, 4)$

Así, el área pedida:

$$A = \int_2^3 1\,dx + \left|\int_3^4 (-x^2+6x-8)\,dx\right| = [x]_2^3 + \left|\left[-\frac{x^3}{3}+3x^2-8x\right]_3^4\right| =$$

$$= 1 + \frac{2}{3} = \frac{5}{3}\,u^2$$

PROBLEMA 3

Sean los sucesos:

L ≡ Moneda legal ; C ≡ Cara ; X ≡ Cruz

Planteamos el árbol:

a) $p(C) = p(L\cap C) + p(\bar{L}\cap C) =$

$$= \frac{6}{10}\cdot\frac{1}{2} + \frac{4}{10}\cdot 1 = \frac{7}{10}$$

b) $p(L|C) = \dfrac{p(L\cap C)}{p(C)} = \dfrac{6/10\cdot 1/2}{7/10} = \dfrac{3}{7}$

c) Planteamos un nuevo árbol:

p (Una legal y la otra no) =

$$= p(L\cap\bar{L}) + p(\bar{L}\cap L) =$$

$$= \frac{6}{10}\cdot\frac{4}{9} + \frac{4}{10}\cdot\frac{6}{9} = \frac{8}{15}$$

27

OPCIÓN A

Todas las respuestas han de ser debidamente razonadas.

JUNIO 2011

Problema 1. Un comerciante vende tres tipos de relojes, A, B y C. Los del tipo A los vende a 200 euros, los del tipo B a 500 euros y los del tipo C a 250 euros. En un mes determinado vendió 200 relojes en total. Si la cantidad de los que vendió ese mes de tipo B fue igual a los que vendió de tipo A y tipo C conjuntamente, calcula cuántos vendió de cada tipo si la recaudación de ese mes fue de 73500 euros.

Problema 2. Sea la función $f(x) = \dfrac{x^3}{x^2 - 1}$. Calcula:

a) Ecuaciones de las asíntotas verticales y horizontales, si las hay.

b) Intervalos de crecimiento y decrecimiento.

c) Máximos y mínimos locales.

Problema 3. En un instituto se estudian tres modalidades de Bachillerato: Tecnología, Humanidades y Artes. El curso pasado el 25% de los alumnos estudió Tecnología, el 60% Humanidades y el 15% Artes. En la convocatoria de junio aprobó todas las asignaturas el 70% de los estudiantes de Tecnología, el 80% de los de Humanidades y el 90% de los de Artes. Si se elige un estudiante al azar del curso pasado de ese instituto:

a) ¿Cuál es la probabilidad de que no haya aprobado todas las asignaturas en la convocatoria de junio?

b) Si nos dice que ha aprobado todas las asignaturas en la convocatoria de junio, ¿cuál es la probabilidad de que haya estudiado Humanidades?

OPCIÓN B

Todas las respuestas han de ser debidamente razonadas.

Problema 1. Dadas las matrices:

$$A = \begin{pmatrix} 1 & -2 \\ -1 & 4 \end{pmatrix}, \quad B = \begin{pmatrix} 1 & 0 \\ -2 & -1 \end{pmatrix} \quad y \quad C = \begin{pmatrix} 3 & 1 \\ 2 & -1 \end{pmatrix}$$

a) Calcula la matriz inversa de la matriz C.

b) Obtén la matriz X que verifica $AX + B^t = C$, siendo B^t la matriz transpuesta de B.

Problema 2. Dada la función $f(x) = \begin{cases} -x^2 - 2x + 3 & \text{si } 0 \leq x < 1 \\ x - 1 & \text{si } 1 \leq x \leq 3 \end{cases}$

a) Estudia la continuidad de la función en el intervalo $[0,3]$.

b) Calcula los máximos y mínimos absolutos de $f(x)$.

c) Calcula el área de la región determinada por la gráfica de la función y las rectas $x = 0$, $y = 0$ y $x = 3$.

Problema 3. Se realiza un análisis de mercado para estudiar la aceptación de las revistas A y B. Este refleja que del total de entrevistados que conocen ambas revistas, al 75 % les gusta la revista A, al 30 % no les gusta la revista B y sí les gusta la revista A y al 15 % no les gusta ninguna de las dos. Suponiendo que estos datos son representativos de toda la población y que se ha elegido al azar un individuo que conoce ambas revistas, se pide:

a) La probabilidad de que le gusten las dos revistas.

b) La probabilidad de que le guste la revista B.

c) Si sabemos que le gusta la revista A, la probabilidad de que no le guste la revista B.

OPCIÓN A

PROBLEMA 1

Relojes A $\longrightarrow$ x | unidades: 200x, ingresos

Relojes B $\longrightarrow$ y | 500y

Relojes C $\longrightarrow$ z | 250z

$$x + y + z = 200$$

$$y = x + z$$

$$200x + 500y + 250z = 73500$$

$$\begin{array}{l} x + y + z = 200 \\ -x + y - z = 0 \\ 20x + 50y + 25z = 7350 \end{array} \quad A^* = \begin{pmatrix} 1 & 1 & 1 & \vdots & 200 \\ -1 & 1 & -1 & \vdots & 0 \\ 20 & 50 & 25 & \vdots & 7350 \end{pmatrix}$$

$$\det(A) = \begin{vmatrix} 1 & 1 & 1 \\ -1 & 1 & -1 \\ 20 & 50 & 25 \end{vmatrix} = 10 \neq 0 \Rightarrow \begin{array}{l} rg(A) = 3 \\ rg(A^*) = 3 \\ n^{\circ} \, inc\acute{o}g = 3 \end{array}$$

T^{ma} ROUCHÉ
$\Downarrow$
Sistema Compatible Determinado

Por la regla de Cramer:

$$x = \frac{\begin{vmatrix} 200 & 1 & 1 \\ 0 & 1 & -1 \\ 7350 & 50 & 25 \end{vmatrix}}{10} = \frac{300}{10} = 30$$

$$y = \frac{\begin{vmatrix} 1 & 200 & 1 \\ -1 & 0 & -1 \\ 20 & 7350 & 25 \end{vmatrix}}{10} = \frac{1000}{10} = 100$$

$$z = \frac{\begin{vmatrix} 1 & 1 & 200 \\ -1 & 1 & 0 \\ 20 & 50 & 7350 \end{vmatrix}}{10} = \frac{700}{10} = 70$$

PÁGINA 1

PROBLEMA 2

$$f(x) = \frac{x^3}{x^2 - 1}$$

* Dominio:

$$x^2 - 1 = 0 \begin{cases} x = -1 \\ x = +1 \end{cases} \Rightarrow \text{Dom}(f(x)) = \mathbb{R} \setminus \{-1, 1\}$$

* Asíntotas:

→ A. Verticales:

$$\lim_{x \to -1} \frac{x^3}{x^2 - 1} = \left[\frac{-1}{0}\right] \to \begin{cases} \displaystyle\lim_{x \to -1^-} \frac{x^3}{x^2 - 1} = -\infty \\[2mm] \displaystyle\lim_{x \to -1^+} \frac{x^3}{x^2 - 1} = +\infty \end{cases}$$

$$\Rightarrow x = -1 \text{ es A. vertical}$$

$$\lim_{x \to 1} \frac{x^3}{x^2 - 1} = \left[\frac{1}{0}\right] \to \begin{cases} \displaystyle\lim_{x \to 1^-} \frac{x^3}{x^2 - 1} = -\infty \\[2mm] \displaystyle\lim_{x \to 1^+} \frac{x^3}{x^2 - 1} = +\infty \end{cases}$$

$$\Rightarrow x = 1 \text{ es A. vertical}$$

→ A. Horizontales:

$$\lim_{x \to \infty} \frac{x^3}{x^2 - 1} = \left[\frac{\infty}{\infty}\right] = \lim_{x \to \infty} \frac{x^3}{x^2} = \lim_{x \to \infty} x = +\infty$$

$$\lim_{x \to -\infty} \frac{x^3}{x^2 - 1} = \lim_{x \to \infty} \frac{-x^3}{x^2 - 1} = \left[\frac{\infty}{\infty}\right] = \lim_{x \to \infty} \frac{-x^3}{x^2} = -\infty$$

$$\Rightarrow f(x) \text{ no presenta asíntotas horizontales}$$

©Juan Bertomeu Ferrer
www.bertoblog.com

* Monotonía y extremos relativos :

$$f'(x) = \frac{3x^2(x^2-1) - x^3 \cdot 2x}{(x^2-1)^2} = \frac{3x^4 - 3x^2 - 2x^4}{(x^2-1)^2} = \frac{x^4 - 3x^2}{(x^2-1)^2}$$

$$f'(x) = 0 \Rightarrow x^4 - 3x^2 = 0 \Rightarrow \underbrace{x^2}_{0} \cdot \underbrace{(x^2-3)}_{0} = 0$$

$$x^2 = 0 \Rightarrow x = 0$$

$$x^2 - 3 = 0 \quad \begin{array}{l} x = -\sqrt{3} \\ x = +\sqrt{3} \end{array}$$

$f'(x)>0 \quad -\sqrt{3} \quad f'(x)<0 \quad (-1) \quad f'(x)<0 \quad 0 \quad f'(x)<0 \quad (1) \quad f'(x)<0 \quad \sqrt{3} \quad f'(x)>0$

Creciente en $(-\infty, -\sqrt{3}) \cup (\sqrt{3}, +\infty)$

Decreciente en $(-\sqrt{3}, -1) \cup (-1, 1) \cup (1, \sqrt{3})$

Máx. relativo en $x = -\sqrt{3} \Rightarrow$ Máx $(-\sqrt{3}, f(-\sqrt{3})) \Rightarrow$ Máx $(-\sqrt{3}, -2'6)$

Mín. relativo en $x = \sqrt{3} \Rightarrow$ Mín $(\sqrt{3}, f(\sqrt{3})) \Rightarrow$ Mín $(\sqrt{3}, 2'6)$

PROBLEMA 3

a) $p(\overline{Aprobar}) =$

$= p(T \cap \overline{Apro}) + p(H \cap \overline{Apro}) + p(A \cap \overline{Apro}) =$

$= 0'25 \cdot 0'3 + 0'6 \cdot 0'2 + 0'15 \cdot 0'1 = 0'21$

b) $p(H/Aprobar) = \dfrac{p(H \cap Apro)}{p(Apro)} =$

$= \dfrac{0'6 \cdot 0'8}{1 - 0'21} = 0'6076$

OPCIÓN B

PROBLEMA 1

a) $C^{-1} = \dfrac{1}{\det(C)} \cdot \left[Adj(C)\right]^t \Rightarrow \det(C) = \begin{vmatrix} 3 & 1 \\ 2 & -1 \end{vmatrix} = -5 \neq 0 \Rightarrow \exists C^{-1}$

$Adj(C) = \begin{pmatrix} -1 & -2 \\ -1 & 3 \end{pmatrix}$; $\left[Adj(C)\right]^t = \begin{pmatrix} -1 & -1 \\ -2 & 3 \end{pmatrix}$

$\Rightarrow C^{-1} = -\dfrac{1}{5} \cdot \begin{pmatrix} -1 & -1 \\ -2 & 3 \end{pmatrix} = \begin{pmatrix} 1/5 & 1/5 \\ 2/5 & -3/5 \end{pmatrix}$

b) $AX + B^t = C \Rightarrow AX = C - B^t \Rightarrow X = A^{-1} \cdot (C - B^t)$

$C - B^t = \begin{pmatrix} 3 & 1 \\ 2 & -1 \end{pmatrix} - \begin{pmatrix} 1 & -2 \\ 0 & -1 \end{pmatrix} = \begin{pmatrix} 2 & 3 \\ 2 & 0 \end{pmatrix}$

$A^{-1} = \dfrac{1}{\det(A)} \cdot \left[Adj(A)\right]^t \Rightarrow \det(A) = \begin{vmatrix} 1 & -2 \\ -1 & 4 \end{vmatrix} = 2 \neq 0 \Rightarrow \exists A^{-1}$

$Adj(A) = \begin{pmatrix} 4 & 1 \\ 2 & 1 \end{pmatrix}$; $\left[Adj(A)\right]^t = \begin{pmatrix} 4 & 2 \\ 1 & 1 \end{pmatrix}$

$\Rightarrow A^{-1} = \dfrac{1}{2} \begin{pmatrix} 4 & 2 \\ 1 & 1 \end{pmatrix}$

$\Rightarrow X = A^{-1} \cdot (C - B^t) = \dfrac{1}{2} \cdot \begin{pmatrix} 4 & 2 \\ 1 & 1 \end{pmatrix} \cdot \begin{pmatrix} 2 & 3 \\ 2 & 0 \end{pmatrix} = \dfrac{1}{2} \begin{pmatrix} 12 & 12 \\ 4 & 3 \end{pmatrix} = \begin{pmatrix} 6 & 6 \\ 2 & 3/2 \end{pmatrix}$

PÁGINA 4

PROBLEMA 2

$$f(x) = \begin{cases} -x^2 - 2x + 3 & \text{si } 0 \leq x < 1 \\ \\ x - 1 & \text{si } 1 \leq x \leq 3 \end{cases}$$

Si $0 \leq x < 1$ → $f(x) = -x^2 - 2x + 3$ → Continua en $\mathbb{R}$

↳ Continua en $[0, 1)$

Si $1 < x \leq 3$ → $f(x) = x - 1$ → Continua en $\mathbb{R}$

↳ Continua en $(1, 3]$

Si $x = 1$

$f(1) = 1 - 1 = 0$

$\lim\limits_{x \to 1} f(x) \longrightarrow \begin{cases} \lim\limits_{x \to 1^-} (-x^2 - 2x + 3) = 0 \\ \lim\limits_{x \to 1^+} (x - 1) = 0 \end{cases} \Rightarrow \lim\limits_{x \to 1} f(x) = 0$

Como $f(1) = \lim\limits_{x \to 1} f(x) \Rightarrow f(x)$ es continua en $x = 1$ y por

tanto $f(x)$ es continua en $[0, 3]$

b) Los máximos y minimos absolutos de una función

definida en un intervalo $[a, b]$ se localizan de entre los

extremos relativos que estén dentro de ese intervalo y las

fronteras del propio intervalo. Así:

Si $0 \leq x < 1$ → $f(x) = -x^2 - 2x + 3$

$f'(x) = -2x - 2$

$f'(x) = 0$ → $-2x - 2 = 0 \Rightarrow x = 1$ (No sirve pues debe ser $0 \leq x < 1$)

Si $1 < x \leq 3$) $\longrightarrow$ $f(x) = x - 1$

$$f'(x) = 1 \implies f'(x) \neq 0$$

Por tanto:

$f(0) = -0^2 - 2 \cdot 0 + 3 = 3$

$f(1) = 1 - 1 = 0$

$f(3) = 3 - 1 = 2$

El mínimo absoluto de $f(x)$ lo localizamos en el punto $(1, 0)$ y el máximo absoluto en el $(0, 3)$

c) Como nos piden el área comprendida entre $f(x)$ e $y = 0$ en el intervalo $[0, 3]$, veamos si $f(x)$ e $y = 0$ se cortan:

Si $0 \leq x < 1$

$\left.\begin{array}{l} y = -x^2 - 2x + 3 \\ y = 0 \end{array}\right\}$ $-x^2 - 2x + 3 = 0$ $\begin{array}{l} x = -3 \\ x = 1 \end{array}$ No sirven

Si $1 \leq x \leq 3$

$\left.\begin{array}{l} y = x - 1 \\ y = 0 \end{array}\right\}$ $x - 1 = 0 \implies x = 1$

Y por tanto el área pedida:

$$A = \left| \int_0^1 (-x^2 - 2x + 3)\,dx \right| + \left| \int_1^3 (x - 1)\,dx \right| =$$

$$= \left| \left[-\frac{x^3}{3} - x^2 + 3x \right]_0^1 \right| + \left| \left[\frac{x^2}{2} - x \right]_1^3 \right| = \frac{5}{3} + 2 = \frac{11}{3}\,u^2$$

PÁGINA 6

PROBLEMA 3

Sean los sucesos:

A ≡ Le gusta la revista A ; B ≡ Le gusta la revista B

Los datos son: $p(A) = 0'75$; $p(A \cap \bar{B}) = 0'3$; $p(\bar{A} \cap \bar{B}) = 0'15$

a) $p(A \cap \bar{B}) = 0'3$

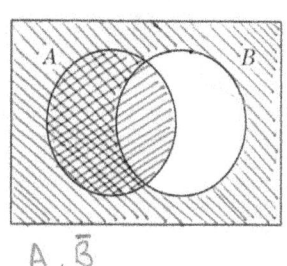

A, $\bar{B}$

$$p(A \cap \bar{B}) = p(A) - p(A \cap B)$$
$$0'3 = 0'75 - p(A \cap B)$$
$$\Rightarrow p(A \cap B) = 0'45$$

b) $p(\bar{A} \cap \bar{B}) = 0'15$

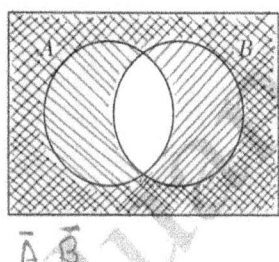

$\bar{A}, \bar{B}$

$$p(\bar{A} \cap \bar{B}) = 1 - p(A \cup B)$$
$$0'15 = 1 - p(A \cup B)$$
$$\Rightarrow p(A \cup B) = 0'85$$

$$p(A \cup B) = p(A) + p(B) - p(A \cap B)$$
$$0'85 = 0'75 + p(B) - 0'45 \Rightarrow$$
$$\Rightarrow p(B) = 0'55$$

c) $p(\bar{B}/A) = \dfrac{p(A \cap \bar{B})}{p(A)} = \dfrac{0'3}{0'75} = 0'4$

PROVES D'ACCÉS A LA UNIVERSITAT	PRUEBAS DE ACCESO A LA UNIVERSIDAD
CONVOCATÒRIA: SETEMBRE 2011	CONVOCATORIA: SEPTIEMBRE 2011
MATEMÀTIQUES APLICADES A LES CIÈNCIES SOCIALS II	MATEMÁTICAS APLICADAS A LAS CIENCIAS SOCIALES II

BAREM DE L'EXAMEN: Cal triar l'EXERCICI A o l'EXERCICI B, del qual s'han de fer els TRES problemes proposats. ELS TRES PROBLEMES PUNTUEN PER IGUAL.
Cada estudiant pot disposar d'una calculadora científica o gràfica per a fer l'examen. Es prohibeix la utilització indeguda d'aquesta (per a guardar fórmules en la memòria).

BAREMO DEL EXAMEN: Se elegirá el EJERCICIO A o el EJERCICIO B, del que se harán los TRES problemas propuestos. LOS TRES PROBLEMAS PUNTÚAN POR IGUAL.
Cada estudiante podrá disponer de una calculadora científica o gráfica para realizar el examen. Se prohíbe su utilización indebida (para guardar fórmulas en memoria).

OPCIÓN A

Todas las respuestas han de ser debidamente razonadas.

Problema 1. El dueño de una tienda de golosinas dispone de 10 paquetes de pipas, 30 chicles y 18 bombones. Decide que para venderlas mejor va a confeccionar dos tipos de paquetes: El tipo A estará formado por un paquete de pipas, dos chicles y dos bombones y se venderá a 1,5 euros. El tipo B estará formado por un paquete de pipas, cuatro chicles y un bombón y se venderá a 2 euros. ¿Cuántos paquetes de cada tipo conviene preparar para conseguir los ingresos máximos? Determina los ingresos máximos.

Problema 2. Dada la función $f(x) = \dfrac{3x+2}{x^2-1}$, se pide:

a) Su dominio y puntos de corte con los ejes coordenados.

b) Ecuación de sus asíntotas verticales y horizontales.

c) Intervalos de crecimiento y decrecimiento.

d) Máximos y mínimos locales.

e) Representación gráfica a partir de la información de los apartados anteriores.

Problema 3. En una cierta empresa de exportación el 62,5% de los empleados habla inglés. Por otra parte, entre los empleados que hablan inglés, el 80% habla también alemán. Se sabe que sólo la tercera parte de los empleados que no hablan inglés sí habla alemán.

a) ¿Qué porcentaje de empleados habla las dos lenguas?

b) ¿Qué porcentaje de empleados habla alemán?

c) Si un empleado no habla alemán, ¿cuál es la probabilidad de que hable inglés?

OPCIÓN B

Todas las respuestas han de ser debidamente razonadas.

Problema 1. Sean las matrices $A = \begin{pmatrix} 3 & 1 \\ 2 & 4 \end{pmatrix}$, $B = \begin{pmatrix} -1 & 2 \\ 0 & 1 \end{pmatrix}$, $C = \begin{pmatrix} 2 & -1 \\ 1 & -2 \end{pmatrix}$ y $D = \begin{pmatrix} 8 & 8 \\ 8 & 3 \end{pmatrix}$.

a) Calcula $AB + 3C$.

b) Determina la matriz X que verifica que $AX + I = D$, donde I es la matriz identidad.

Problema 2. Un ganadero ordeña una vaca desde el día siguiente al día que ésta pare hasta 300 días después del parto. La producción diaria en litros de leche que obtiene de dicha vaca viene dada por la función:

$$f(x) = \frac{120x - x^2}{5000} + 40$$

donde x representa el número de días transcurridos desde el parto. Se pide:

a) El día de máxima producción y la producción máxima.

b) El día de mínima producción y la producción mínima.

Problema 3. En un instituto hay dos grupos de segundo de Bachillerato. En el grupo A hay 10 chicas y 15 chicos, de los que 2 chicas y 2 chicos cursan francés. En el grupo B hay 12 chicas y 13 chicos, de los que 2 chicas y 3 chicos cursan francés.

a) Se elige una persona de segundo de Bachillerato al azar. ¿Cuál es la probabilidad de que no curse francés?

b) Sabemos que una determinada persona matriculada en segundo de Bachillerato cursa francés. ¿Cuál es la probabilidad de que pertenezca al grupo B?

c) Se elige al azar una persona de segundo de Bachillerato del grupo A. ¿Cuál es la probabilidad de que sea un chico y no curse francés?

{OPCIÓN A}

{PROBLEMA 1}

		Pipas	Chicles	Bombones	Ingresos
Paquetes A →	x	$1x$	$2x$	$2x$	$1'5x$
Paquetes B →	y	$1y$	$4y$	$1y$	$2y$
TOTAL:	$x+y$	$x+y$	$2x+4y$	$2x+y$	$1'5x+2y$
Restricción:	/	≤ 10	≤ 30	≤ 18	Objetivo

Función Objetivo: $f(x,y) = 1'5x + 2y$ (Maximizar)

Restricciones:

$$\left. \begin{array}{l} x+y \leq 10 \\ 2x+4y \leq 30 \\ 2x+y \leq 18 \\ x \geq 0 ; \ y \geq 0 \end{array} \right\}$$

$\longrightarrow y \leq 10-x$

$\longrightarrow y \leq \dfrac{30-2x}{4} \longrightarrow y \leq \dfrac{15-x}{2}$

$\longrightarrow y \leq 18-2x$

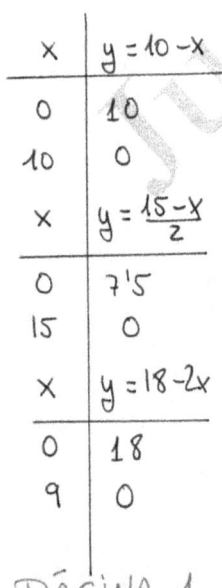

x	$y=10-x$
0	10
10	0
x	$y=\dfrac{15-x}{2}$
0	7'5
15	0
x	$y=18-2x$
0	18
9	0

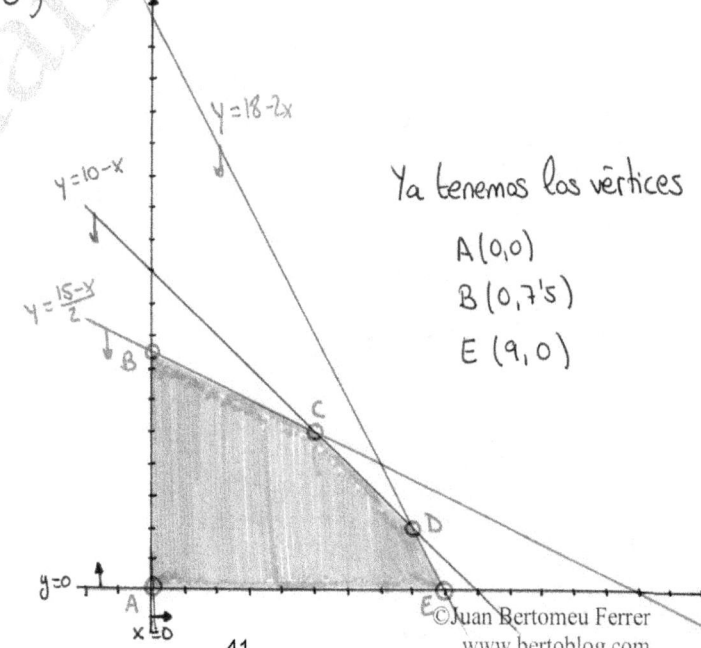

Ya tenemos los vértices

A(0,0)

B(0,7'5)

E(9,0)

PÁGINA 1

41

Sacamos el resto de vértices:

$$C \begin{cases} y = 10-x \\ y = \dfrac{15-x}{2} \end{cases} \Rightarrow 10-x = \dfrac{15-x}{2} \Rightarrow 20-2x = 15-x \Rightarrow$$

$$\Rightarrow x = 5 \Rightarrow y = 5 \Rightarrow C(5,5)$$

$$D \begin{cases} y = 10-x \\ y = 18-2x \end{cases} \Rightarrow 10-x = 18-2x \Rightarrow x=8 \Rightarrow y=2 \Rightarrow D(8,2)$$

$$f(x,y) = 1'5x + 2y$$

$\hookrightarrow f(0,0) = 0 \, €$

$\hookrightarrow f(0,7'5) = 2 \cdot 7'5 = 15 \, €$

$\hookrightarrow f(5,5) = 1'5 \cdot 5 + 2 \cdot 5 = 17'5 \, €$

$\hookrightarrow f(8,2) = 1'5 \cdot 8 + 2 \cdot 2 = 16 \, €$

$\hookrightarrow f(9,0) = 1'5 \cdot 9 = 13'5 \, €$

Tienen que venderse 5 paquetes A y 5 paquetes B para obtener los ingresos máximos de 17'50€.

PROBLEMA 2

$$f(x) = \dfrac{3x+2}{x^2-1}$$

Dominio:

$$x^2 - 1 = 0 \begin{cases} x = -1 \\ x = +1 \end{cases} \Rightarrow Dom(f(x)) = \mathbb{R} - \{-1, 1\}$$

* Puntos de corte con los ejes:

   - Con el eje X $\Rightarrow$ f(x) = 0

$$\frac{3x+2}{x^2-1} = 0 \longrightarrow 3x+2 = 0 \Rightarrow x = \frac{-2}{3} \Rightarrow PC\left(-\frac{2}{3}, 0\right)$$

   - Con el eje Y $\Rightarrow$ x = 0

$$f(0) = \frac{2}{-1} = -2 \Rightarrow PC(0, -2)$$

* Asíntotas:

   - A. Verticales:

$$\lim_{x \to -1} \frac{3x+2}{x^2-1} = \left[\frac{-1}{0}\right] \longrightarrow \begin{cases} \lim\limits_{x \to -1^-} \dfrac{3x+2}{x^2-1} = -\infty \\[2mm] \lim\limits_{x \to -1^+} \dfrac{3x+2}{x^2-1} = +\infty \end{cases}$$

$$\Rightarrow x = -1 \text{ es A. vertical.}$$

$$\lim_{x \to 1} \frac{3x+2}{x^2-1} = \left[\frac{5}{0}\right] \longrightarrow \begin{cases} \lim\limits_{x \to 1^-} \dfrac{3x+2}{x^2-1} = -\infty \\[2mm] \lim\limits_{x \to 1^+} \dfrac{3x+2}{x^2-1} = +\infty \end{cases}$$

$$\Rightarrow x = 1 \text{ es A. Vertical.}$$

   - A. Horizontales:

$$\lim_{x \to \infty} \frac{3x+2}{x^2-1} = \left[\frac{\infty}{\infty}\right] = \lim_{x \to \infty} \frac{3x}{x^2} = \lim_{x \to \infty} \frac{3}{x} = 0$$

$$\lim_{x \to -\infty} \frac{3x+2}{x^2-1} = \lim_{x \to \infty} \frac{-3x+2}{x^2-1} = \left[\frac{\infty}{\infty}\right] = \lim_{x \to \infty} \frac{-3x}{x^2} = 0$$

$$\Rightarrow y = 0 \text{ es A. Horizontal}$$

PÁGINA 3

* Monotonía y extremos relativos:

$$f'(x) = \frac{3(x^2-1)-(3x+2)\cdot 2x}{(x^2-1)^2} = \frac{-3x^2-4x-3}{(x^2-1)^2}$$

$$f'(x) = 0 \longrightarrow -3x^2-4x-3 = 0 \Rightarrow x = \frac{4 \pm \sqrt{16-36}}{-6} \Rightarrow \nexists x \in \mathbb{R} / f'(x)=0$$

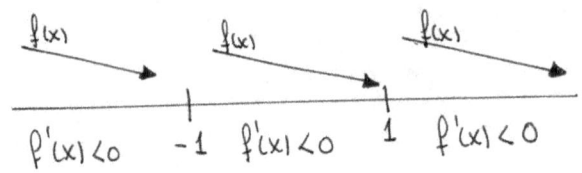

$f(x)$ es decreciente en $(-\infty, -1) \cup (-1, 1) \cup (1, +\infty)$

$f(x)$ no presenta ni máximos ni mínimos relativos.

* Representación:

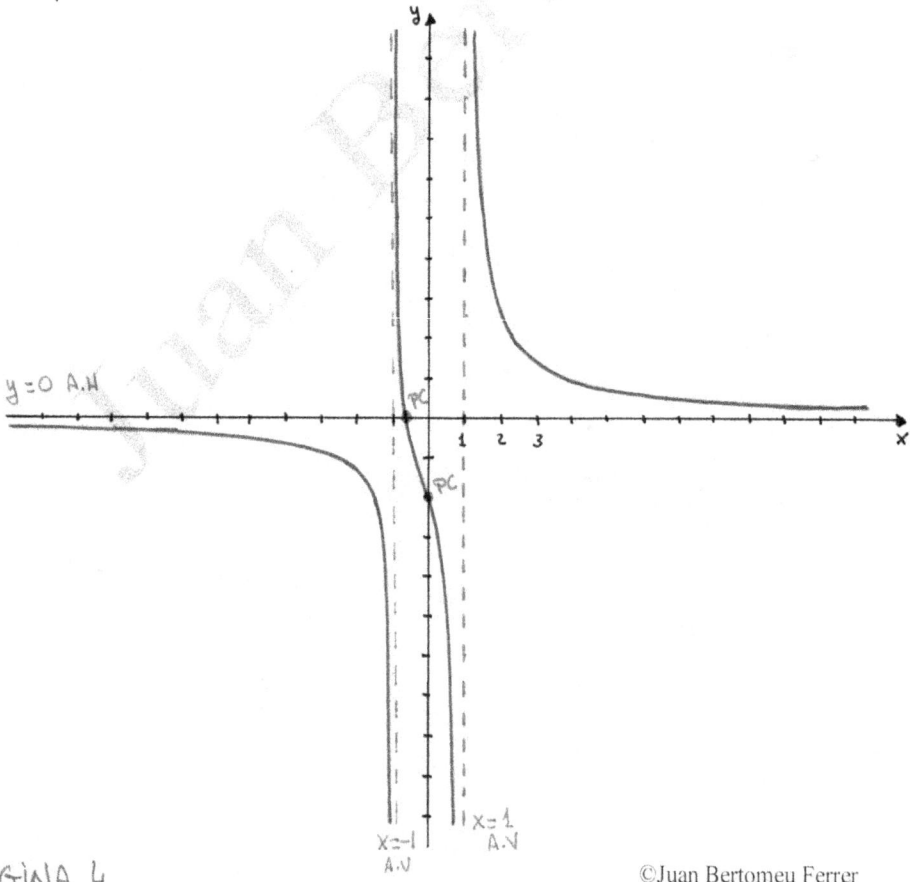

{PROBLEMA 3}

Sean los sucesos:

I = Hablar inglés ; A = Hablar alemán.

Datos: $p(I) = 0'625$; $p(A/I) = 0'8$; $p(A/\bar{I}) = \frac{1}{3}$

Podemos hacer un diagrama en árbol:

Hemos puesto en el árbol nuestros datos y hemos deducido el resto sabiendo que la probabilidad de un suceso más la de su suceso contrario es la unidad.

a) $p(I \cap A) = p(I) \cdot p(A/I) = 0'625 \cdot 0'8 = 0'5$

⇒ El 50% de los empleados habla las dos lenguas.

b) $p(A) = p(I \cap A) + p(\bar{I} \cap A) = 0'625 \cdot 0'8 + 0'375 \cdot \frac{1}{3} = 0'625$

⇒ El 62'5% de los empleados habla alemán.

c) $p(I/\bar{A}) = \frac{p(I \cap \bar{A})}{p(\bar{A})} = \frac{0'625 \cdot 0'2}{1 - 0'625} = \frac{1/8}{3/8} = \frac{1}{3}$

OPCIÓN B

PROBLEMA 1

a) $AB + 3C = \begin{pmatrix} 3 & 1 \\ 2 & 4 \end{pmatrix} \cdot \begin{pmatrix} -1 & 2 \\ 0 & 1 \end{pmatrix} + 3 \cdot \begin{pmatrix} 2 & -1 \\ 1 & -2 \end{pmatrix} =$

$$= \begin{pmatrix} -3 & 7 \\ -2 & 8 \end{pmatrix} + \begin{pmatrix} 6 & -3 \\ 3 & -6 \end{pmatrix} = \begin{pmatrix} 3 & 4 \\ 1 & 2 \end{pmatrix}$$

b) $AX + I = D \Rightarrow AX = D - I \Rightarrow X = A^{-1} \cdot (D - I)$

$\det(A) = \begin{vmatrix} 3 & 1 \\ 2 & 4 \end{vmatrix} = 10 \neq 0 \Rightarrow \exists A^{-1}; \ A^{-1} = \dfrac{1}{\det(A)} \cdot \left[Adj(A) \right]^t$

$Adj(A) = \begin{pmatrix} 4 & -2 \\ -1 & 3 \end{pmatrix}; \ \left[Adj(A) \right]^t = \begin{pmatrix} 4 & -1 \\ -2 & 3 \end{pmatrix}$

$$\Rightarrow A^{-1} = \frac{1}{10} \cdot \begin{pmatrix} 4 & -1 \\ -2 & 3 \end{pmatrix}$$

$$\Rightarrow X = A^{-1} \cdot (D - I) = \frac{1}{10} \cdot \begin{pmatrix} 4 & -1 \\ -2 & 3 \end{pmatrix} \cdot \begin{pmatrix} 7 & 8 \\ 8 & 2 \end{pmatrix} \Rightarrow$$

$$\Rightarrow X = \frac{1}{10} \cdot \begin{pmatrix} 20 & 30 \\ 10 & -10 \end{pmatrix} = \begin{pmatrix} 2 & 3 \\ 1 & -1 \end{pmatrix}$$

PÁGINA 6

46

PROBLEMA 2

$$f(x) = \frac{120x - x^2}{5000} + 40 \quad \text{con} \quad 1 \le x \le 300$$

Tenemos que calcular los máximos y mínimos ABSOLUTOS de la función $f(x)$ en el intervalo $[1, 300]$. Primero veamos si hay algún punto crítico en dicho intervalo:

$$f'(x) = \frac{120 - 2x}{5000}$$

$$f'(x) = 0 \longrightarrow 120 - 2x = 0 \Rightarrow x = 60$$

Y por último evaluamos la función tanto en los extremos del intervalo dado, como en los puntos críticos obtenidos:

$f(1) = 40'024$ litros.

$f(60) = 40'72$ litros.

$f(300) = 29'2$ litros.

La máxima producción es a los 60 días y la mínima a los 300 días, siendo dichas producciones máxima y mínima de 40'72 y 29'2 litros respectivamente.

PROBLEMA 3

Podemos representar el siguiente diagrama en árbol.

a) $p(\overline{Franc\acute{e}s}) = p(G_A \cap Chico \cap \overline{F}) + p(G_A \cap Chica \cap \overline{F}) +$

$+ p(G_B \cap Chico \cap \overline{F}) + p(G_B \cap Chica \cap \overline{F}) =$

$= \dfrac{1}{2} \cdot \dfrac{15}{25} \cdot \dfrac{13}{15} + \dfrac{1}{2} \cdot \dfrac{10}{25} \cdot \dfrac{8}{10} + \dfrac{1}{2} \cdot \dfrac{13}{25} \cdot \dfrac{10}{13} + \dfrac{1}{2} \cdot \dfrac{12}{25} \cdot \dfrac{10}{12} = \dfrac{41}{50}$

b) $p(G_B/F) = \dfrac{p(G_B \cap F)}{p(F)} = \dfrac{p(G_B \cap Chico \cap F) + p(G_B \cap Chica \cap F)}{1 - p(\overline{F})} =$

$= \dfrac{\dfrac{1}{2} \cdot \dfrac{13}{25} \cdot \dfrac{3}{13} + \dfrac{1}{2} \cdot \dfrac{12}{25} \cdot \dfrac{2}{12}}{1 - \dfrac{41}{50}} = \dfrac{5}{9}$

c) $p(Chico \cap \overline{F}/G_A) = \dfrac{p(G_A \cap Chico \cap \overline{F})}{p(G_A)} = \dfrac{\dfrac{1}{2} \cdot \dfrac{15}{25} \cdot \dfrac{13}{15}}{\dfrac{1}{2}} = \dfrac{13}{25}$

PÁGINA 8

GENERALITAT VALENCIANA
CONSELLERIA D'EDUCACIÓ,
FORMACIÓ I OCUPACIÓ

COMISSIÓ GESTORA DE LES PROVES D'ACCÉS A LA UNIVERSITAT

COMISIÓN GESTORA DE LAS PRUEBAS DE ACCESO A LA UNIVERSIDAD

SISTEMA UNIVERSITARI VALENCIÀ
SISTEMA UNIVERSITARIO VALENCIANO

PROVES D'ACCÉS A LA UNIVERSITAT	PRUEBAS DE ACCESO A LA UNIVERSIDAD
CONVOCATÒRIA: JUNY 2012	CONVOCATORIA: JUNIO 2012
MATEMÀTIQUES APLICADES A LES CIÈNCIES SOCIALS II	MATEMÁTICAS APLICADAS A LAS CIENCIAS SOCIALES II

BAREM DE L'EXAMEN: Cal triar l'EXERCICI A o l'EXERCICI B, del qual s'han de fer els TRES problemes proposats. ELS TRES PROBLEMES PUNTUEN PER IGUAL.
Cada estudiant pot disposar d'una calculadora científica o gràfica per a fer l'examen. Es prohibeix la utilització indeguda d'aquesta (per a guardar fórmules en la memòria).

BAREMO DEL EXAMEN: Se elegirá el EJERCICIO A o el EJERCICIO B, del que se harán los TRES problemas propuestos. LOS TRES PROBLEMAS PUNTÚAN POR IGUAL.
Cada estudiante podrá disponer de una calculadora científica o gráfica para realizar el examen. Se prohíbe su utilización indebida (para guardar fórmulas en memoria).

OPCIÓN A

Todas las respuestas han de ser debidamente razonadas.

Problema 1. Un comerciante quiere invertir hasta 1000 euros en la compra de dos tipos de aparatos, A y B, pudiendo almacenar en total hasta 80 aparatos. Cada aparato de tipo A le cuesta 15 euros y lo vende a 22, cada uno del tipo B le cuesta 11 y lo vende a 17 euros. ¿Cuántos aparatos debe comprar de cada tipo para maximizar su beneficio? ¿Cuál es el beneficio máximo?

Problema 2. Dibuja la gráfica de la función $y = f(x)$ sabiendo que:

a) Está definida para todos los valores de x salvo para $x = 1$, siendo la recta $x = 1$ la única asíntota vertical.

b) La recta $y = 3$ es la única asíntota horizontal.

c) El único punto de corte con los ejes es el $(0, 0)$.

d) La derivada de la función $y = f(x)$ sólo se anula en $x = 3/2$.

e) $f'(x) < 0$ en el conjunto $]-\infty, 1[\cup]1, 3/2[$.

f) $f'(x) > 0$ en el intervalo $]3/2, +\infty[$.

g) $f(3/2) = 13/2$.

Problema 3. El 15% de los habitantes de cierta población son socios de un club de futbol y el 3% son pelirrojos. Si los sucesos "ser socio de un club de futbol" y "ser pelirrojo" son independientes, calcula las probabilidades de que al elegir al azar un habitante de esa población, dicho habitante:

a) Sea pelirrojo y no sea socio de un club de futbol.

b) Sea pelirrojo o sea socio de un club de futbol.

c) Sea socio de un club de futbol si sabemos que no es pelirrojo.

OPCIÓN B

Todas las respuestas han de ser debidamente razonadas.

Problema 1. Dadas matrices $A = \begin{pmatrix} 1 & 2 \\ -1 & 3 \end{pmatrix}$ y $B = \begin{pmatrix} 2 & -6 \\ -1 & -2 \end{pmatrix}$, obtén todas las matrices de la forma $X = \begin{pmatrix} x & 0 \\ y & z \end{pmatrix}$ que satisfacen la relación $AX - XA = B$.

Problema 2. Una empresa dispone de 15 comerciales que proporcionan unos ingresos por ventas de 5750 euros mensuales cada uno. Se calcula que por cada nuevo comercial que contrate la empresa los ingresos de cada uno disminuyen en 250 euros. Calcula:

a) Los ingresos mensuales de la empresa proporcionados por los 15 comerciales.

b) La función que determina los ingresos mensuales que se obtendrían si se contrataran x comerciales más.

c) El número total de comerciales que debe tener la empresa para que los ingresos por este medio sean máximos.

d) Los ingresos máximos.

Problema 3. Tenemos tres urnas: la primera contiene 3 bolas azules, la segunda 2 bolas azules y 2 rojas y la tercera, 1 bola azul y 3 rojas. Elegimos una urna al azar y extraemos una bola. Calcula:

a) La probabilidad de que la bola extraída sea roja.

b) La probabilidad de que se haya elegido la segunda urna si la bola extraída ha sido roja.

OPCIÓN A

PROBLEMA 1

	unidades	Coste (€)	Beneficio (€)
Aparatos A →	x	$15x$	$7x$
Aparatos B →	y	$11y$	$6y$
TOTAL:	$x+y$	$15x+11y$	$7x+6y$
Restricción :	≤ 80	≤ 1000	Objetivo

Función Objetivo: $f(x,y) = 7x+6y$ (maximizar)

Restricciones :

$$x+y \leq 80 \qquad \rightarrow \quad y \leq 80-x$$
$$15x+11y \leq 1000 \quad \rightarrow \quad y \leq \frac{1000-15x}{11}$$
$$x \geq 0 ; \ y \geq 0$$

x	$y = 80-x$
0	80
80	0

x	$y = \dfrac{1000-15x}{11}$
0	$\dfrac{1000}{11}$
$\dfrac{200}{3}$	0

Ya tenemos los vértices

$A(0,80)$

$B\left(\dfrac{200}{3}, 0\right)$

$D(0,0)$

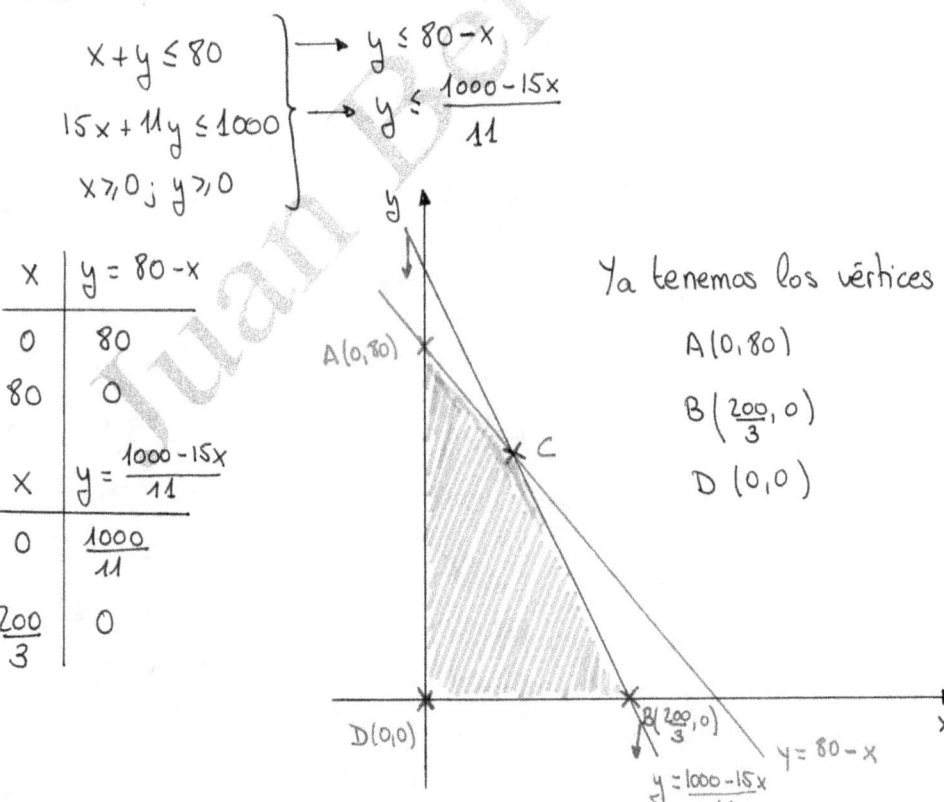

Determinamos el vértice C:

$$C \begin{cases} y = 80 - x \\ y = \dfrac{1000 - 15x}{11} \end{cases} \quad 80 - x = \dfrac{1000 - 15x}{11} \Rightarrow 880 - 11x = 1000 - 15x \Rightarrow$$

$$\Rightarrow 4x = 120 \Rightarrow x = 30 \Rightarrow C(30, 50)$$

$f(x, y) = 7x + 6y$

↳ $f(0,0) = 0 €$

↳ $f(0, 80) = 6 \cdot 80 = 480 €$

↳ $f\left(\dfrac{200}{3}, 0\right) = 7 \cdot \dfrac{200}{3} = 466'67 €$

↳ $f(30, 50) = 7 \cdot 30 + 6 \cdot 50 = 510 €$

Se deben comprar 30 aparatos de tipo A y 50 de tipo B para obtener el máximo beneficio de 510 €

⟨PROBLEMA 2⟩

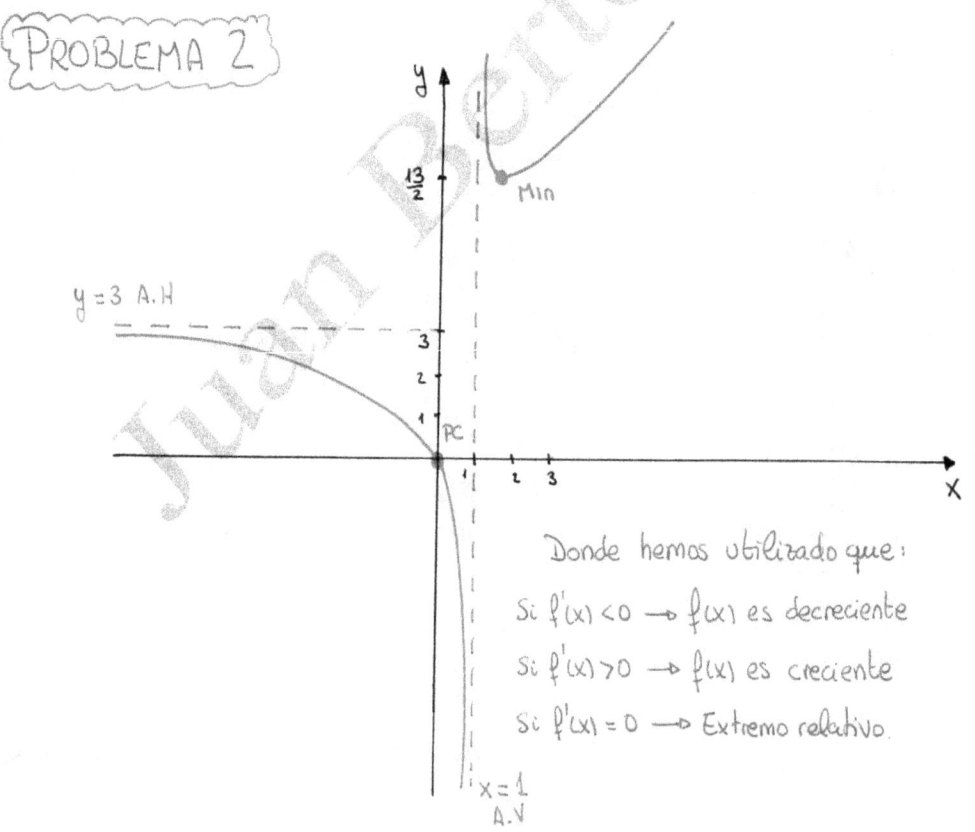

Donde hemos utilizado que:

Si $f'(x) < 0 \longrightarrow f(x)$ es decreciente

Si $f'(x) > 0 \longrightarrow f(x)$ es creciente

Si $f'(x) = 0 \longrightarrow$ Extremo relativo.

PÁGINA 2

PROBLEMA 3

Sean los sucesos:

A ≡ Ser socio de un club de fútbol.

B ≡ Ser pelirrojo.

Los datos son:

$p(A) = 0'15$; $p(B) = 0'03$; A y B sucesos independientes

Si son independientes $\Rightarrow p(A/B) = p(A) \Rightarrow$

$$\frac{p(A \cap B)}{p(B)} = p(A) \Rightarrow p(A \cap B) = p(A) \cdot p(B) = 0'15 \cdot 0'03 = 4'5 \cdot 10^{-3}$$

a)

B Ā

$p(B \cap \bar{A}) = p(B) - p(A \cap B) =$

$= 0'03 - 4'5 \cdot 10^{-3} = 0'0255$

b) $p(A \cup B) = p(A) + p(B) - p(A \cap B) = 0'15 + 0'03 - 4'5 \cdot 10^{-3} = 0'1755$

c) $p(A/\bar{B}) = \dfrac{p(A \cap \bar{B})}{p(\bar{B})} = \dfrac{p(A) - p(A \cap B)}{1 - p(B)} = \dfrac{0'15 - 4'5 \cdot 10^{-3}}{0'97} = 0'15$

Como era lógico, al ser A y B sucesos independientes.

PÁGINA 3

{OPCIÓN B}

{PROBLEMA 1}

$$AX - XA = B \Rightarrow \begin{pmatrix} 1 & 2 \\ -1 & 3 \end{pmatrix} \cdot \begin{pmatrix} x & 0 \\ y & z \end{pmatrix} - \begin{pmatrix} x & 0 \\ y & z \end{pmatrix} \cdot \begin{pmatrix} 1 & 2 \\ -1 & 3 \end{pmatrix} = \begin{pmatrix} 2 & -6 \\ -1 & -2 \end{pmatrix}$$

$$\Rightarrow \begin{pmatrix} x+2y & 2z \\ -x+3y & 3z \end{pmatrix} - \begin{pmatrix} x & 2x \\ y-z & 2y+3z \end{pmatrix} = \begin{pmatrix} 2 & -6 \\ -1 & -2 \end{pmatrix}$$

$$\Rightarrow \begin{pmatrix} 2y & 2z-2x \\ -x+2y+z & -2y \end{pmatrix} = \begin{pmatrix} 2 & -6 \\ -1 & -2 \end{pmatrix}$$

$$\Rightarrow \left. \begin{array}{l} 2y = 2 \\ 2z-2x = -6 \\ -x+2y+z = -1 \\ -2y = -2 \end{array} \right\} \begin{array}{l} \rightarrow y=1 \\ \rightarrow x=3+z \\ \rightarrow x=3+z \\ \rightarrow y=1 \end{array} \right\} \Rightarrow X = \begin{pmatrix} 3+z & 0 \\ 1 & z \end{pmatrix} \forall z \in \mathbb{R}$$

{PROBLEMA 2}

a) Ingresos = 15 comerciales · 5750 €/comercial = 86250 €

b) Ingresos = (nº comerciales)·(Ingresos de cada uno)

$$I(x) = (15+x)\cdot(5750-250x) \quad \text{con} \quad x \geqslant 0$$

$$\Rightarrow I(x) = -250x^2 + 2000x + 86250 \ €, \ \text{con} \ x \geqslant 0$$

PÁGINA 4

54

c) $I'(x) = -500x + 2000$

   $I'(x) = 0 \longrightarrow -500x + 2000 = 0 \implies x = 4$ comerciales más

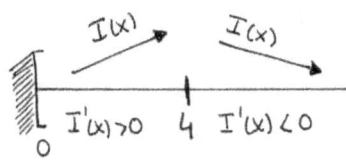

Como vemos, la función de ingresos $I(x)$ alcanza su máximo

cuando se contratan $x = 4$ comerciales adicionales, siendo por tanto 19 el número de comerciales en total.

d) Los ingresos máximos:

   $I(4) = -250 \cdot 4^2 + 2000 \cdot 4 + 86250 = 90250$ €

{PROBLEMA 3}

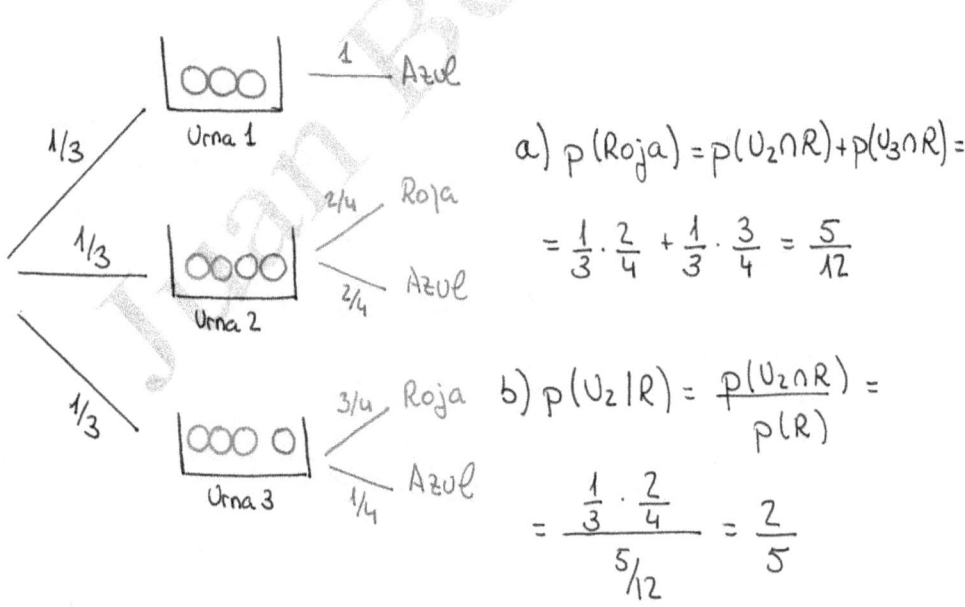

a) $p(Roja) = p(U_2 \cap R) + p(U_3 \cap R) =$

   $= \dfrac{1}{3} \cdot \dfrac{2}{4} + \dfrac{1}{3} \cdot \dfrac{3}{4} = \dfrac{5}{12}$

b) $p(U_2 | R) = \dfrac{p(U_2 \cap R)}{p(R)} =$

   $= \dfrac{\dfrac{1}{3} \cdot \dfrac{2}{4}}{\dfrac{5}{12}} = \dfrac{2}{5}$

GENERALITAT VALENCIANA
CONSELLERIA D'EDUCACIÓ,
FORMACIÓ I OCUPACIÓ

COMISSIÓ GESTORA DE LES PROVES D'ACCÉS A LA UNIVERSITAT

COMISIÓN GESTORA DE LAS PRUEBAS DE ACCESO A LA UNIVERSIDAD

SISTEMA UNIVERSITARI VALENCIÀ
SISTEMA UNIVERSITARIO VALENCIANO

PROVES D'ACCÉS A LA UNIVERSITAT	PRUEBAS DE ACCESO A LA UNIVERSIDAD
CONVOCATÒRIA: SETEMBRE 2012	CONVOCATORIA: SEPTIEMBRE 2012
MATEMÀTIQUES APLICADES A LES CIÈNCIES SOCIALS II	MATEMÁTICAS APLICADAS A LAS CIENCIAS SOCIALES II

BAREM DE L'EXAMEN: Cal triar l'EXERCICI A o l'EXERCICI B, del qual s'han de fer els TRES problemes proposats. ELS TRES PROBLEMES PUNTUEN PER IGUAL.
Cada estudiant pot disposar d'una calculadora científica o gràfica per a fer l'examen. Es prohibeix la utilització indeguda d'aquesta (per a guardar fórmules en la memòria).

BAREMO DEL EXAMEN: Se elegirá el EJERCICIO A o el EJERCICIO B, del que se harán los TRES problemas propuestos. LOS TRES PROBLEMAS PUNTÚAN POR IGUAL.
Cada estudiante podrá disponer de una calculadora científica o gráfica para realizar el examen. Se prohíbe su utilización indebida (para guardar fórmulas en memoria).

OPCIÓN A

Todas las respuestas han de ser debidamente razonadas.

Problema 1. Plantea y escribe el sistema de ecuaciones lineales cuya matriz de coeficientes es $\begin{pmatrix} 2 & 3 & -1 \\ -4 & 2 & 1 \\ 2 & 2 & -1 \end{pmatrix}$ y cuyo término independiente es $\begin{pmatrix} 3 \\ 0 \\ 1 \end{pmatrix}$. Resuelve el sistema.

Problema 2. Se estima que el beneficio anual $B(t)$, en %, que produce cierta inversión viene determinado por el tiempo t en meses que se mantiene dicha inversión a través de la siguiente expresión:

$$B(t) = \frac{36t}{t^2 + 324} + 1, \quad t \geq 0.$$

a) Describe la evolución del beneficio en función del tiempo durante los primeros 30 meses.

b) Calcula razonadamente cuánto tiempo debe mantenerse dicha inversión para que el beneficio sea máximo. ¿Cuál es el beneficio máximo?

c) ¿Cuál sería el beneficio de dicha inversión si ésta se mantuviera en el tiempo de forma indefinida?

Problema 3. Se ha hecho un estudio de un nuevo tratamiento en un colectivo de 120 personas aquejadas de cierta enfermedad, 30 de las cuales ya habían padecido la enfermedad con anterioridad. Entre las que habían padecido la enfermedad con anterioridad, el 80% ha reaccionado positivamente al nuevo tratamiento. Entre las que no la habían padecido, ha sido el 90% el que reaccionó positivamente.

a) Si elegimos un paciente al azar, ¿cuál es la probabilidad de que no reaccione positivamente al nuevo tratamiento?

b) Si un paciente ha reaccionado positivamente al tratamiento, ¿cuál es la probabilidad de que no haya padecido la enfermedad con anterioridad?

c) Si elegimos dos pacientes al azar, ¿cuál es la probabilidad de que los dos hayan padecido la enfermedad con anterioridad?

OPCIÓN B

Todas las respuestas han de ser debidamente razonadas.

Problema 1. Sea el siguiente sistema de inecuaciones lineales:

$$\begin{cases} x+y \geq 1 \\ x+y \leq 2 \\ -x+y \leq 1 \\ x-y \leq 1 \end{cases}$$

a) Resuélvelo gráficamente.

b) Halla el máximo y el mínimo de la función $z = 2x + y$ en el conjunto solución de dicho sistema.

Problema 2. Sea la función $f(x) = (x^2 + x)^2$. Se pide:

a) Su dominio y puntos de corte con los ejes coordenados.

b) Las ecuaciones de sus asíntotas verticales y horizontales, si las hay.

c) Los intervalos de crecimiento y decrecimiento.

d) Los máximos y mínimos locales.

e) La representación gráfica a partir de la información de los apartados anteriores.

Problema 3. Una urna A contiene cinco bolas rojas y dos azules. Otra urna B contiene cuatro bolas rojas y una azul. Tomamos al azar una bola de la urna A y, sin mirarla, la pasamos a la urna B. A continuación extraemos con reemplazamiento dos bolas de la urna B. Halla la probabilidad de que:

a) Ambas bolas sean de color rojo.

b) Ambas bolas sean de distinto color.

c) Si la primera bola extraída es roja, ¿cuál es la probabilidad de que la bola que hemos pasado de la urna A a la urna B haya sido azul?

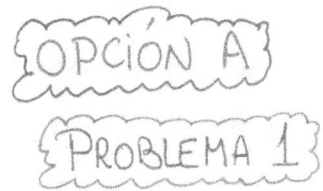

{OPCIÓN A}

{PROBLEMA 1}

Todo sistema de ecuaciones lineales se representa con una ecuación matricial $A \cdot X = B$ donde A es la matriz de coeficientes y B el vector de términos independientes. Así:

$$AX = B \Rightarrow \begin{pmatrix} 2 & 3 & -1 \\ -4 & 2 & 1 \\ 2 & 2 & -1 \end{pmatrix} \cdot \begin{pmatrix} x \\ y \\ z \end{pmatrix} = \begin{pmatrix} 3 \\ 0 \\ 1 \end{pmatrix} \Rightarrow \left. \begin{array}{r} 2x + 3y - z = 3 \\ -4x + 2y + z = 0 \\ 2x + 2y - z = 1 \end{array} \right\}$$

$$\det(A) = \begin{vmatrix} 2 & 3 & -1 \\ -4 & 2 & 1 \\ 2 & 2 & -1 \end{vmatrix} = -2 \Rightarrow \left. \begin{array}{l} rg(A) = 3 \\ rg(A^*) = 3 \\ n^\circ \, incóg = 3 \end{array} \right\} \xrightarrow[\text{ROUCHÉ}]{T^{ma}} \begin{array}{l} \text{Sistema Compatible} \\ \text{Determinado} \end{array}$$

Por Cramer:

$$x = \frac{\begin{vmatrix} 3 & 3 & -1 \\ 0 & 2 & 1 \\ 1 & 2 & -1 \end{vmatrix}}{-2} = \frac{-7}{-2} = \frac{7}{2}$$

$$z = \frac{\begin{vmatrix} 2 & 3 & 3 \\ -4 & 2 & 0 \\ 2 & 2 & 1 \end{vmatrix}}{-2} = \frac{-20}{-2} = 10$$

$$y = \frac{\begin{vmatrix} 2 & 3 & -1 \\ -4 & 0 & 1 \\ 2 & 1 & -1 \end{vmatrix}}{-2} = \frac{-4}{-2} = 2$$

PÁGINA 1

{PROBLEMA 2}

$$B(t) = \frac{36t}{t^2+324} + 1 \quad \text{con } t \geq 0 \quad (t \text{ en meses}; B(t) \text{ en } \%)$$

$$B(0) = 1\% \quad ; \quad B(30) = 1'88\%$$

$$B'(t) = \frac{36(t^2+324) - 36t \cdot 2t}{(t^2+324)^2} = \frac{-36t^2+11664}{(t^2+324)^2}$$

$$B'(t) = 0 \implies -36t^2 + 11664 = 0 \implies t = \sqrt{324} = 18 \text{ meses}$$

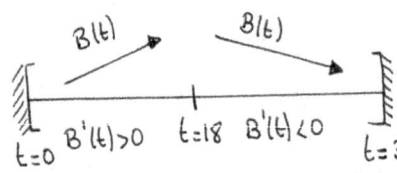

Como vemos, el beneficio aumenta durante los 18 primeros meses y disminuye hasta el mes 30.

También vemos que el beneficio máximo se alcanza a los 18 meses, siendo éste del:

$$B(18) = \frac{36 \cdot 18}{18^2 + 324} + 1 = 2\%$$

Manteniendo la inversión por tiempo indefinido:

$$\lim_{t \to \infty} \left(\frac{36t}{t^2+324} + 1 \right) = 1\%$$

Puedes ver todo en esta gráfica $\implies$

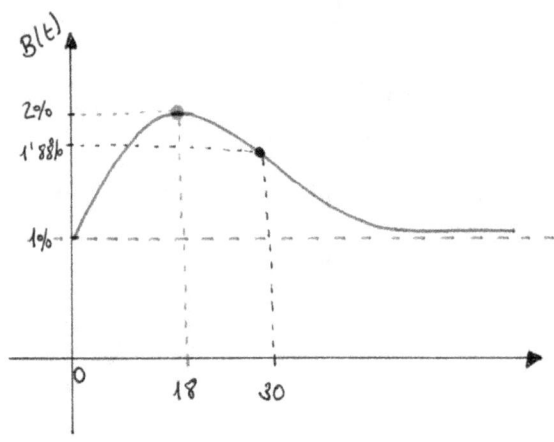

PÁGINA 2

PROBLEMA 3

Sean los sucesos:

A ≡ Haber padecido la enfermedad con anterioridad.

B ≡ Reacción positiva al tratamiento.

a) $p(\bar{B}) = p(A \cap \bar{B}) + p(\bar{A} \cap \bar{B}) =$

$$= \frac{30}{120} \cdot 0'2 + \frac{90}{120} \cdot 0'1 = \frac{1}{8}$$

b) $p(\bar{A}/B) = \dfrac{p(\bar{A} \cap B)}{p(B)} = \dfrac{\frac{90}{120} \cdot 0'9}{\frac{7}{8}} = \dfrac{27}{35}$

c) Tenemos que plantear un nuevo árbol:

$\Rightarrow p(A_1 \cap A_2) = \dfrac{30}{120} \cdot \dfrac{29}{119} = \dfrac{29}{476}$

1ᵉʳ Paciente   2° Paciente

{OPCIÓN B}

{PROBLEMA 1}

$$x + y \geqslant 1 \longrightarrow y \geqslant 1 - x$$

$$x + y \leq 2 \longrightarrow y \leq 2 - x$$

$$-x + y \leq 1 \longrightarrow y \leq 1 + x$$

$$x - y \leq 1 \longrightarrow y \geqslant x - 1$$

x	$y = 1 - x$
0	1
1	0

x	$y = 2 - x$
0	2
2	0

x	$y = 1 + x$
0	1
-1	0

x	$y = x - 1$
0	-1
1	0

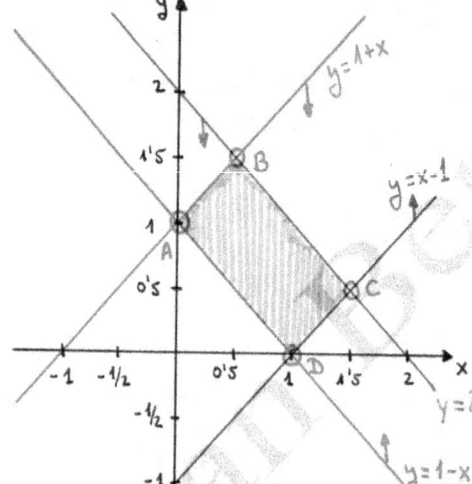

Los vértices $A(0,1)$ y $D(1,0)$ los tenemos ya de las tablas de valores.

Los otros vértices los obtenemos según:

$$B \begin{cases} y = 1 + x \\ y = 2 - x \end{cases} \longrightarrow B\left(\tfrac{1}{2}, \tfrac{3}{2}\right) ; \quad C \begin{cases} y = x - 1 \\ y = 2 - x \end{cases} \longrightarrow C\left(\tfrac{3}{2}, \tfrac{1}{2}\right)$$

b) $z(x,y) = 2x + y$

$$\longrightarrow z(0,1) = 1$$
$$\longrightarrow z\left(\tfrac{1}{2}, \tfrac{3}{2}\right) = \tfrac{5}{2}$$
$$\longrightarrow z\left(\tfrac{3}{2}, \tfrac{1}{2}\right) = \tfrac{7}{2}$$
$$\longrightarrow z(1,0) = 2$$

El mínimo se alcanza en $A(0,1)$ y vale 1, y el máximo se alcanza en $C\left(\tfrac{3}{2}, \tfrac{1}{2}\right)$ y vale $\tfrac{7}{2}$.

PÁGINA 4

PROBLEMA 2

$$f(x) = \left(x^2 + x\right)^2$$

* Dom$(f(x))$ = $\mathbb{R}$ (función polinómica)

* Puntos de corte con los ejes:

- Con el eje X: $f(x) = 0$

$$\left(x^2 + x\right)^2 = 0 \longrightarrow x^2 + x = 0 \longrightarrow x(x+1) = 0 \begin{cases} x=0 \quad P_c(0,0) \\ x=-1 \quad P_c(-1,0) \end{cases}$$

- Con el eje Y: $x = 0$

$$f(0) = 0 \Longrightarrow P_c(0,0)$$

* No hay asíntotas verticales pues Dom$(f(x))$ = $\mathbb{R}$

* Asíntotas horizontales:

$$\left.\begin{array}{l} \lim\limits_{x \to \infty} \left(x^2+x\right)^2 = +\infty \\[2mm] \lim\limits_{x \to -\infty} \left(x^2+x\right)^2 = +\infty \end{array}\right\} f(x) \text{ no presenta asíntotas horizontales}$$

* Monotonía y extremos relativos:

$$f'(x) = 2\left(x^2+x\right)\cdot(2x+1)$$

$$f'(x) = 0 \longrightarrow 2\left(x^2+x\right)(2x+1) = 0 \begin{cases} x^2+x=0 \begin{cases} x=0 \\ x=-1 \end{cases} \\ 2x+1=0 \longrightarrow x=-\frac{1}{2} \end{cases}$$

$f(x) \searrow \qquad f(x) \nearrow \qquad f(x) \searrow \qquad f(x) \nearrow$

$f'(x)<0 \quad -1 \quad f'(x)>0 \quad -\frac{1}{2} \quad f'(x)<0 \quad 0 \quad f'(x)>0$

PÁGINA 5

Creciente: $(-1, -1/2) \cup (0, +\infty)$

Decreciente: $(-\infty, -1) \cup (-1/2, 0)$

Mínimos relativos $\longrightarrow$ $\begin{cases} x = -1 \longrightarrow \text{Min} (-1, f(-1)) \longrightarrow \text{Min} (-1, 0) \\ x = 0 \longrightarrow \text{Min} (0, f(0)) \longrightarrow \text{Min} (0, 0) \end{cases}$

Máximo relativo en $x = -1/2 \longrightarrow \text{Máx} \left(-1/2, f(-1/2)\right) \longrightarrow \text{Máx} \left(-\dfrac{1}{2}, \dfrac{1}{16}\right)$

* Representación:

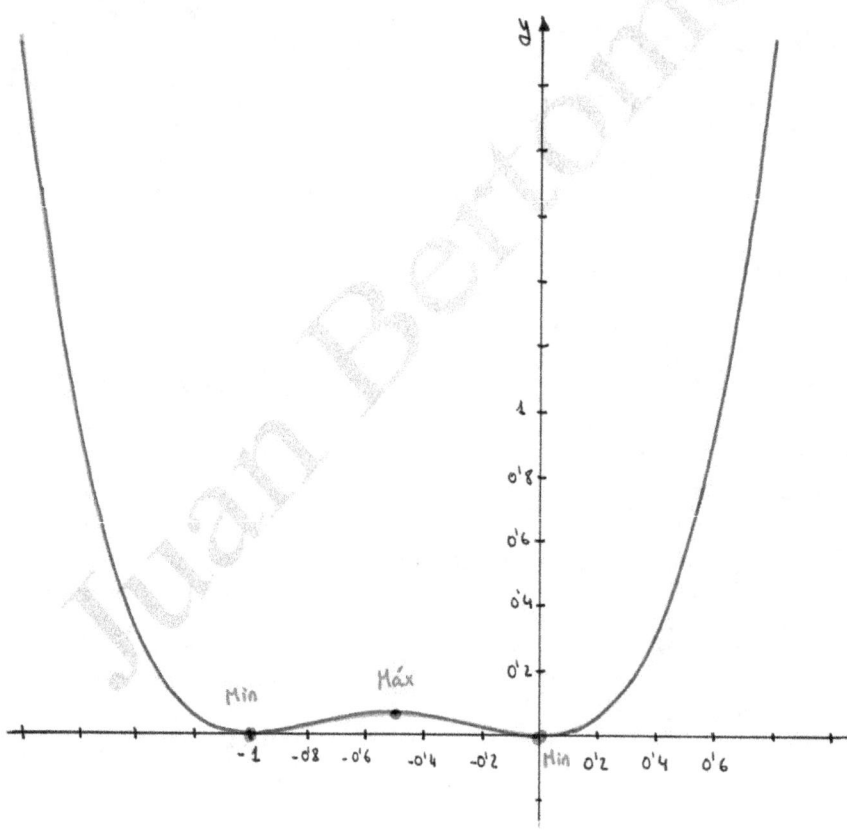

PROBLEMA 3

Planteamos el siguiente árbol:

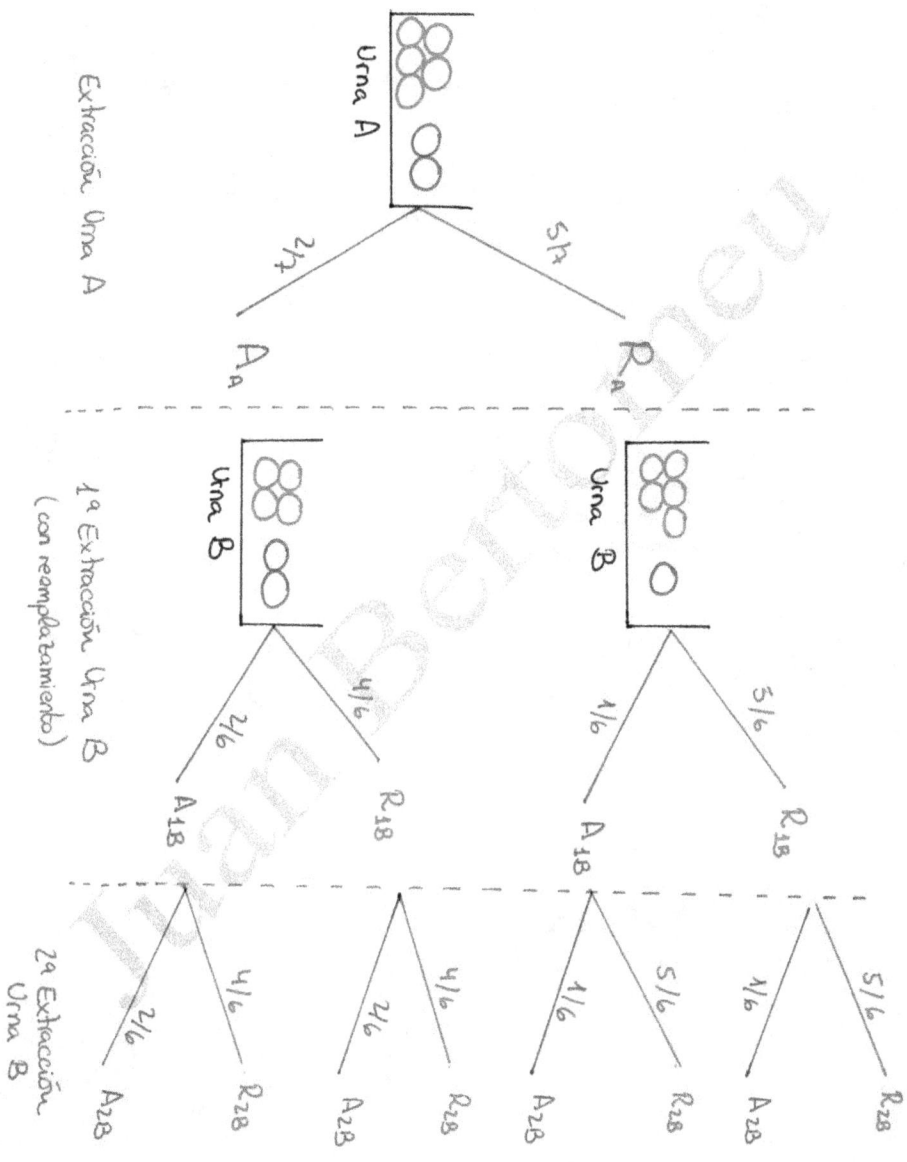

Las probabilidades pedidas:

a) $p(R_{1B} \cap R_{2B}) = \frac{5}{7} \cdot \frac{5}{6} \cdot \frac{5}{6} + \frac{2}{7} \cdot \frac{4}{6} \cdot \frac{4}{6} = 0'623$

b) $p(\text{Distinto color}) = p(R_{1B} \cap A_{2B}) + p(A_{1B} \cap R_{2B}) =$

$= \frac{5}{7} \cdot \frac{5}{6} \cdot \frac{1}{6} + \frac{2}{7} \cdot \frac{4}{6} \cdot \frac{2}{6} + \frac{5}{7} \cdot \frac{1}{6} \cdot \frac{5}{6} + \frac{2}{7} \cdot \frac{2}{6} \cdot \frac{4}{6} =$

$= 0'325$

c) Para este apartado, eliminamos la última columna del diagrama en árbol anterior. Así:

$p(A_A / R_{1B}) = \dfrac{p(A_A \cap R_{1B})}{p(R_{1B})} = \dfrac{\frac{2}{7} \cdot \frac{4}{6}}{\frac{5}{7} \cdot \frac{5}{6} + \frac{2}{7} \cdot \frac{4}{6}} = 0'242$

PÁGINA 8

GENERALITAT VALENCIANA
CONSELLERIA D'EDUCACIÓ, CULTURA I ESPORT

COMISSIÓ GESTORA DE LES PROVES D'ACCÉS A LA UNIVERSITAT

COMISIÓN GESTORA DE LAS PRUEBAS DE ACCESO A LA UNIVERSIDAD

SISTEMA UNIVERSITARI VALENCIÀ
SISTEMA UNIVERSITARIO VALENCIANO

PROVES D'ACCÉS A LA UNIVERSITAT	PRUEBAS DE ACCESO A LA UNIVERSIDAD
CONVOCATÒRIA: JUNY 2013	CONVOCATORIA: JUNIO 2013
MATEMÀTIQUES APLICADES A LES CIÈNCIES SOCIALS II	MATEMÁTICAS APLICADAS A LAS CIENCIAS SOCIALES II

BAREM DE L'EXAMEN: Cal triar l'OPCIÓ A o l'OPCIÓ B, de la qual s'han de fer els TRES problemes proposats. ELS TRES PROBLEMES PUNTUEN PER IGUAL.
Cada estudiant pot disposar d'una calculadora científica o gràfica per a fer l'examen. Es prohibeix la utilització indeguda d'aquesta (per a guardar fórmules en la memòria).

BAREMO DEL EXAMEN: **Se elegirá la OPCIÓN A o la OPCIÓN B, de la que se harán los TRES problemas propuestos. LOS TRES PROBLEMAS PUNTÚAN POR IGUAL.**
Cada estudiante podrá disponer de una calculadora científica o gráfica para realizar el examen. Se prohíbe su utilización indebida (para guardar fórmulas en memoria).

OPCIÓN A

Todas las respuestas han de ser debidamente razonadas.

Problema 1. Resuelve las siguientes cuestiones:

a) Calcula las matrices X e Y sabiendo que $X + Y = \begin{pmatrix} 3 & 1 \\ 4 & 3 \end{pmatrix}$ y $2X - Y = \begin{pmatrix} 0 & 5 \\ -7 & -3 \end{pmatrix}$.

b) Obtén la inversa de la matriz $A = \begin{pmatrix} 3 & 2 \\ 2 & 2 \end{pmatrix}$.

c) Obtén la matriz X tal que $XA = \begin{pmatrix} 1 & 0 \\ 8 & 6 \end{pmatrix}$.

Problema 2. Dada la función $f(x) = \dfrac{-x^2 + 4x - 4}{x^2 - 4x + 3}$, se pide:

a) Su dominio y puntos de corte con los ejes coordenados.

b) Ecuación de sus asíntotas verticales y horizontales, si las hay.

c) Intervalos de crecimiento y decrecimiento.

d) Máximos y mínimos locales.

e) Representación gráfica a partir de la información de los apartados anteriores.

Problema 3. Un tarro contiene 25 caramelos de naranja, 12 de limón y 8 de café. Se extraen dos caramelos al azar. Calcula:

a) La probabilidad de que ambos sean de naranja.

b) La probabilidad de que ambos sean del mismo sabor.

c) La probabilidad de que ninguno sea de café.

OPCIÓN B

Todas las respuestas han de ser debidamente razonadas.

Problema 1. Una persona adquirió en el mercado cierta cantidad de unidades de memoria externa, de lectores de libros electrónicos y de tabletas gráficas a un precio de 100, 120 y 150 euros la unidad, respectivamente. El importe total de la compra fue de 1160€ y el número total de unidades adquiridas 9. Además, compró una unidad más de tabletas gráficas que de lectores de libros electrónicos. ¿Cuántas unidades adquirió de cada producto?

Problema 2. Dada la función

$$f(x) = \begin{cases} x+2 & \text{si } -2 \leq x < 0 \\ x^2 - 2x + 2 & \text{si } 0 \leq x < 3 \\ 3x - 1 & \text{si } 3 \leq x \leq 5 \end{cases}$$

a) Estudia la continuidad de la función en todos los puntos del intervalo $[-2, 5]$.

b) Calcula los máximos y mínimos absolutos de $f(x)$ en el intervalo $\left[-2, \dfrac{5}{2}\right]$.

c) Calcula $\displaystyle\int_1^2 f(x)dx$.

Problema 3. Sabiendo que $P(A) = 0,3$; $P(B) = 0,4$ y $P(A|B) = 0,2$, contesta las siguientes cuestiones:

a) Calcula $P(\overline{A} \cup B)$.

b) Calcula $P(B|A)$.

c) Calcula $P(\overline{A} \cap \overline{B})$.

d) ¿Son independientes los sucesos A y B? ¿Por qué?

OPCIÓN A

PROBLEMA 1

a) Tenemos que resolver el sistema:

$$\left.\begin{array}{l} X + Y = \begin{pmatrix} 3 & 1 \\ 4 & 3 \end{pmatrix} \\[12pt] 2X - Y = \begin{pmatrix} 0 & 5 \\ -7 & -3 \end{pmatrix} \end{array}\right\} E_1 + E_2 \quad 3X = \begin{pmatrix} 3 & 6 \\ -3 & 0 \end{pmatrix} \Rightarrow X = \begin{pmatrix} 1 & 2 \\ -1 & 0 \end{pmatrix}$$

$$\rightarrow Y = \begin{pmatrix} 3 & 1 \\ 4 & 3 \end{pmatrix} - X = \begin{pmatrix} 3 & 1 \\ 4 & 3 \end{pmatrix} - \begin{pmatrix} 1 & 2 \\ -1 & 0 \end{pmatrix} = \begin{pmatrix} 2 & -1 \\ 5 & 3 \end{pmatrix}$$

b) $A^{-1} = \dfrac{1}{det(A)} \cdot \left[Adj(A) \right]^t$

$$det(A) = \begin{vmatrix} 3 & 2 \\ 2 & 2 \end{vmatrix} = 2 \; ; \; Adj(A) = \begin{pmatrix} 2 & -2 \\ -2 & 3 \end{pmatrix} \; ; \; \left[Adj(A) \right]^t = \begin{pmatrix} 2 & -2 \\ -2 & 3 \end{pmatrix}$$

$$\Rightarrow A^{-1} = \frac{1}{2} \cdot \begin{pmatrix} 2 & -2 \\ -2 & 3 \end{pmatrix} = \begin{pmatrix} 1 & -1 \\ -1 & 3/2 \end{pmatrix}$$

c) $X \cdot A = \begin{pmatrix} 1 & 0 \\ 8 & 6 \end{pmatrix} \Rightarrow X \cdot \underbrace{A \cdot A^{-1}}_{I} = \begin{pmatrix} 1 & 0 \\ 8 & 6 \end{pmatrix} \cdot A^{-1} \Rightarrow$

$$\Rightarrow X = \begin{pmatrix} 1 & 0 \\ 8 & 6 \end{pmatrix} \cdot \begin{pmatrix} 1 & -1 \\ -1 & 3/2 \end{pmatrix} = \begin{pmatrix} 1 & -1 \\ 2 & 1 \end{pmatrix}$$

PROBLEMA 2

$$f(x) = \frac{-x^2 + 4x - 4}{x^2 - 4x + 3}$$

* Dominio:

$$x^2 - 4x + 3 = 0 \begin{cases} x = 1 \\ x = 3 \end{cases}$$

$$Dom(f(x)) = \mathbb{R} - \{1, 3\}$$

* Cortes con el eje X → $f(x) = 0$

$$\frac{-x^2 + 4x - 4}{x^2 - 4x + 3} = 0 \Rightarrow -x^2 + 4x - 4 = 0$$

$$x = \frac{-4 \pm \sqrt{16 - 16}}{-2} = 2 \Rightarrow PC(2, 0)$$

* Cortes con el eje Y → $x = 0$

$$f(0) = \frac{-4}{3} \Rightarrow PC(0, -4/3)$$

* Asíntotas verticales:

$$\lim_{x \to 1} \frac{-x^2 + 4x - 4}{x^2 - 4x + 3} = \left[\frac{-1}{0}\right] \rightarrow \begin{cases} \lim_{x \to 1^-} \frac{-x^2 + 4x - 4}{x^2 - 4x + 3} = -\infty \\[2mm] \lim_{x \to 1^+} \frac{-x^2 + 4x - 4}{x^2 - 4x + 3} = +\infty \end{cases}$$

$$\Rightarrow x = 1 \text{ es A. Vertical}$$

$$\lim_{x \to 3} \frac{-x^2 + 4x - 4}{x^2 - 4x + 3} = \left[\frac{-1}{0}\right] \rightarrow \begin{cases} \lim_{x \to 3^-} \frac{-x^2 + 4x - 4}{x^2 - 4x + 3} = +\infty \\[2mm] \lim_{x \to 3^+} \frac{-x^2 + 4x - 4}{x^2 - 4x + 3} = -\infty \end{cases}$$

$$\Rightarrow x = 3 \text{ es A. Vertical}$$

PÁGINA 2

* Asíntotas Horizontales:

$$\lim_{x \to \infty} \frac{-x^2+4x-4}{x^2-4x+3} = \lim_{x \to \infty} \frac{-x^2}{x^2} = -1$$

$$\lim_{x \to -\infty} \frac{-x^2+4x-4}{x^2-4x+3} = -1$$

$y = -1$ es A. Horizontal

* Monotonía y extremos relativos:

$$f'(x) = \frac{(-2x+4)(x^2-4x+3)-(-x^2+4x-4)(2x-4)}{(x^2-4x+3)^2} =$$

$$= \frac{(-2x+4)(x^2-4x+3-x^2+4x-4)}{(x^2-4x+3)^2} = \frac{2x-4}{(x^2-4x+3)^2}$$

$$f'(x) = 0 \Rightarrow \frac{2x-4}{(x^2-4x+3)^2} = 0 \to 2x-4 = 0 \to x = 2$$

$f(x)$ → $f(x)$ → $f(x)$ → $f(x)$ →

$f'(x)<0$ $(+1)$ $f'(x)<0$ 2 $f'(x)>0$ (3) $f'(x)>0$

Creciente: $(2,3) \cup (3,+\infty)$

Decreciente: $(-\infty, 1) \cup (1, 2)$

Mínimo $(2, f(2)) \Rightarrow$ Min $(2,0)$

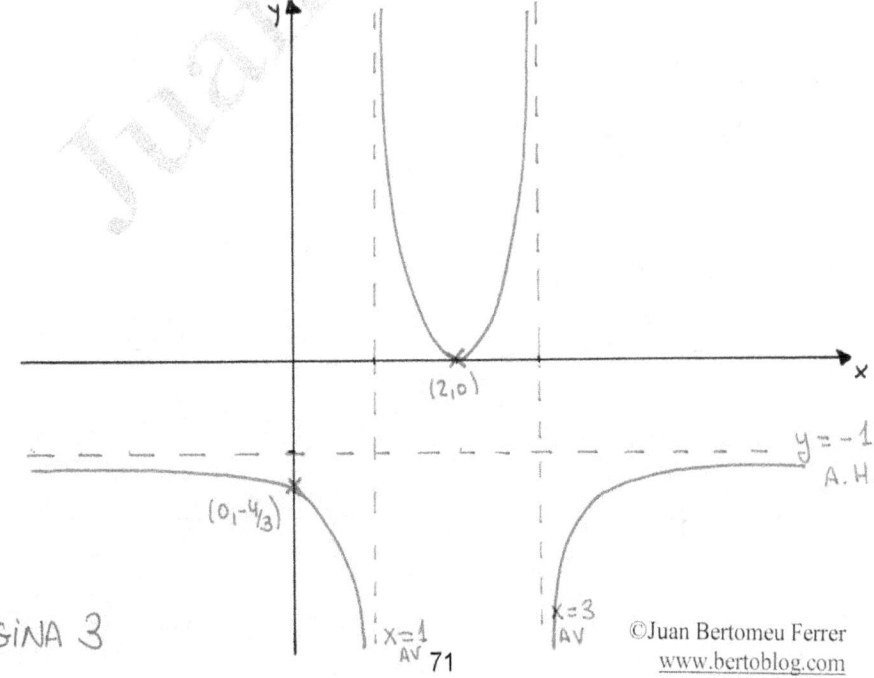

$(2,0)$

$y = -1$ A.H

$(0, -4/3)$

$x=1$ AV

$x=3$ AV

{PROBLEMA 3}

Sean los sucesos :

N ≡ Caramelo de Naranja

L ≡ Caramelo de Limón

C ≡ Caramelo de Café

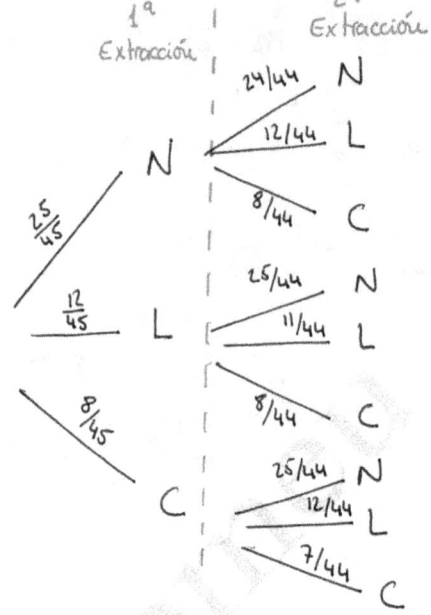

1ª Extracción | 2ª Extracción

$24/44$ N
$12/44$ L
$8/44$ C

$25/44$ N
$11/44$ L
$8/44$ C

$25/44$ N
$12/44$ L
$7/44$ C

a) p (Dos Naranja) ;

$$p(N_1 \cap N_2) = p(N_1) \cdot p(N_2/N_1) = \frac{25}{45} \cdot \frac{24}{44} = \frac{10}{33} = 0'3030$$

b) p (Mismo Sabor) ;

$$p(N_1 \cap N_2) + p(L_1 \cap L_2) + p(C_1 \cap C_2) = p(N_1) \cdot p(N_2/N_1) +$$

$$+ p(L_1) \cdot p(L_2/L_1) + p(C_1) \cdot p(C_2/C_1) = \frac{25}{45} \cdot \frac{24}{44} + \frac{12}{45} \cdot \frac{11}{44} + \frac{8}{45} \cdot \frac{7}{44} =$$

$$= \frac{197}{495} = 0'398$$

c) p (Ninguno Café) ;

$$p(\bar{C_1} \cap \bar{C_2}) = p(N_1 \cap N_2) + p(N_1 \cap L_2) + p(L_1 \cap N_2) + p(L_1 \cap L_2) =$$

$$= p(N_1) \cdot p(N_2/N_1) + p(N_1) \cdot p(L_2/N_1) + p(L_1) \cdot p(N_2/L_1) +$$

$$+ p(L_1) \cdot p(L_2/L_1) = \frac{25}{45} \cdot \frac{24}{44} + \frac{25}{45} \cdot \frac{12}{44} + \frac{12}{45} \cdot \frac{25}{44} + \frac{12}{45} \cdot \frac{11}{44} = 0'6727$$

PÁGINA 4

72

OPCIÓN B

PROBLEMA 1

	Unidades	Gasto (€)
Memoria Externa $\longrightarrow$	x	$100\,x$
Libros electrónicos $\longrightarrow$	y	$120\,y$
Tabletas gráficas $\longrightarrow$	z	$150\,z$

$$\left. \begin{array}{l} x+y+z=9 \\ 100x+120y+150z=1160 \\ z=y+1 \end{array} \right\}$$

$$A^{*} = \begin{pmatrix} 1 & 1 & 1 & \vdots & 9 \\ 100 & 120 & 150 & \vdots & 1160 \\ 0 & -1 & 1 & \vdots & 1 \end{pmatrix} \; ; \; det(A) = \begin{vmatrix} 1 & 1 & 1 \\ 100 & 120 & 150 \\ 0 & -1 & 1 \end{vmatrix} = 70$$

$rg(A) = 3 \implies rg(A^{*}) = 3 \implies$ Sistema. Comp. Determinado $\implies$ Cramer:

$$X = \frac{\begin{vmatrix} 9 & 1 & 1 \\ 1160 & 120 & 150 \\ 1 & -1 & 1 \end{vmatrix}}{70} = \frac{140}{70} = 2$$

$$y = \frac{\begin{vmatrix} 1 & 9 & 1 \\ 100 & 1160 & 150 \\ 0 & 1 & 1 \end{vmatrix}}{70} = \frac{210}{70} = 3$$

$$z = \frac{\begin{vmatrix} 1 & 1 & 9 \\ 100 & 120 & 1160 \\ 0 & -1 & 1 \end{vmatrix}}{70} = \frac{280}{70} = 4$$

PÁGINA 5

PROBLEMA 2

$$f(x) = \begin{cases} x+2 & \text{si } -2 \le x < 0 \\ x^2-2x+2 & \text{si } 0 \le x < 3 \\ 3x-1 & \text{si } 3 \le x \le 5 \end{cases}$$

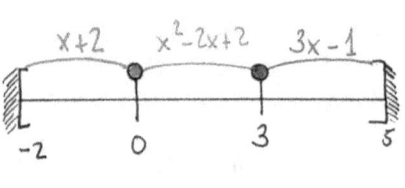

Si $-2 \le x < 0$ → $f(x) = x+2$ → Continua en $\mathbb{R}$

└→ Continua en $[-2, 0)$

Si $0 < x < 3$ → $f(x) = x^2-2x+2$ → Continua en $\mathbb{R}$

└→ Continua en $(0, 3)$

Si $3 < x \le 5$ → $f(x) = 3x-1$ → Continua en $\mathbb{R}$

└→ Continua en $(3, 5]$

Si $x = 0$

$f(0) = 0^2 - 2 \cdot 0 + 2 = 2$

$\lim_{x \to 0} f(x) \to \begin{cases} \lim_{x \to 0^-} x+2 = 2 \\ \lim_{x \to 0^+} x^2-2x+2 = 2 \end{cases} \Rightarrow \lim_{x \to 0} f(x) = 2$

Como $f(0) = \lim_{x \to 0} f(x)$ → Continua en $x = 0$

Si $x = 3$

$f(3) = 3 \cdot 3 - 1 = 8$

$\lim_{x \to 3} f(x) \to \begin{cases} \lim_{x \to 3^-} x^2-2x+2 = 5 \\ \lim_{x \to 3^+} 3x-1 = 8 \end{cases} \Rightarrow \nexists \lim_{x \to 3} f(x)$

$f(x)$ presenta en $x = 3$ una discontinuidad de salto finito.

$\Rightarrow f(x)$ es continua $[-2, 3) \cup (3, 5]$

PÁGINA 6

74

b) Los máximos y mínimos absolutos de una función definida en un intervalo se localizan de entre los extremos relativos que estén dentro de ese intervalo y las fronteras del propio intervalo. Así:

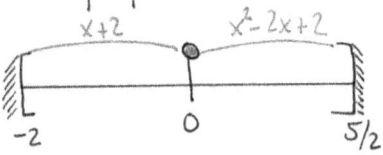

$$\text{Si } -2 \leq x < 0 \longrightarrow f(x) = x+2$$

$$f'(x) = 1 \implies f'(x) \neq 0$$

$$\text{Si } 0 < x \leq \frac{5}{2} \longrightarrow f(x) = x^2 - 2x + 2$$

$$f'(x) = 2x - 2$$

$$f'(x) = 0 \longrightarrow 2x - 2 = 0 \implies x = 1$$

Con lo que:

$$f(-2) = -2 + 2 = 0$$
$$f(0) = 0^2 - 2 \cdot 0 + 2 = 2$$
$$f(1) = 1^2 - 2 \cdot 1 + 2 = 1$$
$$f(5/2) = \left(\frac{5}{2}\right)^2 - 2 \cdot \left(\frac{5}{2}\right) + 2 = 3'25$$

En el intervalo $[-2, 5/2]$ el mínimo absoluto es el punto $(-2, 0)$ y el máximo absoluto es el $\left(5/2, 3'25\right)$

c) $$\int_1^2 f(x)\,dx = \int_1^2 (x^2 - 2x + 2)\,dx = \left[\frac{x^3}{3} - x^2 + 2x\right]_1^2 =$$

$$= \left(\frac{8}{3} - 4 + 4\right) - \left(\frac{1}{3} - 1 + 2\right) = \frac{4}{3}$$

PÁGINA 7

PROBLEMA 3

Datos: $p(A) = 0'3$; $p(B) = 0'4$; $p(A/B) = 0'2$

Como $p(A/B) = \dfrac{p(A \cap B)}{p(B)}$ $\Rightarrow$ $0'2 = \dfrac{p(A \cap B)}{0'4}$ $\Rightarrow$ $p(A \cap B) = 0'08$

a)

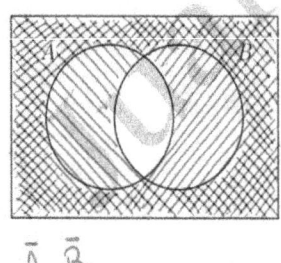

$\overline{A}, B$

$p(\overline{A} \cup B) = p(\overline{A}) + p(A \cap B) =$

$= 1 - p(A) + p(A \cap B) =$

$= 1 - 0'3 + 0'08 = 0'78$

b) $p(B/A) = \dfrac{p(A \cap B)}{p(A)} = \dfrac{0'08}{0'3} = \dfrac{4}{15} = 0'2667$

c) $p(A \cup B) = p(A) + p(B) - p(A \cap B) = 0'3 + 0'4 - 0'08 = 0'62$

$p(\overline{A} \cap \overline{B}) = 1 - p(A \cup B) = 1 - 0'62 = 0'38$

$\overline{A}, \overline{B}$

d) Dos sucesos A y B son independientes si $p(A) = p(A/B)$. Como vemos en los datos, $p(A) \neq p(A/B)$ y por tanto los sucesos A y B NO son independientes.

PÁGINA 8

GENERALITAT VALENCIANA
CONSELLERIA D'EDUCACIÓ, CULTURA I ESPORT

COMISSIÓ GESTORA DE LES PROVES D'ACCÉS A LA UNIVERSITAT

COMISIÓN GESTORA DE LAS PRUEBAS DE ACCESO A LA UNIVERSIDAD

SISTEMA UNIVERSITARI VALENCIÀ
SISTEMA UNIVERSITARIO VALENCIANO

PROVES D'ACCÉS A LA UNIVERSITAT	PRUEBAS DE ACCESO A LA UNIVERSIDAD
CONVOCATÒRIA: JULIOL 2013	CONVOCATORIA: JULIO 2013
MATEMÀTIQUES APLICADES A LES CIÈNCIES SOCIALS II	MATEMÁTICAS APLICADAS A LAS CIENCIAS SOCIALES II

BAREM DE L'EXAMEN: Cal triar l'OPCIÓ A o l'OPCIÓ B, de la qual s'han de fer els TRES problemes proposats. ELS TRES PROBLEMES PUNTUEN PER IGUAL.
Cada estudiant pot disposar d'una calculadora científica o gràfica per a fer l'examen. Es prohibeix la utilització indeguda d'aquesta (per a guardar fórmules en la memòria).

BAREMO DEL EXAMEN: **Se elegirá la OPCIÓN A o la OPCIÓN B, de la que se harán los TRES problemas propuestos. LOS TRES PROBLEMAS PUNTÚAN POR IGUAL.**
Cada estudiante podrá disponer de una calculadora científica o gráfica para realizar el examen. Se prohíbe su utilización indebida (para guardar fórmulas en memoria).

OPCIÓN A

Todas las respuestas han de ser debidamente razonadas.

Problema 1. Sean las matrices:

$$A = \begin{pmatrix} 1 & 2 \\ 0 & 3 \end{pmatrix}, \quad B = \begin{pmatrix} 2 & -1 \\ 1 & 2 \end{pmatrix} \quad y \quad C = \begin{pmatrix} 0 & 1 \\ -1 & 2 \end{pmatrix}.$$

Resuelve la ecuación $XAB - XC = 2C$.

Problema 2. Una cadena de montaje está especializada en la producción de cierto modelo de motocicleta. Los costes de producción en euros, $C(x)$, están relacionados con el número de motocicletas fabricadas, x, mediante la siguiente expresión:

$$C(x) = 10x^2 + 2000x + 250000.$$

Si el precio de venta de cada motocicleta es de 8000 euros y se venden todas las motocicletas fabricadas, se pide:

a) Definir la función de ingresos que obtiene la cadena de montaje en función de las ventas de las motocicletas producidas.

b) ¿Cuál es la función que expresa los beneficios de la cadena de montaje?

c) ¿Cuántas motocicletas debe fabricar para maximizar beneficios? ¿A cuánto ascenderán estos beneficios?

Problema 3. Una empresa de telefonía móvil ofrece 3 tipos diferentes de tarifas, A, B y C, cifrándose en un 45%, 30% y 25% el porcentaje de clientes abonados a cada una ellas, respectivamente. Se ha detectado que el 3%, 5% y 1% de los abonados a la tarifa A, B y C, respectivamente, cancelan su contrato una vez transcurrido el periodo de permanencia. Se pide:

a) Si un cliente elegido al azar cancela su contrato una vez transcurrido el periodo de permanencia ¿cuál es la probabilidad de que estuviera abonado a la tarifa C?

b) ¿Cuál es la probabilidad de que un cliente elegido al azar no cancele su contrato una vez transcurrido el periodo de permanencia?

c) Si se selecciona un cliente al azar, ¿cuál es la probabilidad de que esté abonado a la tarifa A y decida cancelar su contrato una vez transcurrido el periodo de permanencia?

d) Si se selecciona un cliente al azar, ¿cuál es la probabilidad de que no esté abonado a la tarifa B y decida cancelar su contrato una vez transcurrido el periodo de permanencia?

OPCIÓN B

Todas las respuestas han de ser debidamente razonadas.

Problema 1. Un estudiante reparte propaganda publicitaria para conseguir ingresos. Le pagan 8 cts. de euro por cada impreso colocado en el parabrisas de un coche y 12 cts. por cada uno depositado en un buzón. Ha calculado que cada día puede repartir como máximo 150 impresos y la empresa le exige diariamente que la diferencia entre los colocados en coches y el doble de los colocados en buzones no sea inferior a 30 unidades. Además, tiene que introducir en buzones al menos 15 impresos diariamente. ¿Cuántos impresos debe colocar en coches y buzones para maximizar sus ingresos diarios? ¿Cuál es este ingreso máximo?

Problema 2. La gráfica de la función $f(x)$ es la siguiente:

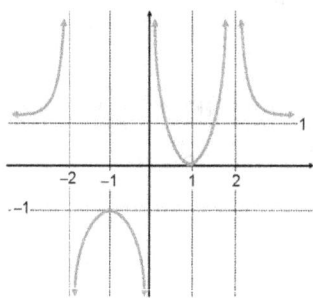

Se pide:

a) Su dominio y puntos de intersección con los ejes coordenados.

b) Ecuación de sus asíntotas verticales y horizontales, si las hay.

c) Valores de x para los que la función derivada de $f(x)$ es positiva, negativa o nula, respectivamente.

d) El valor de los siguientes límites: $\lim_{x \to +\infty} f(x)$ y $\lim_{x \to 0^+} f(x)$.

e) Calcular $\int_0^1 (x^4 + 2x^3 - 3x^2 - 4x + 4)dx$.

Problema 3. El 50% de los jóvenes de cierta población afirma practicar el deporte A y el 40% afirma practicar el deporte B. Además, se sabe que el 70% de los jóvenes de dicha población practica el deporte A o el B. Si seleccionamos un joven al azar, se pide:

a) La probabilidad de que no practique ninguno de los dos deportes.

b) La probabilidad de que practique el deporte A y no practique el B.

c) Si practica el deporte B, ¿cuál es la probabilidad de que practique el deporte A?

d) ¿Son independientes los sucesos "Practicar el deporte A" y "Practicar el deporte B"? ¿Por qué?

OPCIÓN A

PROBLEMA 1

$$A = \begin{pmatrix} 1 & 2 \\ 0 & 3 \end{pmatrix} \; ; \; B = \begin{pmatrix} 2 & -1 \\ 1 & 2 \end{pmatrix} \; ; \; C = \begin{pmatrix} 0 & 1 \\ -1 & 2 \end{pmatrix}$$

$$XAB - XC = 2C \Rightarrow X(AB - C) = 2C$$

$$AB - C = \begin{pmatrix} 1 & 2 \\ 0 & 3 \end{pmatrix} \cdot \begin{pmatrix} 2 & -1 \\ 1 & 2 \end{pmatrix} - \begin{pmatrix} 0 & 1 \\ -1 & 2 \end{pmatrix} = \begin{pmatrix} 4 & 3 \\ 3 & 6 \end{pmatrix} - \begin{pmatrix} 0 & 1 \\ -1 & 2 \end{pmatrix} = \begin{pmatrix} 4 & 2 \\ 4 & 4 \end{pmatrix}$$

Como $\det(AB - C) = \begin{vmatrix} 4 & 2 \\ 4 & 4 \end{vmatrix} = 8 \neq 0 \Rightarrow \exists (AB - C)^{-1}$

$$\Rightarrow X \underbrace{(AB - C) \cdot (AB - C)^{-1}}_{I} = 2C(AB - C)^{-1} \Rightarrow X = 2C(AB - C)^{-1}$$

$$(AB - C)^{-1} = \frac{1}{\det(AB - C)} \cdot \left[Adj(AB - C) \right]^t$$

$$Adj(AB - C) = \begin{pmatrix} 4 & -4 \\ -2 & 4 \end{pmatrix} \Rightarrow \left[Adj(AB - C) \right]^t = \begin{pmatrix} 4 & -2 \\ -4 & 4 \end{pmatrix}$$

$$(AB - C)^{-1} = \frac{1}{8} \cdot \begin{pmatrix} 4 & -2 \\ -4 & 4 \end{pmatrix}$$

$$\Rightarrow X = 2C(AB - C)^{-1} = 2 \cdot \frac{1}{8} \cdot \begin{pmatrix} 0 & 1 \\ -1 & 2 \end{pmatrix} \cdot \begin{pmatrix} 4 & -2 \\ -4 & 4 \end{pmatrix} =$$

$$= \frac{1}{4} \cdot \begin{pmatrix} -4 & 4 \\ -12 & 10 \end{pmatrix} = \begin{pmatrix} -1 & 1 \\ -3 & 5/2 \end{pmatrix}$$

PÁGINA 1

{PROBLEMA 2}

$$C(x) = 10x^2 + 2000x + 250000 \text{ } € \text{ con } x > 0 \quad x \equiv n° \text{ de motos}$$

a) Si el precio de cada moto es $8000 €$ y se han fabricado "x" motos, los ingresos serán:

$$I(x) = 8000x \text{ con } x > 0$$

b) Los beneficios serán la diferencia entre los ingresos y los costes de producción:

$$B(x) = I(x) - C(x) = 8000x - (10x^2 + 2000x + 250000) =$$

$$= -10x^2 + 6000x - 250000 \text{ con } x > 0$$

c) $B'(x) = -20x + 6000 \text{ con } x > 0$

$$B'(x) = 0 \longrightarrow -20x + 6000 = 0 \implies x = 300 \text{ motos}$$

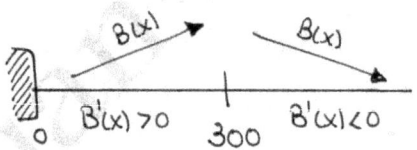

El beneficio se maximiza fabricando 300 motocicletas

El beneficio máximo vendrá dado por:

$$B(300) = -10 \cdot 300^2 + 6000 \cdot 300 - 250000 = 650000 \text{ } €$$

PROBLEMA 3

Sean los sucesos:

A ≡ Abonado a tarifa A

B ≡ Abonado a tarifa B

C ≡ Abonado a tarifa C

D ≡ Cancelar contrato al acabar permanencia

a) $p(C/D) = \dfrac{p(C \cap D)}{p(D)} = \dfrac{0'25 \cdot 0'01}{0'45 \cdot 0'03 + 0'3 \cdot 0'05 + 0'25 \cdot 0'01} = \dfrac{5}{62}$

b) $p(\overline{D}) = 0'45 \cdot 0'97 + 0'3 \cdot 0'95 + 0'25 \cdot 0'99 = 0'969$

c) $p(A \cap D) = 0'45 \cdot 0'03 = 0'0135$

d) $p(\overline{B} \cap D) = p(A \cap D) + p(C \cap D) =$

$\qquad\qquad = 0'45 \cdot 0'03 + 0'25 \cdot 0'01 = 0'016$

81

OPCIÓN B

PROBLEMA 1

	unidades	Ingresos (€)
Impresos Parabrisas →	X	$0'08x$
Impresos Buzón →	y	$0'12y$
TOTAL	$x+y$	$0'08x+0'12y$
Restricción	≤ 150	Objetivo

Función Objetivo: $f(x,y) = 0'08x + 0'12y$ (maximizar)

Restricciones:

$$\left.\begin{array}{l} x+y \leq 150 \\ x-2y \geqslant 30 \\ y \geqslant 15 \end{array}\right\} \longrightarrow \begin{array}{l} y \leq 150-x \\ -x+2y \leq -30 \longrightarrow y \leq \dfrac{x-30}{2} \end{array}$$

X	$y = 150-x$
0	150
150	0

X	$y = \dfrac{x-30}{2}$
30	0
90	30

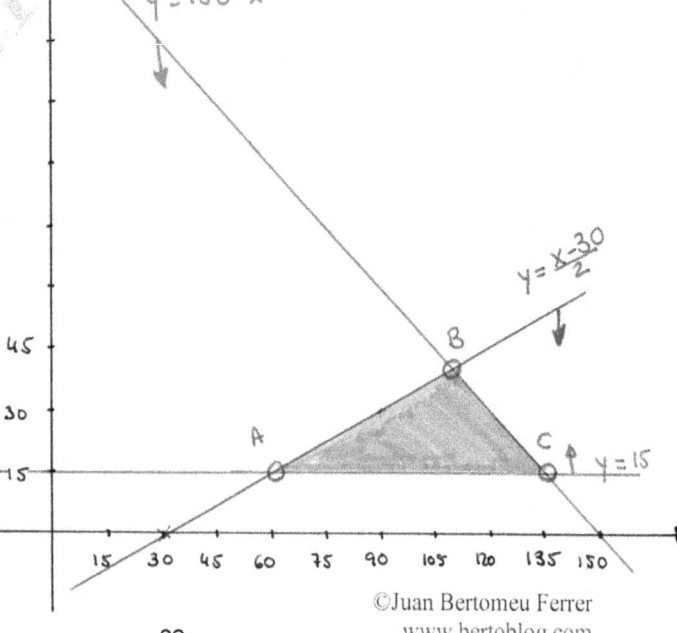

$$A \begin{cases} y = \dfrac{x-30}{2} \\[2mm] y = 15 \end{cases} \Rightarrow 15 = \dfrac{x-30}{2} \Rightarrow x = 60 \Rightarrow A(60, 15)$$

$$B \begin{cases} y = \dfrac{x-30}{2} \\[2mm] y = 150 - x \end{cases} \Rightarrow 150 - x = \dfrac{x-30}{2} \Rightarrow 300 - 2x = x - 30 \Rightarrow$$

$$\Rightarrow 3x = 330 \Rightarrow x = 110 \Rightarrow y = 40 \Rightarrow B(110, 40)$$

$$C \begin{cases} y = 150 - x \\[2mm] y = 15 \end{cases} \Rightarrow 150 - x = 15 \Rightarrow x = 135 \Rightarrow C(135, 15)$$

$$f(x, y) = 0'08x + 0'12y$$

$$\hookrightarrow f(60, 15) = 0'08 \cdot 60 + 0'12 \cdot 15 = 6'6 \; \text{€}$$

$$\hookrightarrow f(110, 40) = 0'08 \cdot 110 + 0'12 \cdot 40 = 13'6 \; \text{€}$$

$$\hookrightarrow f(135, 15) = 0'08 \cdot 135 + 0'12 \cdot 15 = 12'6 \; \text{€}$$

Los ingresos máximos son 13'6 € y se conseguirán colocando 110 impresos en coches y 40 en buzones.

PROBLEMA 2

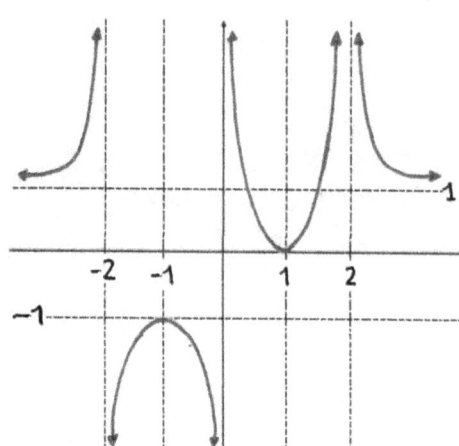

a) $Dom(f(x)) = \mathbb{R} - \{-2,0,2\}$

Punto de Corte $P(1,0)$

b) $x = -2$ es A. Vertical

$x = 0$ es A. Vertical

$x = 2$ es A. Vertical

$y = 1$ es A. Horizontal

c) Sabemos que $f'(x) > 0$ cuando $f(x)$ es creciente, que $f'(x) < 0$ cuando $f(x)$ es decreciente, y que $f'(x) = 0$ en los extremos relativos. Así:

$$f'(x) > 0 \quad \forall x \in (-\infty, -2) \cup (-2, -1) \cup (1, 2)$$

$$f'(x) < 0 \quad \forall x \in (-1, 0) \cup (0, 1) \cup (2, +\infty)$$

$$f'(x) = 0 \quad \text{en } x = -1 \ (\text{Máximo}) \ \text{y en } x = 1 \ (\text{Mínimo})$$

d) $\lim\limits_{x \to \infty} f(x) = 1$; $\lim\limits_{x \to 0^+} f(x) = +\infty$

e) $\displaystyle\int_0^1 (x^4 + 2x^3 - 3x^2 - 4x + 4)\, dx = \left[\dfrac{x^5}{5} + \dfrac{x^4}{2} - x^3 - 2x^2 + 4x \right]_0^1 =$

$$= \left(\dfrac{1}{5} + \dfrac{1}{2} - 1 - 2 + 4 \right) - 0 = \dfrac{17}{10}$$

PÁGINA 6

{ PROBLEMA 3 }

Datos : $p(A) = 0'5$; $p(B) = 0'4$; $p(A \cup B) = 0'7$

a)

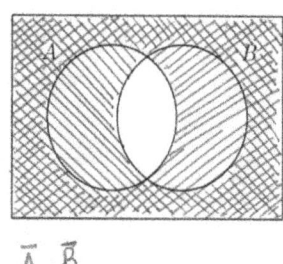

$\overline{A} , \overline{B}$

$p(\overline{A} \cap \overline{B}) = 1 - p(A \cup B) =$

$= 1 - 0'7 = 0'3$

b)

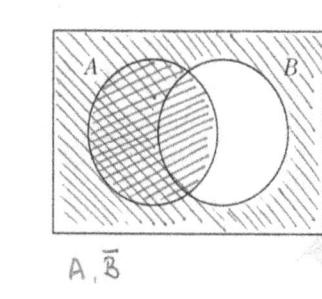

$A , \overline{B}$

$p(A \cap \overline{B}) = p(A) - p(A \cap B)$

Pero no sabemos $p(A \cap B)$. La sacamos:

$p(A \cup B) = p(A) + p(B) - p(A \cap B)$

$0'7 = 0'5 + 0'4 - p(A \cap B)$

$p(A \cap B) = 0'2$

Y entonces:

$p(A \cap \overline{B}) = p(A) - p(A \cap B) = 0'5 - 0'2 = 0'3$

c) $p(A|B) = \dfrac{p(A \cap B)}{p(B)} = \dfrac{0'2}{0'4} = 0'5$

d) Puesto que $p(A) = p(A|B)$ podemos asegurar que los

sucesos A y B son independientes.

 GENERALITAT
VALENCIANA
CONSELLERIA D'EDUCACIÓ,
CULTURA I ESPORT

COMISSIÓ GESTORA DE LES PROVES D'ACCÉS A LA UNIVERSITAT

COMISIÓN GESTORA DE LAS PRUEBAS DE ACCESO A LA UNIVERSIDAD

SISTEMA UNIVERSITARI VALENCIÀ
SISTEMA UNIVERSITARIO VALENCIANO

PROVES D'ACCÉS A LA UNIVERSITAT	PRUEBAS DE ACCESO A LA UNIVERSIDAD
CONVOCATÒRIA: JUNY 2014	CONVOCATORIA: JUNIO 2014
MATEMÀTIQUES APLICADES A LES CIÈNCIES SOCIALS II	MATEMÁTICAS APLICADAS A LAS CIENCIAS SOCIALES II

BAREM DE L'EXAMEN: Cal triar l'OPCIÓ A o l'OPCIÓ B, de la qual s'han de fer els TRES problemes proposats. ELS TRES PROBLEMES PUNTUEN PER IGUAL.
Cada estudiant pot disposar d'una calculadora científica o gràfica per a fer l'examen. Es prohibeix la utilització indeguda d'aquesta (per a guardar fórmules en la memòria).

BAREMO DEL EXAMEN: **Se elegirá la OPCIÓN A o la OPCIÓN B, de la que se harán los TRES problemas propuestos. LOS TRES PROBLEMAS PUNTÚAN POR IGUAL.**
Cada estudiante podrá disponer de una calculadora científica o gráfica para realizar el examen. Se prohíbe su utilización indebida (para guardar fórmulas en memoria).

OPCIÓN A

Todas las respuestas han de ser debidamente razonadas.

Problema 1. Representa gráficamente la región determinada por el sistema de inecuaciones:

$$\begin{cases} x \geq \dfrac{y}{2} \\ 760x + 370y \leq 94500 \\ y + \dfrac{x}{2} \geq 100 \end{cases}$$

y calcula sus vértices. ¿Cuál es el máximo de la función $f(x, y) = x + y$ en esta región? ¿En qué punto se alcanza?

Problema 2. En una sesión, el valor de cierta acción, en euros, vino dado por la función:

$$f(x) = \begin{cases} -x+15 & 0 \leq x \leq 3 \\ x^2 - 8x + 26 & 3 < x \leq 6 \\ 2x + 2 & 6 < x \leq 8 \end{cases}$$

donde x representa el tiempo, en horas, transcurrido desde el inicio de la sesión. Se pide:

a) Estudiar la continuidad de $f(x)$.

b) Calcular el valor máximo y el valor mínimo que alcanzó la acción.

c) ¿En qué momentos convino comprar y vender para maximizar el beneficio? ¿Cuál hubiera sido este?

Problema 3. Una factoría dispone de tres máquinas para fabricar una misma pieza. La más antigua fabrica 1000 unidades al día, de las que el 2 % son defectuosas. La segunda máquina más antigua, 3000 unidades al día, de las que el 1,5 % son defectuosas. La más moderna fabrica 4000 unidades al día, con el 0,5 % defectuosas. Se pide:

a) ¿Cuál es la probabilidad de que una pieza elegida al azar sea defectuosa?

b) Si una pieza elegida al azar es defectuosa, ¿cuál es la probabilidad de que haya sido fabricada en la máquina más antigua?

c) Sabiendo que una pieza elegida al azar no es defectuosa, ¿cuál es la probabilidad de que no haya sido fabricada en la máquina más moderna?

OPCIÓN B

Todas las respuestas han de ser debidamente razonadas.

Problema 1. Después de aplicar un descuento del 10 % a cada uno de los precios originales, se ha pagado por un rotulador, un cuaderno y una carpeta 3,96 euros. Se sabe que el precio del cuaderno es la mitad del precio del rotulador y que el precio de la carpeta es igual al precio del cuaderno más el 20 % del precio del rotulador. Calcula el precio original de cada objeto.

Problema 2. Dada la función $f(x) = (x-1)^2 (x+2)^2$, se pide:

a) Su dominio y puntos de corte con los ejes coordenados.

b) Intervalos de crecimiento y decrecimiento.

c) Máximos y mínimos locales.

d) El valor de la integral definida de $f(x)$ entre $x = -1$ y $x = 1$.

Problema 3. En una empresa el 30 % de los trabajadores son técnicos informáticos y el 20 % son técnicos electrónicos, mientras que un 10 % tienen las dos especialidades.

a) Calcula la probabilidad de que un trabajador de dicha empresa seleccionado al azar sea técnico informático o electrónico.

b) Si seleccionamos al azar a un técnico electrónico, ¿cuál es la probabilidad de que sea también técnico informático?

c) Si seleccionamos un trabajador al azar, ¿cuál es la probabilidad de que sea un técnico que tiene solo una de las dos especialidades?

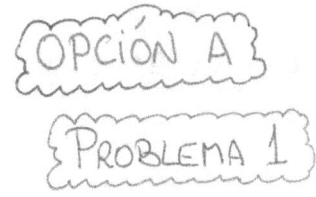

PROBLEMA 1

$$x \geqslant \frac{y}{2} \left.\begin{array}{l} \\ 760x + 370y \leq 94500 \\ \\ y + \frac{x}{2} \geqslant 100 \end{array}\right\} \begin{array}{l} \longrightarrow \frac{y}{2} \leq x \longrightarrow y \leq 2x \\ \\ \longrightarrow y \leq \frac{94500 - 760x}{370} \\ \\ \longrightarrow y \geqslant 100 - \frac{x}{2} \end{array}$$

x	$y = 2x$
0	0
100	200

x	$y = \dfrac{94500 - 760x}{370}$
0	255'4
100	50

x	$y = 100 - \dfrac{x}{2}$
0	100
200	0

(gráfica: ejes X e Y, rectas $y=2x$, $y = \dfrac{94500-760x}{370}$, $y = 100 - \dfrac{x}{2}$, con la región sombreada y vértices A, B, C)

Determinamos los vértices:

$$A \left\{\begin{array}{l} y = 2x \\ y = 100 - \frac{x}{2} \end{array}\right\} \quad 2x = 100 - \frac{x}{2} \Rightarrow \frac{5}{2}x = 100 \Rightarrow x = 40 \Rightarrow y = 80$$

$$\Rightarrow A(40, 80)$$

$B \begin{cases} y = 2x \\ y = \dfrac{94500 - 760x}{370} \end{cases}$ $2x = \dfrac{94500 - 760x}{370}$ $\Rightarrow$ $740x = 94500 - 760x$ $\Rightarrow$

$\Rightarrow$ $1500x = 94500$ $\Rightarrow$ $x = 63$ $\Rightarrow y = 126$ $\Rightarrow$ $B(63, 126)$

$C \begin{cases} y = \dfrac{94500 - 760x}{370} \\ y = 100 - \dfrac{x}{2} \end{cases}$ $\dfrac{94500 - 760x}{370} = 100 - \dfrac{x}{2}$ $\Rightarrow$

$\Rightarrow$ $\dfrac{94500 - 760x}{370} = \dfrac{200 - x}{2}$ $\Rightarrow$ $189000 - 1520x = 74000 - 370x$ $\Rightarrow$

$\Rightarrow$ $1150x = 115000$ $\Rightarrow$ $x = 100$ $\Rightarrow y = 50$ $\Rightarrow$ $C(100, 50)$

$f(x, y) = x + y$

$\quad \rightarrow f(40, 80) = 40 + 80 = 120$

$\quad \rightarrow f(63, 126) = 63 + 126 = 189$

$\quad \rightarrow f(100, 50) = 100 + 50 = 150$

El máximo de $f(x, y) = x + y$ es 189 y se alcanza en el vértice $B(63, 126)$.

{PROBLEMA 2}

$$f(x) = \begin{cases} -x+15 & \text{si } 0 \le x \le 3 \\ x^2-8x+26 & \text{si } 3 < x \le 6 \\ 2x+2 & \text{si } 6 < x \le 8 \end{cases}$$

Si $0 \le x < 3$ → $f(x) = -x+15$ → Continua en $\mathbb{R}$

↳ Continua en $[0,3)$

Si $3 < x < 6$ → $f(x) = x^2-8x+26$ → Continua en $\mathbb{R}$

↳ Continua en $(3,6)$

Si $6 < x \le 8$ → $f(x) = 2x+2$ → Continua en $\mathbb{R}$

↳ Continua en $(6,8]$

Si $x = 3$

$f(3) = -3+15 = 12$

$$\lim_{x \to 3} f(x) \to \left. \begin{cases} \lim_{x \to 3^-} -x+15 = 12 \\ \lim_{x \to 3^+} x^2-8x+26 = 11 \end{cases} \right\} \Rightarrow \nexists \lim_{x \to 3} f(x)$$

⟹ $f(x)$ presenta en $x=3$ una discontinuidad de salto finito.

Si $x = 6$

$f(6) = 6^2-8\cdot6+26 = 14$

$$\lim_{x \to 6} f(x) \to \left. \begin{cases} \lim_{x \to 6^-} x^2-8x+26 = 14 \\ \lim_{x \to 6^+} 2x+2 = 14 \end{cases} \right\} \Rightarrow \lim_{x \to 6} f(x) = 14$$

Como $f(6) = \lim\limits_{x \to 6} f(x) \Rightarrow$ Continua en $x = 6$.

En resumen:

$f(x)$ es continua en $[0,3) \cup (3,8]$

b) Nos están pidiendo los máximos y mínimos absolutos de la función. Los máximos y mínimos de una función definida en un intervalo se localizan de entre los extremos relativos que estén dentro de ese intervalo y las fronteras del propio intervalo. Así:

Si $0 \leq x < 3 \rightarrow f(x) = -x + 15$

$f'(x) = -1 \Rightarrow f'(x) \neq 0$

Si $3 < x < 6 \rightarrow f(x) = x^2 - 8x + 26$

$f'(x) = 2x - 8$

$f'(x) = 0 \rightarrow 2x - 8 = 0 \Rightarrow x = 4$

Si $6 < x \leq 8 \rightarrow f(x) = 2x + 2$

$f'(x) = 2 \Rightarrow f'(x) \neq 0$

Con lo que:

$f(0) = 0 + 15 = 15 \, \text{€}$

$f(3) = -3 + 15 = 12 \, \text{€}$

$f(4) = 4^2 - 8 \cdot 4 + 26 = 10 \, \text{€}$

$f(6) = 6^2 - 8 \cdot 6 + 26 = 14 \, \text{€}$

$f(8) = 2 \cdot 8 + 2 = 18 \, \text{€}$

El mínimo valor de la acción fue 10 € y se alcanzó a las 4 horas y el máximo valor fue 18 € y se alcanzó al cierre (a las 8 horas)

PÁGINA 4

PROBLEMA 3

Sean los sucesos :

A ≡ Unidad fabricada en la más antigua.

B ≡ Unidad fabricada en la 2ª más antigua.

C ≡ Unidad fabricada en la más moderna.

D ≡ Unidad defectuosa.

a) $p(D) = p(A \cap D) + p(B \cap D) + p(C \cap D) =$

$$= \frac{1}{8} \cdot 0'02 + \frac{3}{8} \cdot 0'015 + \frac{1}{2} \cdot 0'005 =$$

$$= 0'010625$$

b) $p(A/D) = \dfrac{p(A \cap D)}{p(D)} =$

$$= \frac{1/8 \cdot 0'02}{0'010625} = 0'2353$$

c) $p(\bar{C}/\bar{D}) = \dfrac{p(\bar{C} \cap \bar{D})}{p(\bar{D})} = \dfrac{p(A \cap \bar{D}) + p(B \cap \bar{D})}{1 - p(D)} =$

$$= \frac{1/8 \cdot 0'98 + 3/8 \cdot 0'985}{1 - 0'010625} = 0'4971$$

Tree diagram branches:

$\frac{1000}{8000}$ — A: $0'02 \to D$, $0'98 \to \bar{D}$

$\frac{3000}{8000}$ — B: $0'015 \to D$, $0'985 \to \bar{D}$

$\frac{4000}{8000}$ — C: $0'005 \to D$, $0'995 \to \bar{D}$

OPCIÓN B

PROBLEMA 1

	Precio original	Precio descuento
Rotulador ⟶	x	$0'9x$
Cuaderno ⟶	y	$0'9y$
Carpeta ⟶	z	$0'9z$

$$\left.\begin{array}{l} 0'9(x+y+z) = 3'96 \\ y = \dfrac{x}{2} \\ z = y + 0'2x \end{array}\right\} \Rightarrow$$

$$\left.\begin{array}{l} x+y+z = 4'4 \\ x-2y = 0 \\ 0'2x + y - z = 0 \end{array}\right\} \quad A^* = \begin{pmatrix} 1 & 1 & 1 & \vdots & 4'4 \\ 1 & -2 & 0 & \vdots & 0 \\ 0'2 & 1 & -1 & \vdots & 0 \end{pmatrix} \quad ; \; det(A) = \begin{vmatrix} 1 & 1 & 1 \\ 1 & -2 & 0 \\ 0'2 & 1 & -1 \end{vmatrix} = 4'4$$

$$\Rightarrow rg(A) = 3 \Rightarrow rg(A^*) = 3 \Rightarrow \text{Sistema Compatible Determinado . Cramer:}$$

$$X = \dfrac{\begin{vmatrix} 4'4 & 1 & 1 \\ 0 & -2 & 0 \\ 0 & 1 & -1 \end{vmatrix}}{4'4} = \dfrac{8'8}{4'4} = 2 \, €$$

$$y = \dfrac{\begin{vmatrix} 1 & 4'4 & 1 \\ 1 & 0 & 0 \\ 0'2 & 0 & -1 \end{vmatrix}}{4'4} = \dfrac{4'4}{4'4} = 1 \, €$$

$$z = \dfrac{\begin{vmatrix} 1 & 1 & 4'4 \\ 1 & -2 & 0 \\ 0'2 & 1 & 0 \end{vmatrix}}{4'4} = \dfrac{6'16}{4'4} = 1'4 \, €$$

PÁGINA 6

{PROBLEMA 2}

$$f(x) = (x-1)^2 \cdot (x+2)^2$$

* Dom$(f(x))$ = $\mathbb{R}$ (función polinómica)

* Cortes con los ejes:

    - Con el eje X ⟶ $f(x) = 0$

$$(x-1)^2 \cdot (x+2)^2 = 0 \nearrow \quad (x-1)^2 = 0 \Rightarrow x = 1 \rightarrow PC(1,0)$$

$$\underset{0}{\underbrace{}} \quad \underset{0}{\underbrace{}} \quad \searrow (x+2)^2 = 0 \Rightarrow x = -2 \rightarrow PC(-2,0)$$

    - Cortes con el eje Y ⟶ $x = 0$

$$f(0) = (0-1)^2 (0+2)^2 = 1 \cdot 4 = 4 \rightarrow PC(0,4)$$

* Monotonía y extremos relativos:

$$f'(x) = 2(x-1) \cdot (x+2)^2 + (x-1)^2 \cdot 2(x+2) =$$

$$= 2(x-1)(x+2) \cdot \left[(x+2) + (x-1)\right] = 2(x-1)(x+2)(2x+1)$$

$$f'(x) = 0 \rightarrow 2\underset{0}{\underbrace{(x-1)}}\,\underset{0}{\underbrace{(x+2)}}\,\underset{0}{\underbrace{(2x+1)}} = 0 \nearrow \begin{array}{l} x-1 = 0 \rightarrow x = 1 \\ x+2 = 0 \rightarrow x = -2 \\ 2x+1 = 0 \rightarrow x = -\frac{1}{2} \end{array}$$

$f'(x) < 0$ -2 $f'(x) > 0$ $-\frac{1}{2}$ $f'(x) < 0$ 1 $f'(x) > 0$

    Creciente: $\left(-2, -\frac{1}{2}\right) \cup (1, +\infty)$

    Decreciente: $\left(-\infty, -2\right) \cup \left(-\frac{1}{2}, 1\right)$

    Mínimos ⟹ $Min_1 (-2, f(-2)) = (-2, 0)$; $Min_2 (1, f(1)) = (1, 0)$
    relativos

    Máximos ⟹ $Máx \left(-\frac{1}{2}, f\left(-\frac{1}{2}\right)\right) = \left(-\frac{1}{2}, 5'0625\right)$
    relativos

d) $f(x) = (x-1)^2 \cdot (x+2)^2 = (x^2-2x+1) \cdot (x^2+4x+4) =$

$$= x^4 + 2x^3 - 3x^2 - 4x + 4$$

$$\int_{-1}^{1} f(x)\,dx = \int_{-1}^{1} (x^4 + 2x^3 - 3x^2 - 4x + 4)\,dx = \left[\frac{x^5}{5} + \frac{x^4}{2} - x^3 - 2x^2 + 4x\right]_{-1}^{1} =$$

$$= \left(\frac{1}{5} + \frac{1}{2} - 1 - 2 + 4\right) - \left(-\frac{1}{5} + \frac{1}{2} + 1 - 2 - 4\right) = \frac{32}{5} = 6'4$$

PROBLEMA 3

$A \equiv$ Informático ; $B \equiv$ Electrónico

Datos: $p(A) = 0'3$; $p(B) = 0'2$; $p(A \cap B) = 0'1$

a) $p(A \cup B) = p(A) + p(B) - p(A \cap B) = 0'3 + 0'2 - 0'1 = 0'4$

b) $p(A/B) = \dfrac{p(A \cap B)}{p(B)} = \dfrac{0'1}{0'2} = 0'5$

c)

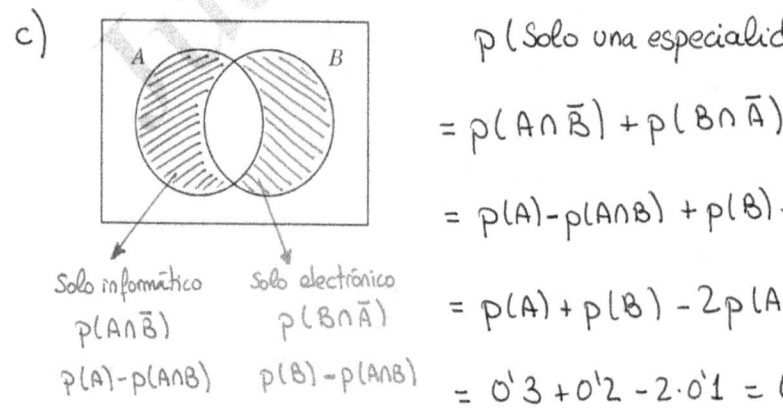

Solo informático
$p(A \cap \bar{B})$
$p(A) - p(A \cap B)$

Solo electrónico
$p(B \cap \bar{A})$
$p(B) - p(A \cap B)$

$p(\text{Solo una especialidad}) =$

$= p(A \cap \bar{B}) + p(B \cap \bar{A}) =$

$= p(A) - p(A \cap B) + p(B) - p(A \cap B) =$

$= p(A) + p(B) - 2p(A \cap B) =$

$= 0'3 + 0'2 - 2 \cdot 0'1 = 0'3$

GENERALITAT
VALENCIANA
CONSELLERIA D'EDUCACIÓ,
CULTURA I ESPORT

COMISSIÓ GESTORA DE LES PROVES D'ACCÉS A LA UNIVERSITAT

COMISIÓN GESTORA DE LAS PRUEBAS DE ACCESO A LA UNIVERSIDAD

SISTEMA UNIVERSITARI VALENCIÀ
SISTEMA UNIVERSITARIO VALENCIANO

PROVES D'ACCÉS A LA UNIVERSITAT	PRUEBAS DE ACCESO A LA UNIVERSIDAD
CONVOCATÒRIA: JULIOL 2014	CONVOCATORIA: 2014
MATEMÀTIQUES APLICADES A LES CIÈNCIES SOCIALS II	MATEMÁTICAS APLICADAS A LAS CIENCIAS SOCIALES II

BAREM DE L'EXAMEN: Cal triar l'OPCIÓ A o l'OPCIÓ B, de la qual s'han de fer els TRES problemes proposats. ELS TRES PROBLEMES PUNTUEN PER IGUAL.
Cada estudiant pot disposar d'una calculadora científica o gràfica per a fer l'examen. Es prohibeix la utilització indeguda d'aquesta (per a guardar fórmules en la memòria).

BAREMO DEL EXAMEN: **Se elegirá la OPCIÓN A o la OPCIÓN B, de la que se harán los TRES problemas propuestos. LOS TRES PROBLEMAS PUNTÚAN POR IGUAL.**
Cada estudiante podrá disponer de una calculadora científica o gráfica para realizar el examen. Se prohíbe su utilización indebida (para guardar fórmulas en memoria).

OPCIÓN A

Todas las respuestas han de ser debidamente razonadas.

Problema 1. Dos matrices A y B satisfacen las siguientes igualdades:

$$A+B=\begin{pmatrix} 5 & 3 \\ 3 & 0 \end{pmatrix}, \quad A-B=\begin{pmatrix} 1 & 1 \\ -1 & 0 \end{pmatrix}$$

a) Calcula A y B.

b) Calcula la matriz X sabiendo que $AXA = B$.

Problema 2. Dada la función $f(x) = \dfrac{x^2 - 8x + 16}{x^2 - 8x + 15}$, se pide:

a) Su dominio y puntos de corte con los ejes coordenados.

b) Ecuación de sus asíntotas verticales y horizontales.

c) Intervalos de crecimiento y decrecimiento.

d) Máximos y mínimos locales.

e) Representación gráfica a partir de la información de los apartados anteriores.

Problema 3. Probamos una vacuna contra la gripe en un grupo de 400 personas, de las que 180 son hombres y 220 mujeres. De las mujeres, 25 contraen la gripe y de los hombres 23. Calcula las siguientes probabilidades:

a) Que al seleccionar una persona al azar resulte que no tiene gripe.

b) Que al seleccionar una persona al azar resulte ser una mujer que no tiene gripe.

c) Que seleccionada una persona al azar que no tiene gripe, resulte ser un hombre.

d) Que seleccionada una mujer al azar, resulte no tener gripe.

OPCIÓN B

Todas las respuestas han de ser debidamente razonadas.

Problema 1. Cierta persona invierte un total de 7000 € en acciones de las empresas A y B y en un depósito a 12 meses al 1 %. Pasado un año, vende sus acciones, obteniendo una rentabilidad del 5 % en las acciones de la empresa A y del 3 % en las de B. El beneficio total de sus tres inversiones es 202 €. Determina qué cantidad destinó a cada inversión si sabemos que el dinero total destinado a comprar acciones superó en 2600 € al dinero del depósito.

Problema 2. Sea la función $f(x) = \begin{cases} \dfrac{a}{x} & 2 \le x < 5 \\ x^2 - 3x - 8 & 5 \le x \le 7 \end{cases}$

a) Calcula el valor de a para el que $f(x)$ es continua en el intervalo [2,7].

b) Para $a = 15$, estudia el crecimiento y decrecimiento de $f(x)$ en el intervalo [2,7].

c) Calcula $\int_5^6 f(x)\,dx$.

Problema 3. La probabilidad de que ocurra el contrario de un suceso A es 1/3; la probabilidad de un suceso B es 3/4 y la probabilidad de que ocurran a la vez los sucesos A y B es 5/8.

a) Calcula la probabilidad de que ocurra el suceso A o el suceso B.

b) Calcula la probabilidad de que no ocurra ni el suceso A ni el suceso B.

c) Calcula la probabilidad de que ocurra A, sabiendo que ha ocurrido B.

d) ¿Son independientes los sucesos A y B? Razona tu respuesta.

OPCIÓN A

PROBLEMA 1

a) Hay que resolver el sistema:

$$\left.\begin{array}{l} A+B=\begin{pmatrix} 5 & 3 \\ 3 & 0 \end{pmatrix} \\[2ex] A-B=\begin{pmatrix} 1 & 1 \\ -1 & 0 \end{pmatrix} \end{array}\right\} \; E_1+E_2 \Rightarrow 2A=\begin{pmatrix} 6 & 4 \\ 2 & 0 \end{pmatrix} \Rightarrow A=\begin{pmatrix} 3 & 2 \\ 1 & 0 \end{pmatrix}$$

$$\rightarrow B=\begin{pmatrix} 5 & 3 \\ 3 & 0 \end{pmatrix}-A=\begin{pmatrix} 5 & 3 \\ 3 & 0 \end{pmatrix}-\begin{pmatrix} 3 & 2 \\ 1 & 0 \end{pmatrix}=\begin{pmatrix} 2 & 1 \\ 2 & 0 \end{pmatrix}$$

b) $A \times A = B$

Como $\det(A) = \begin{vmatrix} 3 & 2 \\ 1 & 0 \end{vmatrix} = -2 \neq 0 \Rightarrow \exists A^{-1}$ y por tanto:

$$\underbrace{A^{-1}A}_{I}X\underbrace{AA^{-1}}_{I}=A^{-1}B\cdot A^{-1} \Rightarrow X=A^{-1}\cdot B\cdot A^{-1}$$

$$A^{-1}=\frac{1}{\det(A)}\cdot[\text{Adj}(A)]^t \; ; \; \text{Adj}(A)=\begin{pmatrix} 0 & -1 \\ -2 & 3 \end{pmatrix}, \; [\text{Adj}(A)]^t=\begin{pmatrix} 0 & -2 \\ -1 & 3 \end{pmatrix}$$

$$A^{-1}=\frac{1}{-2}\cdot\begin{pmatrix} 0 & -2 \\ -1 & 3 \end{pmatrix}=\begin{pmatrix} 0 & 1 \\ 1/2 & -3/2 \end{pmatrix}$$

$$X=\begin{pmatrix} 0 & 1 \\ 1/2 & -3/2 \end{pmatrix}\cdot\begin{pmatrix} 2 & 1 \\ 2 & 0 \end{pmatrix}\cdot\begin{pmatrix} 0 & 1 \\ 1/2 & -3/2 \end{pmatrix}=\begin{pmatrix} 2 & 0 \\ -2 & 1/2 \end{pmatrix}\cdot\begin{pmatrix} 0 & 1 \\ 1/2 & -3/2 \end{pmatrix}=$$

$$=\begin{pmatrix} 0 & 2 \\ 1/4 & -11/4 \end{pmatrix}$$

PÁGINA 1

{ PROBLEMA 2 }

$$f(x) = \frac{x^2 - 8x + 16}{x^2 - 8x + 15} \quad ; \quad x^2 - 8x + 15 = 0 \begin{cases} x = 3 \\ x = 5 \end{cases}$$

$$\Rightarrow Dom(f(x)) = \mathbb{R} - \{3, 5\}$$

* Cortes con el eje X $\longrightarrow f(x) = 0$

$$\frac{x^2 - 8x + 16}{x^2 - 8x + 15} = 0 \Rightarrow x^2 - 8x + 16 = 0 \Rightarrow x = 4 \Rightarrow PC(4, 0)$$

* Corte con el eje Y $\longrightarrow x = 0$

$$f(0) = \frac{16}{15} \Rightarrow PC\left(0, \frac{16}{15}\right)$$

* Asíntotas Verticales:

$$\lim_{x \to 3} \frac{x^2 - 8x + 16}{x^2 - 8x + 15} = \left[\frac{1}{0}\right] \longrightarrow \begin{cases} \lim_{x \to 3^-} \dfrac{x^2 - 8x + 16}{x^2 - 8x + 15} = +\infty \\[4mm] \lim_{x \to 3^+} \dfrac{x^2 - 8x + 16}{x^2 - 8x + 15} = -\infty \end{cases}$$

$$\Rightarrow x = 3 \text{ es A. Vertical}$$

$$\lim_{x \to 5} \frac{x^2 - 8x + 16}{x^2 - 8x + 15} = \left[\frac{1}{0}\right] \longrightarrow \begin{cases} \lim_{x \to 5^-} \dfrac{x^2 - 8x + 16}{x^2 - 8x + 15} = -\infty \\[4mm] \lim_{x \to 5^+} \dfrac{x^2 - 8x + 16}{x^2 - 8x + 15} = +\infty \end{cases}$$

$$\Rightarrow x = 5 \text{ es A. Vertical}$$

* Asíntotas Horizontales:

$$\lim_{x \to \infty} \frac{x^2 - 8x + 16}{x^2 - 8x + 15} = \left[\frac{\infty}{\infty}\right] = \lim_{x \to \infty} \frac{x^2}{x^2} = 1$$
$$\lim_{x \to -\infty} \frac{x^2 - 8x + 16}{x^2 - 8x + 15} = \left[\frac{\infty}{\infty}\right] = 1$$
$$\left. \right\} \quad y = 1 \text{ es A. Horizontal}$$

PÁGINA 2

* Monotonía y extremos relativos :

$$f'(x) = \frac{(2x-8)(x^2-8x+15)-(x^2-8x+16)(2x-8)}{(x^2-8x+15)^2} =$$

$$= \frac{(2x-8)\cdot[x^2-8x+15-x^2+8x-16]}{(x^2-8x+15)^2} = \frac{8-2x}{(x^2-8x+15)^2}$$

$$f'(x)=0 \longrightarrow \frac{8-2x}{(x^2-8x+15)^2}=0 \Rightarrow 8-2x=0 \Rightarrow x=4$$

Creciente: $(-\infty,3) \cup (3,4)$

Decreciente: $(4,5) \cup (5,+\infty)$

Máx $(4, f(4)) \Rightarrow$ Máx $(4,0)$

$f(x) \nearrow$ $f(x) \nearrow$ $f(x) \searrow$ $f(x) \searrow$

$f'(x)>0$ ③ $f'(x)>0$ 4 $f'(x)<0$ ⑤ $f'(x)<0$

* Representación :

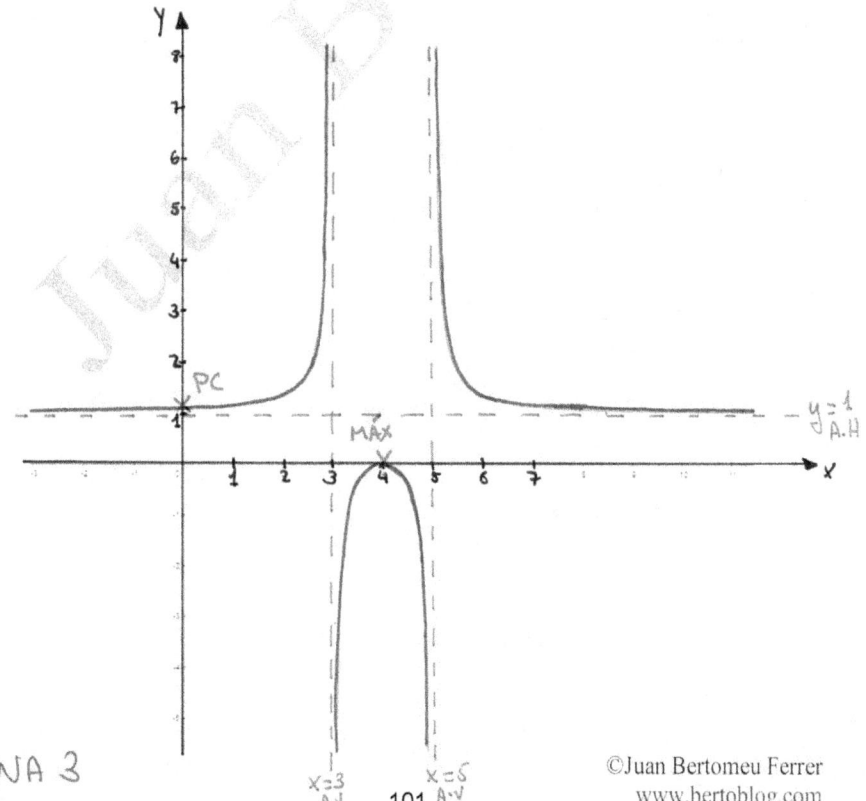

PROBLEMA 3

Sean los sucesos:

H ≡ Ser hombre

M ≡ Ser mujer

G ≡ Tener gripe

$$a)\ p(\bar{G}) = p(H\cap\bar{G}) + p(M\cap\bar{G}) =$$

$$= p(H)\cdot p(\bar{G}/H) + p(M)\cdot p(\bar{G}/M) =$$

$$= \frac{180}{400}\cdot\frac{157}{180} + \frac{220}{400}\cdot\frac{195}{220} =$$

$$= \frac{352}{400} = 0'88$$

Tree diagram branches: 180/400 → H; 23/180 → G, 157/180 → $\bar{G}$; 220/400 → M; 25/220 → G, 195/220 → $\bar{G}$

$$b)\ p(M\cap\bar{G}) = p(M)\cdot p(\bar{G}/M) = \frac{220}{400}\cdot\frac{195}{220} = \frac{195}{400} = 0'4875$$

$$c)\ p(H/\bar{G}) = \frac{p(H\cap\bar{G})}{p(\bar{G})} = \frac{p(H)\cdot p(\bar{G}/H)}{p(\bar{G})} = \frac{157/400}{352/400} =$$

$$= \frac{157}{352} = 0'4460$$

$$d)\ p(\bar{G}/M) = \frac{195}{220} = 0'8864$$

PÁGINA 4

OPCIÓN B

PROBLEMA 1

	Rentabilidad
Dinero invertido en A $\longrightarrow$ x	$0'05\,x$
Dinero invertido en B $\longrightarrow$ y	$0'03\,y$
Dinero en depósito $\longrightarrow$ z	$0'01\,z$

$$\left.\begin{array}{l} x+y+z = 7000 \\ 0'05x + 0'03y + 0'01z = 202 \\ x+y = z+2600 \end{array}\right\} \quad \left.\begin{array}{l} x+y+z = 7000 \\ 5x+3y+z = 20200 \\ x+y-z = 2600 \end{array}\right\}$$

$$A^* = \begin{pmatrix} 1 & 1 & 1 & \vdots & 7000 \\ 5 & 3 & 1 & \vdots & 20200 \\ 1 & 1 & -1 & \vdots & 2600 \end{pmatrix} \Rightarrow \det(A) = \begin{vmatrix} 1 & 1 & 1 \\ 5 & 3 & 1 \\ 1 & 1 & -1 \end{vmatrix} = 4 \neq 0$$

$\Rightarrow rg(A) = 3 \Rightarrow rg(A^*) = 3 \Rightarrow$ Sist. Comp. Determinado $\Rightarrow$ Cramer:

$$X = \frac{\begin{vmatrix} 7000 & 1 & 1 \\ 20200 & 3 & +1 \\ 2600 & 1 & -1 \end{vmatrix}}{4} = \frac{7200}{4} = 1800\,€$$

$$Y = \frac{\begin{vmatrix} 1 & 7000 & 1 \\ 5 & 20200 & 1 \\ 1 & 2600 & -1 \end{vmatrix}}{4} = \frac{12000}{4} = 3000\,€$$

$$Z = \frac{\begin{vmatrix} 1 & 1 & 7000 \\ 5 & 3 & 20200 \\ 1 & 1 & 2600 \end{vmatrix}}{4} = \frac{8800}{4} = 2200\,€$$

PÁGINA 5

PROBLEMA 2

$$f(x) = \begin{cases} \dfrac{a}{x} & \text{si } 2 \leq x < 5 \\[2mm] x^2 - 3x - 8 & \text{si } 5 \leq x \leq 7 \end{cases}$$

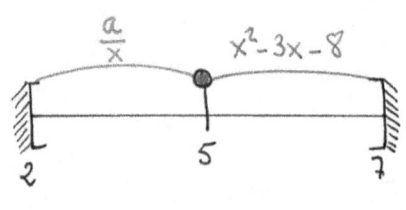

Si $2 \leq x < 5 \rightarrow f(x) = \dfrac{a}{x} \Rightarrow$ Continua en $\mathbb{R} - \{0\}$

↑ NO AFECTA

↳ Continua en $[2, 5)$

Si $5 < x \leq 7 \rightarrow f(x) = x^2 - 3x - 8 \Rightarrow$ Continua en $\mathbb{R}$

↳ Continua en $(5, 7]$

Si $x = 5$

$f(5) = 5^2 - 3 \cdot 5 - 8 = 2$

$\displaystyle \lim_{x \to 5} f(x) \longrightarrow \left. \begin{cases} \displaystyle \lim_{x \to 5^-} \dfrac{a}{x} = \dfrac{a}{5} \\[3mm] \displaystyle \lim_{x \to 5^+} x^2 - 3x - 8 = 2 \end{cases} \right\} \Rightarrow \dfrac{a}{5} = 2 \Rightarrow a = 10$

$\Rightarrow$ Si $a = 10 \Rightarrow \displaystyle \lim_{x \to 5} f(x) = 2 = f(5) \Rightarrow$ Continua en $x = 5$ y

por tanto, continua en $[2, 7]$

b) Para $a = 15$

$$f(x) = \begin{cases} \dfrac{15}{x} & \text{si } 2 \leq x < 5 \\[2mm] x^2 - 3x - 8 & \text{si } 5 \leq x \leq 7 \end{cases}$$

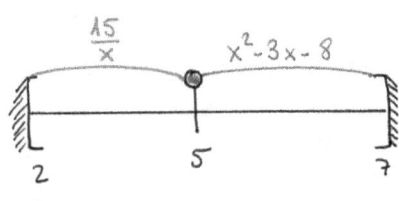

PÁGINA 6

$\left(\text{Si } 2 \leq x < 5\right) \longrightarrow f(x) = \dfrac{15}{x}$

$f'(x) = -\dfrac{15}{x^2}$

$f'(x) = 0 \implies -\dfrac{15}{x^2} \neq 0 \implies f'(x) \neq 0$

$\left(\text{Si } 5 < x \leq 7\right) \longrightarrow f(x) = x^2 - 3x - 8$

$f'(x) = 2x - 3$

$f'(x) = 0 \implies 2x - 3 = 0 \implies x = \dfrac{3}{2}$ No sirve, pues debe
    ser $5 < x \leq 7$

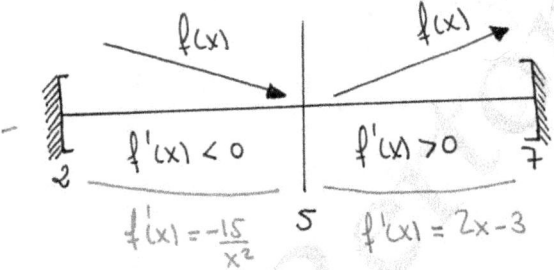

$f(x)$ es creciente en $(5, 7]$ y decreciente en $[2, 5)$

c) $\displaystyle\int_5^6 f(x)\,dx = \int_5^6 (x^2 - 3x - 8)\,dx = \left[\dfrac{x^3}{3} - \dfrac{3x^2}{2} - 8x\right]_5^6 =$

$= \left(\dfrac{6^3}{3} - \dfrac{3 \cdot 6^2}{2} - 8 \cdot 6\right) - \left(\dfrac{5^3}{3} - \dfrac{3 \cdot 5^2}{2} - 8 \cdot 5\right) = \dfrac{35}{6}$

Nota: Aunque no lo pida, en $x = 5$ tenemos un mínimo relativo
(y absoluto). Al igual que sucede en la monotonía, la definición
de mínimo relativo en un punto no tiene nada que ver con la
continuidad o derivabilidad de la función en dicho punto.

PROBLEMA 3

Los datos son:

$$p(\bar{A}) = \frac{1}{3} \implies p(A) = \frac{2}{3} \; ; \; p(B) = \frac{3}{4} \; ; \; p(A \cap B) = \frac{5}{8}$$

$p(A) + p(\bar{A}) = 1$

a) $p(A \cup B) = p(A) + p(B) - p(A \cap B) = \frac{2}{3} + \frac{3}{4} - \frac{5}{8} = \frac{19}{24}$

b) $p(\bar{A} \cap \bar{B}) \rightarrow$

$\bar{A}, \bar{B}$

$p(\bar{A} \cap \bar{B}) = 1 - p(A \cup B) =$

$= 1 - \frac{19}{24} = \frac{5}{24}$

c) $p(A|B) = \dfrac{p(A \cap B)}{p(B)} = \dfrac{5/8}{3/4} = \dfrac{20}{24} = \dfrac{5}{6}$

d) Dos sucesos A y B son independientes cuando $p(A) = p(A|B)$

En nuestro caso:

$\left. \begin{array}{l} p(A) = \frac{2}{3} \\[2mm] p(A|B) = \frac{5}{6} \end{array} \right\}$ Como $p(A) \neq p(A|B) \implies$

Los sucesos A y B
No son independientes.

PÁGINA 8

GENERALITAT VALENCIANA
CONSELLERIA D'EDUCACIÓ, CULTURA I ESPORT

COMISSIÓ GESTORA DE LES PROVES D'ACCÉS A LA UNIVERSITAT

COMISIÓN GESTORA DE LAS PRUEBAS DE ACCESO A LA UNIVERSIDAD

SISTEMA UNIVERSITARI VALENCIÀ
SISTEMA UNIVERSITARIO VALENCIANO

PROVES D'ACCÉS A LA UNIVERSITAT	PRUEBAS DE ACCESO A LA UNIVERSIDAD
CONVOCATÒRIA: JUNY 2015	CONVOCATORIA: JUNIO 2015
MATEMÀTIQUES APLICADES A LES CIÈNCIES SOCIALS II	MATEMÁTICAS APLICADAS A LAS CIENCIAS SOCIALES II

BAREMO DEL EXAMEN:
Se elegirá solo UNA de las dos OPCIONES, A o B, y se han de hacer los tres problemas de esa opción.
Cada problema se valorará de 0 a 10 puntos y la nota final será la media aritmética de los tres.
Se permite el uso de calculadoras siempre que no sean gráficas o programables y que no puedan realizar cálculo simbólico ni almacenar texto o fórmulas en memoria. Se utilice o no la calculadora, los resultados analíticos, numéricos y gráficos deberán estar siempre debidamente justificados.

OPCIÓN A

Todas las respuestas han de estar debidamente razonadas.

Problema 1. Se dispone de 200 hectáreas de terreno en las que se desea cultivar patatas y zanahorias. Cada hectárea dedicada al cultivo de patatas necesita 12,5 litros de agua de riego al mes, mientras que cada una de zanahorias necesita 40 litros, disponiéndose mensualmente de un total de 5000 litros de agua para el riego. Por otra parte, las necesidades por hectárea de abono nitrogenado son de 20 kg para las patatas y de 30 kg para las zanahorias, disponiéndose de un total de 4500 kg de abono nitrogenado. Si la ganancia por hectárea sembrada de patatas es de 300 € y de 400 € la ganancia por cada hectárea de zanahorias, ¿qué cantidad de hectáreas conviene dedicar a cada cultivo para maximizar la ganancia? ¿Cuál sería esta?

Problema 2. Calcula:

a) Todas las asíntotas verticales y horizontales de la función $f(x) = \dfrac{2x^3 + 2x - 1}{x^3 - 9x}$.

b) Los intervalos de crecimiento y decrecimiento de la función $g(x) = x^4 + 4x^3 + 4x^2 - 8$.

c) Los máximos y mínimos de la función $g(x)$ del apartado anterior.

Problema 3. El 25% de los estudiantes de un instituto ha leído algún libro sobre Harry Potter y el 65% ha visto alguna película de este protagonista. Se sabe también que el 10% ha leído algún libro y ha visto alguna de las películas de este personaje. Si se elige al azar un estudiante:

a) ¿Cuál es la probabilidad de que haya visto alguna película de este personaje y no haya leído ningún libro sobre Harry Potter?

b) ¿Cuál es la probabilidad de que no haya leído ningún libro sobre Harry Potter y no haya visto ninguna película sobre este personaje?

c) Si se sabe que ha leído algún libro de Harry Potter, ¿cuál es la probabilidad de que haya visto alguna película de este personaje?

OPCIÓN B

Todas las respuestas han de estar debidamente razonadas.

Problema 1. En una sucursal de una agencia de viajes se vende un total de 60 billetes de avión con destino a Londres, París y Roma. Sabiendo que el número de billetes para París es el doble de los vendidos para los otros dos destinos conjuntamente y que para Roma se emiten dos billetes más que la mitad de los vendidos para Londres, ¿cuántos billetes se han vendido para cada uno de los destinos?

Problema 2. El rendimiento de un estudiante durante las primeras 6 horas de estudio viene dado (en una escala de 0 a 100) por la función $R(t) = \dfrac{700t}{4t^2 + 9}$, donde t es el número de horas transcurrido.

   a) Calcula el rendimiento a las 3 horas de estudio.

   b) Determina la evolución del rendimiento durante las primeras 6 horas de estudio (cuándo aumenta y cuándo disminuye). ¿Cuál es el rendimiento máximo?

   c) Una vez alcanzado el rendimiento máximo, ¿en qué momento el rendimiento es igual a 35?

Problema 3. La probabilidad de que tenga lugar el suceso A es $2/3$, la probabilidad de que no ocurra el suceso B es $1/4$ y la probabilidad de que ocurra el suceso A o el suceso B es $19/24$. Calcula:

   a) La probabilidad de que ocurran a la vez el suceso A y el suceso B.

   b) La probabilidad de que no ocurra A y no ocurra B.

   c) La probabilidad de que ocurra A sabiendo que ha ocurrido B.

   d) ¿Son independientes los sucesos A y B? ¿Por qué?

{OPCIÓN A}

{PROBLEMA 1}

	Hectáreas	Agua (L)	Abono (Kg)	Ganancias (€)
Patatas →	x	$12'5x$	$20x$	$300x$
Zanahorias →	y	$40y$	$30y$	$400y$
TOTAL :	$x+y$	$12'5x+40y$	$20x+30y$	$300x+400y$
Restricción :	≤ 200	≤ 5000	≤ 4500	Objetivo

Función Objetivo : $f(x,y) = 300x + 400y$ (Maximizar)

Restricciones :

$$x + y \leq 200 \qquad \longrightarrow \quad y \leq 200 - x$$

$$12'5x + 40y \leq 5000 \qquad \longrightarrow \quad y \leq \frac{5000 - 12'5x}{40}$$

$$20x + 30y \leq 4500 \qquad \longrightarrow \quad y \leq \frac{450 - 2x}{3}$$

$$x \geq 0 \; ; \; y \geq 0$$

x	$y = 200 - x$
0	200
200	0

x	$y = \dfrac{5000 - 12'5x}{40}$
0	125
400	0

x	$y = \dfrac{450 - 2x}{3}$
0	150
225	0

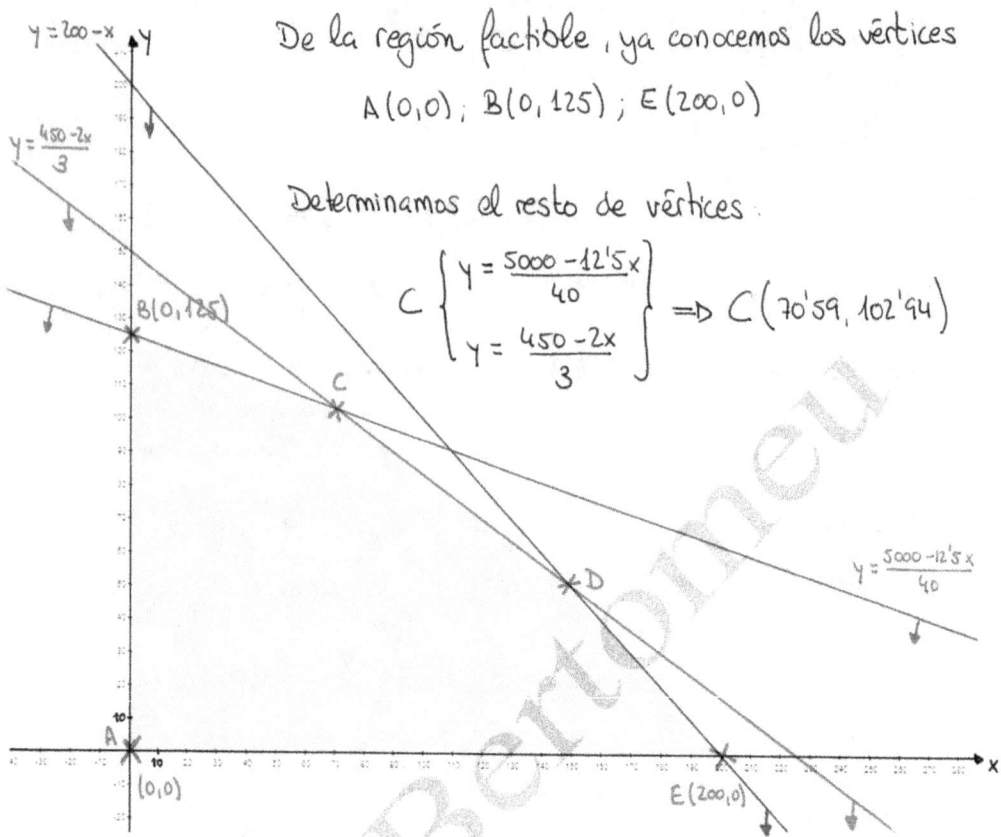

De la región factible, ya conocemos los vértices

$$A(0,0); \ B(0,125); \ E(200,0)$$

Determinamos el resto de vértices:

$$C \begin{cases} y = \dfrac{5000 - 12'5x}{40} \\ y = \dfrac{450 - 2x}{3} \end{cases} \Rightarrow C(70'59, \ 102'94)$$

$$D \begin{cases} y = \dfrac{450 - 2x}{3} \\ y = 200 - x \end{cases} \Rightarrow D(150, 50)$$

$$f(x,y) = 300x + 400y$$

$$\longrightarrow f(0,0) = 300 \cdot 0 + 400 \cdot 0 = 0 €$$

$$\longrightarrow f(0,125) = 400 \cdot 125 = 50000 €$$

$$\longrightarrow f(70'59, \ 102'94) = 300 \cdot 70'59 + 400 \cdot 102'94 = 62353 €$$

$$\longrightarrow f(150,50) = 300 \cdot 150 + 400 \cdot 50 = 65000 €$$

$$\longrightarrow f(200,0) = 60000 €$$

PÁGINA 2

La ganancia máxima de 65000 € se obtiene al cultivar

150 hectáreas de patatas y 50 de zanahorias.

{PROBLEMA 2}

a) $f(x) = \dfrac{2x^3 + 2x - 1}{x^3 - 9x}$

$$x^3 - 9x = 0 \Rightarrow x(x^2 - 9) = 0 \begin{cases} x = 0 \\ x^2 - 9 = 0 \end{cases} \begin{cases} x = -3 \\ x = +3 \end{cases}$$

$\Rightarrow \text{Dom}(f(x)) = \mathbb{R} \smallsetminus \{-3, 0, 3\}$

A. Verticales:

$\lim\limits_{x \to -3} \dfrac{2x^3 + 2x - 1}{x^3 - 9x} = \left[\dfrac{-61}{0}\right] \to \begin{cases} \lim\limits_{x \to -3^-} \dfrac{2x^3 + 2x - 1}{x^3 - 9x} = +\infty \\[4mm] \lim\limits_{x \to -3^+} \dfrac{2x^3 + 2x - 1}{x^3 - 9x} = -\infty \end{cases}$

$\Rightarrow x = -3$ es A. Vertical

$\lim\limits_{x \to 0} \dfrac{2x^3 + 2x - 1}{x^3 - 9x} = \left[\dfrac{-1}{0}\right] \to \begin{cases} \lim\limits_{x \to 0^-} \dfrac{2x^3 + 2x - 1}{x^3 - 9x} = -\infty \\[4mm] \lim\limits_{x \to 0^+} \dfrac{2x^3 + 2x - 1}{x^3 - 9x} = +\infty \end{cases}$

$\Rightarrow x = 0$ es A. Vertical

$\lim\limits_{x \to 3} \dfrac{2x^3 + 2x - 1}{x^3 - 9x} = \left[\dfrac{59}{0}\right] \to \begin{cases} \lim\limits_{x \to 3^-} \dfrac{2x^3 + 2x - 1}{x^3 - 9x} = -\infty \\[4mm] \lim\limits_{x \to 3^+} \dfrac{2x^3 + 2x - 1}{x^3 - 9x} = +\infty \end{cases}$

$\Rightarrow x = 3$ es A. Vertical

A. Horizontales:

$$\lim_{x \to \infty} \frac{2x^3 + 2x - 1}{x^3 - 9x} = \left[\frac{\infty}{\infty}\right] = \lim_{x \to \infty} \frac{2x^3}{x^3} = 2$$

$$\lim_{x \to -\infty} \frac{2x^3 + 2x - 1}{x^3 - 9x} = \lim_{x \to \infty} \frac{-2x^3 - 2x - 1}{-x^3 + 9x} = \left[\frac{\infty}{\infty}\right] = \lim_{x \to \infty} \frac{-2x^3}{-x^3} = 2$$

$$\Rightarrow y = 2 \text{ es A. Horizontal}$$

b) $g(x) = x^4 + 4x^3 + 4x^2 - 8$; $Dom(g(x)) = \mathbb{R}$

$$g'(x) = 4x^3 + 12x^2 + 8x$$

$$g'(x) = 0 \longrightarrow 4x^3 + 12x^2 + 8x = 0$$

$$4x(x^2 + 3x + 2) = 0 \quad\nearrow\quad 4x = 0 \rightarrow x = 0$$

$$\searrow \quad x^2 + 3x + 2 = 0 \quad\nearrow\quad x = -2 \quad\searrow\quad x = -1$$

Creciente: $(-2, -1) \cup (0, +\infty)$

Decreciente: $(-\infty, -2) \cup (-1, 0)$

Mínimos relativos en $x = -2$ y $x = 0$

$$Min(-2, g(-2)) = (-2, -8)$$

$$Min(0, g(0)) = (0, -8)$$

Máximo relativo en $x = -1$

$$Máx(-1, g(-1)) = (-1, -7)$$

{PROBLEMA 3}

Sean los sucesos:

A ≡ Haber leído un libro sobre Harry Potter

B ≡ Haber visto una película sobre Harry Potter

Los datos son:

$$p(A) = 0'25 \; ; \; p(B) = 0'65 \; ; \; p(A \cap B) = 0'1$$

a) $p(B \cap \bar{A}) \rightarrow$

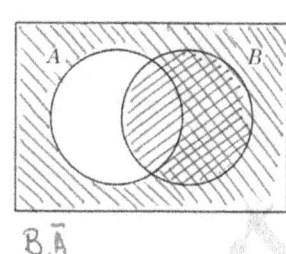

$B, \bar{A}$

$$p(B \cap \bar{A}) = p(B) - p(A \cap B) =$$
$$= 0'65 - 0'1 = 0'55$$

b) $p(\bar{A} \cap \bar{B}) \rightarrow$

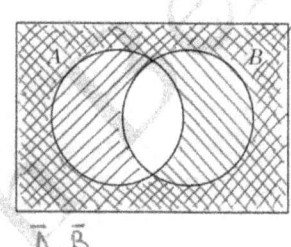

$\bar{A}, \bar{B}$

$$p(\bar{A} \cap \bar{B}) = 1 - p(A \cup B)$$

$$p(A \cup B) = p(A) + p(B) - p(A \cap B) = 0'25 + 0'65 - 0'1 = 0'8$$

$$\Rightarrow p(\bar{A} \cap \bar{B}) = 1 - p(A \cup B) = 1 - 0'8 = 0'2$$

c) $p(B/A) = \dfrac{p(A \cap B)}{p(A)} = \dfrac{0'1}{0'25} = 0'4$

{OPCIÓN B}

{PROBLEMA 1}

Billetes a Londres $\longrightarrow$ x

Billetes a París $\longrightarrow$ y

Billetes a Roma $\longrightarrow$ z

$$\left. \begin{array}{l} x + y + z = 60 \\ y = 2(x+z) \\ z = \dfrac{x}{2} + 2 \end{array} \right\} \Rightarrow$$

$$\Rightarrow \left. \begin{array}{l} x + y + z = 60 \\ 2x - y + 2z = 0 \\ -x \quad + 2z = 4 \end{array} \right\} \quad A^* = \begin{pmatrix} 1 & 1 & 1 & | & 60 \\ 2 & -1 & 2 & | & 0 \\ -1 & 0 & 2 & | & 4 \end{pmatrix}$$

$$\det(A) = \begin{vmatrix} 1 & 1 & 1 \\ 2 & -1 & 2 \\ -1 & 0 & 2 \end{vmatrix} = -9 \neq 0 \Rightarrow \left. \begin{array}{l} rg(A) = 3 \\ rg(A^*) = 3 \\ n^o\, inc\acute{o}g = 3 \end{array} \right\} \Rightarrow T^{\text{MA}}\text{ ROUCHÉ} \rightarrow$$

$\Rightarrow$ Sistema Compatible Determinado $\Rightarrow$ Regla de Cramer:

$$X = \dfrac{\begin{vmatrix} 60 & 1 & 1 \\ 0 & -1 & 2 \\ 4 & 0 & 2 \end{vmatrix}}{-9} = \dfrac{-108}{-9} = 12$$

$$y = \dfrac{\begin{vmatrix} 1 & 60 & 1 \\ 2 & 0 & 2 \\ -1 & 4 & 2 \end{vmatrix}}{-9} = \dfrac{-360}{-9} = 40$$

$$z = \dfrac{\begin{vmatrix} 1 & 1 & 60 \\ 2 & -1 & 0 \\ -1 & 0 & 4 \end{vmatrix}}{-9} = \dfrac{-72}{-9} = 8$$

PÁGINA 6

PROBLEMA 2

$$R(t) = \frac{700t}{4t^2+9} \quad \text{con} \quad 0 \leq t \leq 6$$

↳ Durante las 6 primeras horas!!

a) $R(3) = \dfrac{700 \cdot 3}{4 \cdot 3^2 + 9} = \dfrac{140}{3} = 46'67$

b) $R'(t) = \dfrac{700(4t^2+9) - 700t \cdot 8t}{(4t^2+9)^2} = \dfrac{-2800t^2 + 6300}{(4t^2+9)^2}$

$R'(t) = 0 \longrightarrow \dfrac{-2800t^2+6300}{(4t^2+9)^2} = 0 \Longrightarrow -2800t^2 + 6300 = 0 \Rightarrow$

$\Longrightarrow t^2 = \dfrac{6300}{2800} = \dfrac{9}{4}$

$t = -\dfrac{3}{2}$ No sirve, pues debe ser $0 \leq t \leq 6$

$t = +\dfrac{3}{2} = 1'5$ horas

$R'(t) > 0$ 1'5 $R'(t) < 0$

El rendimiento aumenta durante las primeras 1'5 horas y disminuye hasta las 6 horas de estudio.

El rendimiento máximo se alcanza a las $t = 1'5$ horas, siendo éste:

$R(1'5) = \dfrac{700 \cdot 1'5}{4 \cdot 1'5^2 + 9} = 58'33$

c) $R(t) = 35 \Rightarrow \dfrac{700t}{4t^2+9} = 35 \Rightarrow 700t = 140t^2 + 315$

$t = 0'5$ horas

$\Rightarrow 140t^2 - 700t + 315 = 0$

$t = 4'5$ horas

©Juan Bertomeu Ferrer
www.bertoblog.com

Por tanto, después de haber alcanzado el rendimiento máximo, éste valdrá 35 a las 4'5 horas.

PROBLEMA 3

Datos: $p(A) = \dfrac{2}{3}$; $p(\bar{B}) = \dfrac{1}{4}$; $p(A \cup B) = \dfrac{19}{24}$

$\downarrow$ $p(B) + p(\bar{B}) = 1$

$$p(B) = \dfrac{3}{4}$$

a) $p(A \cup B) = p(A) + p(B) - p(A \cap B)$

$\dfrac{19}{24} = \dfrac{2}{3} + \dfrac{3}{4} - p(A \cap B) \implies p(A \cap B) = \dfrac{5}{8}$

b) $p(\bar{A} \cap \bar{B}) \rightarrow$

$\bar{A}, \bar{B}$

$p(\bar{A} \cap \bar{B}) = 1 - p(A \cup B) =$

$= 1 - \dfrac{19}{24} = \dfrac{5}{24}$

c) $p(A|B) = \dfrac{p(A \cap B)}{p(B)} = \dfrac{5/8}{3/4} = \dfrac{20}{24} = \dfrac{5}{6}$

d) Dos sucesos A y B son independientes cuando se verifica que $p(A) = p(A|B)$.

$\left. \begin{array}{l} p(A) = \dfrac{2}{3} \\[2mm] p(A|B) = \dfrac{5}{6} \end{array} \right\} \implies$ Como $p(A) \neq p(A|B) \implies$ Los sucesos A y B NO SON INDEPENDIENTES.

PÁGINA 8

©Juan Bertomeu Ferrer
www.bertoblog.com

GENERALITAT VALENCIANA
CONSELLERIA D'EDUCACIÓ, CULTURA I ESPORT

COMISSIÓ GESTORA DE LES PROVES D'ACCÉS A LA UNIVERSITAT

COMISIÓN GESTORA DE LAS PRUEBAS DE ACCESO A LA UNIVERSIDAD

SISTEMA UNIVERSITARI VALENCIÀ
SISTEMA UNIVERSITARIO VALENCIANO

PROVES D'ACCÉS A LA UNIVERSITAT	PRUEBAS DE ACCESO A LA UNIVERSIDAD
CONVOCATÒRIA: JULIOL 2015	CONVOCATORIA: JULIO 2015
MATEMÀTIQUES APLICADES A LES CIÈNCIES SOCIALS II	MATEMÁTICAS APLICADAS A LAS CIENCIAS SOCIALES II

BAREMO DEL EXAMEN:
Se elegirá solo UNA de las dos OPCIONES, A o B, y se han de hacer los tres problemas de esa opción.
Cada problema se valorará de 0 a 10 puntos y la nota final será la media aritmética de los tres.
Se permite el uso de calculadoras siempre que no sean gráficas o programables y que no puedan realizar cálculo simbólico ni almacenar texto o fórmulas en memoria. Se utilice o no la calculadora, los resultados analíticos, numéricos y gráficos deberán estar siempre debidamente justificados.

OPCIÓN A

Todas las respuestas han de estar debidamente razonadas.

Problema 1. Una empresa fabrica dos productos diferentes, P1 y P2, que vende a 300 y 350 € por tonelada (t), respectivamente. Para ello utiliza dos tipos de materias primas (A y B) y mano de obra. Las disponibilidades semanales de las materias primas son 30 t de A y 36 t de B, y las horas de mano de obra disponibles a la semana son 160. En la tabla siguiente se resumen los requerimientos (en t) de las materias primas y las horas de trabajo necesarias para la producción de una tonelada de cada producto:

Producto	materia prima (t)		Mano de obra (h)
	A	B	
P1	2	3	4
P2	3	1	20

Determina la producción semanal que maximiza los ingresos de la empresa sabiendo que un estudio de mercado indica que la demanda del producto P2 nunca supera a la del producto P1. ¿A cuánto ascienden los ingresos máximos?

Problema 2. Sea la función $f(x) = \begin{cases} x^2 + 2 & x \leq 1 \\ \dfrac{6}{x^2 + 1} & 1 < x \end{cases}$

a) Estudia la continuidad de $f(x)$ en el intervalo $]-\infty, +\infty[$.

b) Calcula los máximos y mínimos locales de $f(x)$.

c) Calcula el área de la región limitada por $f(x)$ y las rectas $x = -1$ y $x = 1$.

Problema 3. El 25% de los estudiantes de un instituto no realizan ninguna actividad extraescolar, mientras que el 55% realizan una actividad extraescolar deportiva. Sabemos además que uno de cada cuatro estudiantes que practican una actividad extraescolar no deportiva también practica una deportiva. Se pide:

a) Calcular la probabilidad de que un estudiante elegido al azar practique una actividad extraescolar deportiva y otra no deportiva.

b) Calcular la probabilidad de que un estudiante practique solo una actividad extraescolar deportiva.

c) ¿Son independientes los sucesos "Practicar una actividad extraescolar deportiva" y "Practicar una actividad extraescolar no deportiva"? Razona tu respuesta.

OPCIÓN B

Todas las respuestas han de estar debidamente razonadas.

Problema 1. Sean las matrices $A = \begin{pmatrix} 1 & 2 \\ -1 & 4 \end{pmatrix}$, $B = \begin{pmatrix} 2 & 2 \\ 1 & -1 \end{pmatrix}$ y $C = \begin{pmatrix} 1 & -1 \\ 1 & -3 \end{pmatrix}$.

a) Halla la matriz X que satisface la ecuación $AX - BCX = 3C$.

b) Calcula la matriz inversa de $A^t + B$, donde A^t representa la matriz traspuesta de A.

Problema 2. Cierta empresa de material fotográfico oferta una máquina que es capaz de revelar 15,5 fotografías por minuto. Sin embargo, sus cualidades se van deteriorando con el tiempo de forma que el número de fotografías reveladas por minuto viene dado por la función $f(x)$, donde x es la antigüedad de la máquina en años.

$$f(x) = \begin{cases} 15,5 - 1,1x & 0 \le x \le 5 \\ \dfrac{5x + 45}{x + 2} & x > 5 \end{cases}$$

a) Estudia la continuidad de $f(x)$ en el intervalo $[0, +\infty[$.

b) Comprueba que el número de fotografías reveladas por minuto decrece con la antigüedad de la máquina. Justifica que si la máquina tiene más de 5 años revelará menos de 10 fotografías por minuto.

c) ¿Es cierto que la máquina nunca revelará menos de 5 fotografías por minuto? ¿Por qué?

Problema 3. En un aeropuerto, 1/3 de los aviones que vienen del extranjero lo hacen con retraso, mientras que si proceden del propio país lo hacen con retraso el 5%. Si del extranjero vienen el 25% de los vuelos, se pide:

a) ¿Cuál es la probabilidad de que un vuelo seleccionado al azar llegue con retraso?

b) Si un avión seleccionado al azar ha llegado sin retraso, ¿cuál es la probabilidad de que venga del extranjero?

c) ¿Cuál es la probabilidad de que un vuelo seleccionado al azar llegue a su hora o provenga del extranjero?

OPCIÓN A

PROBLEMA 1

Toneladas	Mat A (t)	Mat B (t)	M. Obra (h)	Ingresos (€)
Producto P1 → X	$2x$	$3x$	$4x$	$300x$
Producto P2 → y	$3y$	y	$20y$	$350y$
Total → $x+y$	$2x+3y$	$3x+y$	$4x+20y$	$300x+350y$
Restricción →	≤ 30	≤ 36	≤ 160	Función Objetivo

Función Objetivo $\Rightarrow I(x,y) = 300x + 350y$ (máximizar)

Restricciones:

$2x + 3y \leq 30 \quad \rightarrow y \leq \dfrac{30-2x}{3}$

$3x + y \leq 36 \quad \rightarrow y \leq 36 - 3x$

$4x + 20y \leq 160 \quad \rightarrow y \leq \dfrac{160-4x}{20} \rightarrow y \leq \dfrac{40-x}{5}$

$y \leq x \quad \rightarrow y \leq x$

$x \geq 0 ; y \geq 0$

X	$y=\frac{30-2x}{3}$
0	10
15	0

X	$y=36-3x$
0	36
12	0

X	$y=\frac{40-x}{5}$
0	8
40	0

X	$y=x$
0	0
10	10

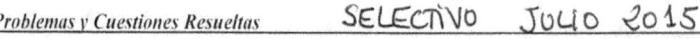

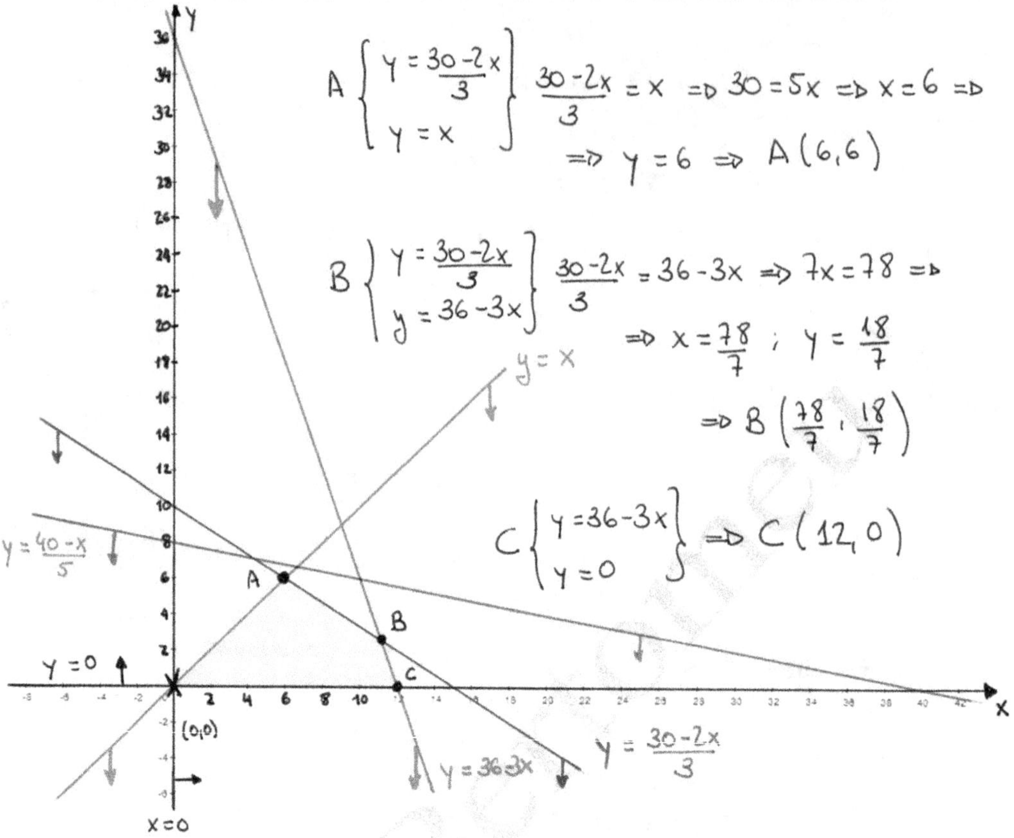

$A \begin{cases} y = \dfrac{30-2x}{3} \\ y = x \end{cases}$ $\dfrac{30-2x}{3} = x \Rightarrow 30 = 5x \Rightarrow x = 6 \Rightarrow$

$\Rightarrow y = 6 \Rightarrow A(6,6)$

$B \begin{cases} y = \dfrac{30-2x}{3} \\ y = 36-3x \end{cases}$ $\dfrac{30-2x}{3} = 36-3x \Rightarrow 7x = 78 \Rightarrow$

$\Rightarrow x = \dfrac{78}{7} \; ; \; y = \dfrac{18}{7}$

$\Rightarrow B\left(\dfrac{78}{7}, \dfrac{18}{7}\right)$

$C \begin{cases} y = 36-3x \\ y = 0 \end{cases} \Rightarrow C(12,0)$

$y = \dfrac{40-x}{5}$

$y = 0$

$(0,0)$

$x = 0$

$y = x$

$y = 36-3x$ $y = \dfrac{30-2x}{3}$

$I(x,y) = 300x + 350y$

$\quad\hookrightarrow I(0,0) = 0 \in$

$\quad\hookrightarrow I(6,6) = 6\cdot300 + 6\cdot350 = 3900 \in$

$\quad\hookrightarrow I\left(\dfrac{78}{7}, \dfrac{18}{7}\right) = \dfrac{78}{7}\cdot300 + \dfrac{18}{7}\cdot350 = 4242'86 \in$

$\quad\hookrightarrow I(12,0) = 12\cdot300 = 3600 \in$

Se deben producir $\dfrac{78}{7}$ toneladas de P_1 y $\dfrac{18}{7}$ toneladas

de P_2 para obtener el ingreso máximo de $4242'86 \in$

{PROBLEMA 2}

$$f(x) = \begin{cases} x^2+2 & \text{si } x \le 1 \\ \dfrac{6}{x^2+1} & \text{si } x > 1 \end{cases}$$

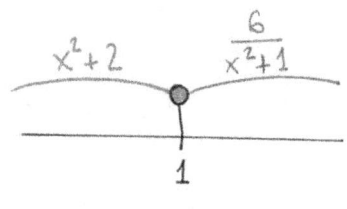

a) Si $x < 1$ → $f(x) = x^2+2$ ⟹ Continua en $\mathbb{R}$

  ⤷ Continua en $(-\infty, 1)$

  Si $x > 1$ → $f(x) = \dfrac{6}{x^2+1}$ ⟹ Continua en $\mathbb{R}$

  ⤷ Continua en $(1, \infty)$

  Si $x = 1$

  $f(1) = 1^2 + 2 = 3$

  $\lim\limits_{x \to 1} f(x) \longrightarrow \begin{cases} \lim\limits_{x \to 1^-} (x^2+2) = 3 \\ \lim\limits_{x \to 1^+} \dfrac{6}{x^2+1} = 3 \end{cases}$ ⟹ $\lim\limits_{x \to 1} f(x) = 3$

Como $f(1) = \lim\limits_{x \to 1} f(x)$ ⟹ $f(x)$ es continua en $x = 1$ y, por

tanto, continua en $\mathbb{R}$.

b) Para calcular los extremos relativos:

$$f'(x) = \begin{cases} 2x & \text{si } x < 1 \\ \dfrac{-12x}{(x^2+1)^2} & \text{si } x > 1 \end{cases}$$

Si $x < 1$ $\Rightarrow$ $f'(x) = 2x$

$f'(x) = 0$ $\Rightarrow$ $2x = 0$ $\Rightarrow$ $x = 0$

Si $x > 1$ $\Rightarrow$ $f'(x) = \dfrac{-12x}{(x^2+1)^2}$

$f'(x) = 0$ $\Rightarrow$ $\dfrac{-12x}{(x^2+1)^2} = 0$ $\Rightarrow$ $-12x = 0$ $\Rightarrow$ $x = 0$

No sirve pues
debe ser $x > 1$

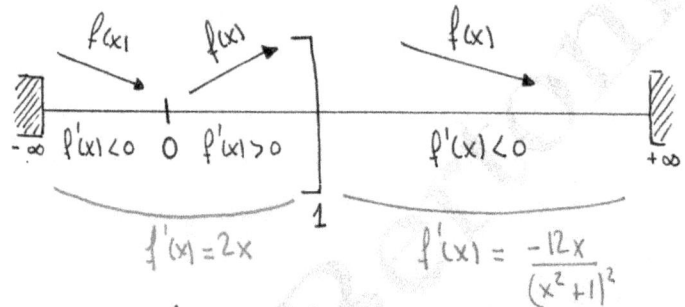

Y como vemos, $f(x)$ presenta:

Mínimo relativo en $x = 0$ $\Rightarrow$ Min $(0, f(0))$ $\Rightarrow$ Min $(0, 2)$

Máximo relativo en $x = 1$ $\Rightarrow$ Máx $(1, f(1))$ $\Rightarrow$ Máx $(1, 3)$

c) ¡Ojo!! $\rightarrow$ El enunciado está incorrecto!! La función $f(x)$

y las rectas $x = -1$ y $x = 1$ no delimitan un recinto

cerrado.

$x = -1$ $\quad$ $x = +1$ $\quad$ $f(x)$

Deberían añadirnos otra

función $g(x)$ para cerrar

el recinto según: $\longrightarrow$

PÁGINA 4

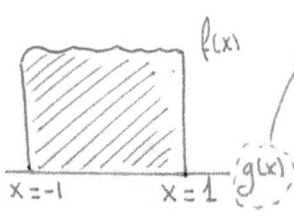

→ Esta función g(x) que cierra el recinto, no nos la dan!! Como habitualmente se suele pedir el área entre f(x) y el eje X (g(x)=0), vamos a calcular esa:

Siendo $-1 \leq x \leq 1$, f(x) será $f(x) = x^2 + 2$, y además $f(x) > 0 \ \forall x$.

Así:

$$A = \int_{-1}^{1} (x^2 + 2)\,dx = \left[\frac{x^3}{3} + 2x \right]_{-1}^{1} = \left(\frac{1}{3} + 2 \right) - \left(\frac{-1}{3} - 2 \right) = \frac{14}{3} \ u^2.$$

Aunque no lo pidan, puedes ver todo en la gráfica de f(x):

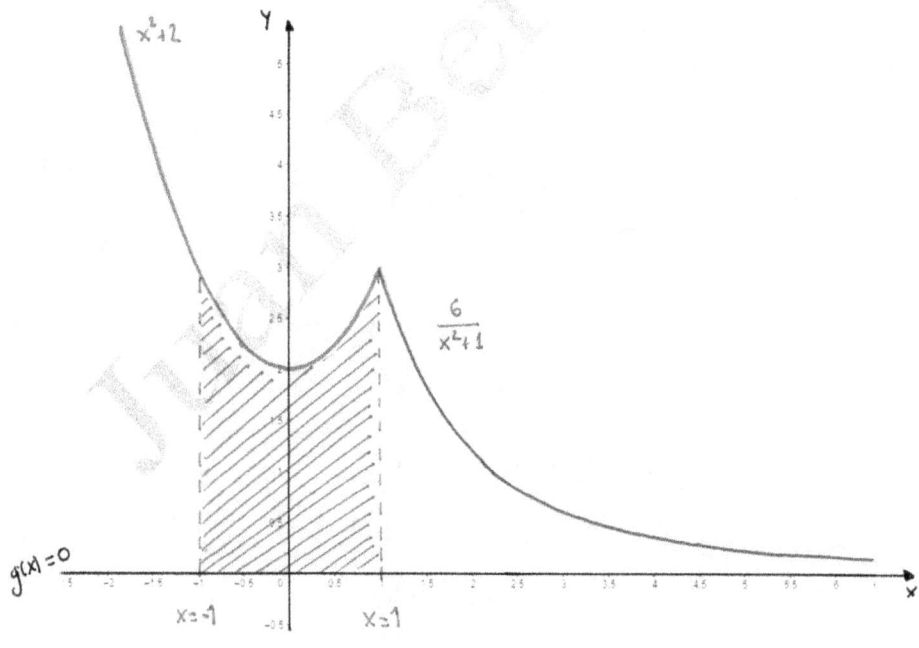

PROBLEMA 3

Sean los sucesos :

A ≡ Practicar una actividad extraescolar deportiva

B ≡ Practicar una actividad extraescolar no deportiva

Se tienen los datos :

$$p(\bar{A} \cap \bar{B}) = 0'25 \; ; \; p(A) = 0'55 \; ; \; p(A/B) = \frac{1}{4}$$

a) Por un lado tenemos :

$$p(A/B) = \frac{p(A \cap B)}{p(B)} \implies \frac{1}{4} = \frac{p(A \cap B)}{p(B)} \implies p(B) = 4p(A \cap B)$$

Por otro lado se tiene :

$$\bar{A} \cap \bar{B} \longrightarrow$$

$$p(\bar{A} \cap \bar{B}) = 1 - p(A \cup B)$$
$$0'25 = 1 - p(A \cup B)$$
$$\implies p(A \cup B) = 0'75$$

Y como $p(A \cup B) = p(A) + p(B) - p(A \cap B) \implies$

$$\implies \quad 0'75 = 0'55 + 4p(A \cap B) - p(A \cap B)$$

$$0'75 = 0'55 + 3 \cdot p(A \cap B)$$

$$0'2 = 3 \cdot p(A \cap B) \implies p(A \cap B) = \frac{1}{15}$$

PÁGINA 6

b) Solo A :

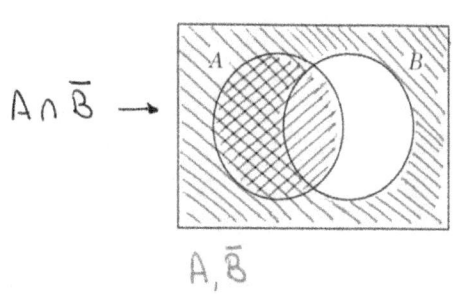

$A \cap \bar{B} \longrightarrow$

$A, \bar{B}$

$p(A \cap \bar{B}) = p(A) - p(A \cap B)$

$p(A \cap \bar{B}) = 0'55 - \dfrac{1}{15} = \dfrac{29}{60}$

c) Dos sucesos A y B son independientes cuando se verifica

que $p(A) = p(A/B)$

$\left. \begin{array}{l} p(A) = 0'55 \\[2mm] p(A/B) = \dfrac{1}{4} \end{array} \right\} p(A) \neq p(A/B) \Rightarrow$ Los sucesos A y B NO son independientes.

OPCIÓN B

PROBLEMA 1

a) $AX - BCX = 3C \Rightarrow (A - BC)X = 3C \Rightarrow$

$\Rightarrow \underbrace{(A-BC)^{-1} \cdot (A-BC)}_{I} X = (A-BC)^{-1} \cdot 3C \Rightarrow$

$\Rightarrow X = (A-BC)^{-1} \cdot 3C$

$A - BC = \begin{pmatrix} 1 & 2 \\ -1 & 4 \end{pmatrix} - \begin{pmatrix} 2 & 2 \\ 1 & -1 \end{pmatrix} \cdot \begin{pmatrix} 1 & -1 \\ 1 & -3 \end{pmatrix} =$

$= \begin{pmatrix} 1 & 2 \\ -1 & 4 \end{pmatrix} - \begin{pmatrix} 4 & -8 \\ 0 & 2 \end{pmatrix} = \begin{pmatrix} -3 & 10 \\ -1 & 2 \end{pmatrix}$

PÁGINA 7

$$(A-BC)^{-1} = \frac{1}{\det(A-BC)} \cdot \left[\text{Adj}\,(A-BC) \right]^{t}$$

$$\det(A-BC) = \begin{vmatrix} -3 & 10 \\ -1 & 2 \end{vmatrix} = 4$$

$$\text{Adj}\,(A-BC) = \begin{pmatrix} 2 & 1 \\ -10 & -3 \end{pmatrix} \implies \left[\text{Adj}\,(A-BC) \right]^{t} = \begin{pmatrix} 2 & -10 \\ 1 & -3 \end{pmatrix}$$

$$\implies (A-BC)^{-1} = \frac{1}{4} \cdot \begin{pmatrix} 2 & -10 \\ 1 & -3 \end{pmatrix}$$

$$\implies X = (A-BC)^{-1} \cdot 3C = \frac{1}{4} \cdot \begin{pmatrix} 2 & -10 \\ 1 & -3 \end{pmatrix} \cdot 3 \cdot \begin{pmatrix} 1 & -1 \\ 1 & -3 \end{pmatrix} =$$

$$= \frac{3}{4} \cdot \begin{pmatrix} 2 & -10 \\ 1 & -3 \end{pmatrix} \begin{pmatrix} 1 & -1 \\ 1 & -3 \end{pmatrix} = \frac{3}{4} \cdot \begin{pmatrix} -8 & 28 \\ -2 & 8 \end{pmatrix} = \begin{pmatrix} -6 & 21 \\ -3/2 & 6 \end{pmatrix}$$

b) $$A^{t} = \begin{pmatrix} 1 & -1 \\ 2 & 4 \end{pmatrix} \implies A^{t} + B = \begin{pmatrix} 1 & -1 \\ 2 & 4 \end{pmatrix} + \begin{pmatrix} 2 & 2 \\ 1 & -1 \end{pmatrix} = \begin{pmatrix} 3 & 1 \\ 3 & 3 \end{pmatrix}$$

$$\det(A^{t}+B) = \begin{vmatrix} 3 & 1 \\ 3 & 3 \end{vmatrix} = 6 \ ; \ \text{Adj}\,(A^{t}+B) = \begin{pmatrix} 3 & -3 \\ -1 & 3 \end{pmatrix}$$

$$\left[\text{Adj}\,(A^{t}+B) \right]^{t} = \begin{pmatrix} 3 & -1 \\ -3 & 3 \end{pmatrix} ; \ (A^{t}+B)^{-1} = \frac{1}{6} \cdot \begin{pmatrix} 3 & -1 \\ -3 & 3 \end{pmatrix} = \begin{pmatrix} 1/2 & -1/6 \\ -1/2 & 1/2 \end{pmatrix}$$

PÁGINA 8

{PROBLEMA 2}

a) $f(x) = \begin{cases} 15'5 - 1'1x & si\ 0 \le x \le 5 \\ \\ \dfrac{5x+45}{x+2} & si\ x > 5 \end{cases}$

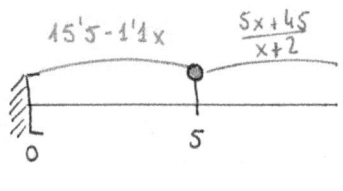

(Si $0 \le x < 5$) $\longrightarrow f(x) = 15'5 - 1'1x \Rightarrow$ Continua en $\mathbb{R}$

$\quad\quad\longmapsto$ Continua en $[0,5)$

(Si $x > 5$) $\longrightarrow f(x) = \dfrac{5x+45}{x+2} \Rightarrow$ Continua en $\mathbb{R} - \{-2\}$

$\quad\quad\quad\quad\quad\quad\quad\quad\quad\quad\quad\quad\quad\quad\quad\quad\quad\quad\uparrow$ NO AFECTA!!

$\quad\quad\longmapsto$ Continua en $(5, +\infty)$

(Si $x = 5$)

$f(5) = 15'5 - 1'1 \cdot 5 = 10$

$\lim\limits_{x \to 5} f(x) \longrightarrow \begin{cases} \lim\limits_{x \to 5^-} 15'5 - 1'1x = 10 \\ \\ \lim\limits_{x \to 5^+} \dfrac{5x+45}{x+2} = \dfrac{70}{7} = 10 \end{cases} \Rightarrow \lim\limits_{x \to 5} f(x) = 10$

Como $f(5) = \lim\limits_{x \to 5} f(x) \Rightarrow f(x)$ es continua en $x = 5$, y por tanto $f(x)$ es continua $\forall x \in [0, +\infty)$

b) $f'(x) = \begin{cases} -1'1 & si\ 0 \le x < 5 \\ \\ \dfrac{5(x+2)-5x-45}{(x+2)^2} = \dfrac{-35}{(x+2)^2} & si\ x > 5 \end{cases}$

Si $0 \leq x < 5$ $\longrightarrow$ $f'(x) = -1'1$

$f'(x) = 0$ $\Longrightarrow$ $-1'1 \neq 0$ $\Longrightarrow$ $f'(x) \neq 0$

Si $x > 5$ $\longrightarrow$ $f'(x) = \dfrac{-35}{(x+2)^2}$

$f'(x) = 0$ $\Longrightarrow$ $-\dfrac{35}{(x+2)^2} \neq 0$ $\Longrightarrow$ $f'(x) \neq 0$

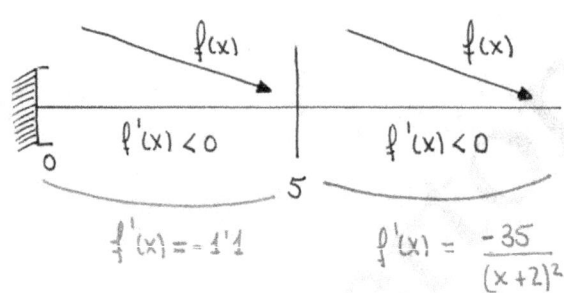

Como vemos $f(x)$ es decreciente $\forall x \in [0, +\infty)$ y efectivamente el número de fotografías decrece con la antigüedad.

Para justificar que la máquina revela menos de 10 fotografías para $x > 5$ hay dos formas.

1ª Forma

Como hemos visto que $f(5) = 10$, y también hemos justificado que $f(x)$ es decreciente $\forall x > 5$, queda demostrado que será $f(x) < 10$ $\forall x > 5$

2ª Forma

Resolvemos la inecuación $\dfrac{5x+45}{x+2} < 10 \implies$

$\implies 5x+45 < 10x+20 \implies -5x < -25 \implies 5x > 25 \implies$

$\implies x > 5$

Con lo que efectivamente es $f(x) < 10$ cuando $x > 5$

c) Para ver que sucede a largo plazo, evaluamos:

$$\lim_{x \to \infty} f(x) = \lim_{x \to \infty} \dfrac{5x+45}{x+2} = \left[\dfrac{\infty}{\infty}\right] = \lim_{x \to \infty} \dfrac{5x}{x} = 5$$

Con lo que $f(x)$ tenderá a 5 en el infinito, y por tanto la máquina nunca revelerá menos de 5 fotos.

Puedes ver todo mejor en la representación gráfica:

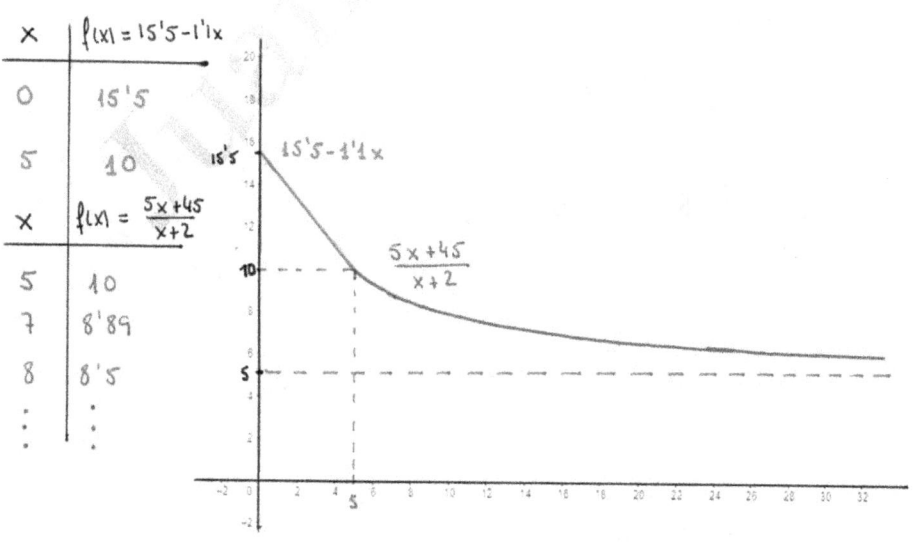

x	$f(x) = 15'5 - 1'1x$
0	15'5
5	10

x	$f(x) = \dfrac{5x+45}{x+2}$
5	10
7	8'89
8	8'5
⋮	⋮

PÁGINA 11

{PROBLEMA 3}

Sean los sucesos:

N = Vuelo Nacional   R = Llega con retraso

E = Vuelo del Extranjero

a) $p(R) = p(N \cap R) + p(E \cap R) =$

$= p(N) \cdot p(R/N) + p(E) \cdot p(R/E) =$

$= 0'75 \cdot 0'05 + 0'25 \cdot \dfrac{1}{3} = \dfrac{29}{240} = 0'1208$

b) $p(E/\bar{R}) = \dfrac{p(E \cap \bar{R})}{p(\bar{R})} = \dfrac{p(E) \cdot p(\bar{R}/E)}{1 - p(R)} = \dfrac{0'25 \cdot 2/3}{1 - \dfrac{29}{240}} =$

$= \dfrac{1/6}{211/240} = \dfrac{40}{211} = 0'1896$

c) $p(\bar{R} \cup E) = p(N \cap \bar{R}) + p(E) = p(N) \cdot p(\bar{R}/N) + p(E) =$

$= 0'75 \cdot 0'95 + 0'25 = \dfrac{77}{80} = 0'9625$

GENERALITAT VALENCIANA
CONSELLERIA D'EDUCACIÓ,
INVESTIGACIÓ, CULTURA I ESPORT

COMISSIÓ GESTORA DE LES PROVES D'ACCÉS A LA UNIVERSITAT

COMISIÓN GESTORA DE LAS PRUEBAS DE ACCESO A LA UNIVERSIDAD

SISTEMA UNIVERSITARI VALENCIÀ
SISTEMA UNIVERSITARIO VALENCIANO

PROVES D'ACCÉS A LA UNIVERSITAT	PRUEBAS DE ACCESO A LA UNIVERSIDAD
CONVOCATÒRIA: JUNY 2016	CONVOCATORIA: JUNIO 2016
Assignatura: MATEMÀTIQUES APLICADES A LES CIÈNCIES SOCIALS II	Asignatura: MATEMÁTICAS APLICADAS A LAS CIENCIAS SOCIALES II

BAREMO DEL EXAMEN:
Se elegirá solo UNA de las dos OPCIONES, A o B, y se han de hacer los tres problemas de esa opción.
Cada problema se valorará de 0 a 10 puntos y la nota final será la media aritmética de los tres.
Se permite el uso de calculadoras siempre que no sean gráficas o programables y que no puedan realizar cálculo simbólico ni almacenar texto o fórmulas en memoria. Se utilice o no la calculadora, los resultados analíticos, numéricos y gráficos deberán estar siempre debidamente justificados.

OPCIÓN A

Todas las respuestas han de estar debidamente razonadas.

Problema 1. Sean las matrices $A = \begin{pmatrix} 1 & 2 & 1 \\ 1 & 3 & 1 \\ 0 & 1 & 3 \end{pmatrix}$ y $B = \begin{pmatrix} 0 & -1 & 2 \\ 1 & 0 & -1 \\ 2 & 1 & 0 \end{pmatrix}$.

a) Calcula A^{-1}.

b) Determina la matriz X tal que $AX = A + B$.

Problema 2. El departamento de análisis financiero de una consultora determina que la rentabilidad $R(x)$, en miles de euros, de cierta inversión, en función de la cantidad invertida en miles de euros, x, viene dada por la siguiente expresión:

$$R(x) = -0,01x^2 + 0,1x + 1, \quad x > 0$$

a) ¿Cuántos euros conviene invertir para maximizar la rentabilidad? ¿Cuál será dicha rentabilidad máxima?

b) Determina la función que proporciona la rentabilidad media (es decir, el cociente entre la rentabilidad y la cantidad invertida) de dicha inversión y estudia la evolución de dicha rentabilidad media en función de la cantidad invertida.

Problema 3. Juan va normalmente a alquilar películas a uno de los tres videoclubs siguientes: A, B y C. Se sabe que la probabilidad de que vaya al videoclub C es 0,2 y que la probabilidad de que vaya al A es la misma que la probabilidad de que vaya al B. En el videoclub A el 35% de las películas son españolas, el 55% en el B y el 40% en el C. Un día va a un videoclub y una vez allí elige aleatoriamente una película. Se pide:

a) ¿Cuál es la probabilidad de que haya ido al videoclub A?

b) ¿Cuál es la probabilidad de que la película elegida sea española?

c) Suponiendo que ha elegido una película no española, ¿cuál es la probabilidad de que haya ido al videoclub C?

OPCIÓN B

Todas las respuestas han de estar debidamente razonadas.

Problema 1. Un comerciante compró 200 kilos de melocotones, 100 de manzanas y 300 de peras. Los vende incrementando un 25% el precio de los melocotones y de las manzanas y un 40% el de las peras. Por la venta de todo el género obtuvo 1087 euros de los que 257 fueron beneficio. Sabiendo que el precio de compra del kilo de melocotones fue 50 céntimos más caro que el del kilo de peras, ¿cuál fue el precio de compra del kilo de cada una de las frutas?

Problema 2. Dada la función $f(x) = \dfrac{x^2}{4-x}$, se pide:

a) Su dominio y puntos de corte con los ejes coordenados.

b) Las ecuaciones de las asíntotas horizontales y verticales.

c) Los intervalos de crecimiento y decrecimiento.

d) Los máximos y mínimos locales.

e) La representación gráfica a partir de la información de los apartados anteriores.

Problema 3. El espacio muestral asociado a un experimento aleatorio es el siguiente: $\Omega = \{a, b, c, d, e, f\}$. Se conocen las siguientes probabilidades: $P(a) = P(b) = P(c) = P(d) = 1/12$, $P(e) = 1/2$ y $P(f) = 1/6$. Dados los sucesos $A = \{a, c, d\}$ y $B = \{c, e, f\}$ relacionados con el experimento aleatorio y siendo $\overline{A}$ el suceso contrario o complementario de A, calcula:

a) $P(A \cup B)$

b) $P(\overline{A} \cup B)$

c) $P(A \cap B)$

d) $P(A|B)$

OPCIÓN A

PROBLEMA 1

a) $A = \begin{pmatrix} 1 & 2 & 1 \\ 1 & 3 & 1 \\ 0 & 1 & 3 \end{pmatrix}$; $A^{-1} = \dfrac{1}{det(A)} \cdot \left[Adj(A)\right]^{t}$

$det(A) = \begin{vmatrix} 1 & 2 & 1 \\ 1 & 3 & 1 \\ 0 & 1 & 3 \end{vmatrix} = 3$; $Adj(A) = \begin{pmatrix} 8 & -3 & 1 \\ -5 & 3 & -1 \\ -1 & 0 & 1 \end{pmatrix}$

$\left[Adj(A)\right]^{t} = \begin{pmatrix} 8 & -5 & -1 \\ -3 & 3 & 0 \\ 1 & -1 & 1 \end{pmatrix} \Rightarrow A^{-1} = \dfrac{1}{3} \cdot \begin{pmatrix} 8 & -5 & -1 \\ -3 & 3 & 0 \\ 1 & -1 & 1 \end{pmatrix}$

b) $AX = A+B \Rightarrow \underset{I}{\underbrace{A^{-1} A}} X = A^{-1}(A+B) \Rightarrow X = A^{-1}(A+B)$

$\Rightarrow X = \dfrac{1}{3} \cdot \begin{pmatrix} 8 & -5 & -1 \\ -3 & 3 & 0 \\ 1 & -1 & 1 \end{pmatrix} \cdot \begin{pmatrix} 1 & 1 & 3 \\ 2 & 3 & 0 \\ 2 & 2 & 3 \end{pmatrix} \Rightarrow$

$\Rightarrow X = \dfrac{1}{3} \cdot \begin{pmatrix} -4 & -9 & 21 \\ 3 & 6 & -9 \\ 1 & 0 & 6 \end{pmatrix} = \begin{pmatrix} -4/3 & -3 & 7 \\ 1 & 2 & -3 \\ 1/3 & 0 & 2 \end{pmatrix}$

PÁGINA 1

PROBLEMA 2

a) $R(x) = -0'01x^2 + 0'1x + 1$; $x > 0$ $x \equiv$ miles de euros

$R'(x) = -0'02x + 0'1$

$R'(x) = 0 \longrightarrow -0'02x + 0'1 = 0 \Longrightarrow x = 5$

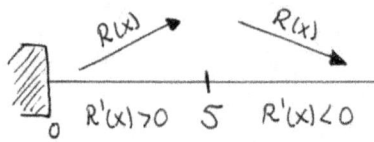

Hay que invertir 5000 euros

$(x = 5$ miles de euros$)$ para

obtener la máxima rentabilidad. Dicha rentabilidad

máxima será:

$R(x=5) = -0'01 \cdot 5^2 + 0'1 \cdot 5 + 1 = 1'25$ miles de euros $= 1250$ euros

b) $F(x) = \dfrac{R(x)}{x} = \dfrac{-0'01x^2 + 0'1x + 1}{x} = -0'01x + 0'1 + \dfrac{1}{x}$ con $x > 0$

$F'(x) = -0'01 - \dfrac{1}{x^2}$

Como se puede ver $F'(x) < 0$ $\forall x > 0$ y por tanto la

rentabilidad media $F(x)$ es una función decreciente

para cualquier cantidad invertida.

$F(x) = \dfrac{R(x)}{x}$ decrece $\forall x \in (0, +\infty)$

PÁGINA 2

{PROBLEMA 3}

Sean los sucesos:

A ≡ Alquilar en el videoclub A

B ≡ Alquilar en el videoclub B   E ≡ Película Española

C ≡ Alquilar en el videoclub C

a) $p(A) + p(B) + p(C) = 1$

Iguales

$2 \cdot p(A) + 0'2 = 1$

$\Rightarrow p(A) = 0'4 = p(B)$

b) $p(E) = p(A \cap E) + p(B \cap E) + p(C \cap E) =$

$= p(A) \cdot p(E/A) + p(B) \cdot p(E/B) + p(C) \cdot p(E/C) =$

$= 0'4 \cdot 0'35 + 0'4 \cdot 0'55 + 0'2 \cdot 0'4 = 0'44$

c) $p(C/\bar{E}) = \dfrac{p(C \cap \bar{E})}{p(\bar{E})} = \dfrac{p(C) \cdot p(\bar{E}/C)}{1 - p(E)} =$

$= \dfrac{0'2 \cdot 0'6}{1 - 0'44} = \dfrac{0'12}{0'56} = 0'2143$

PÁGINA 3

OPCIÓN B

PROBLEMA 1

	Precio compra	Precio venta	Gastos	Ingresos	Beneficio
Melocotones →	x	$1'25x$	$200x$	$200 \cdot (1'25x) = 250x$	$50x$
Manzanas →	y	$1'25y$	$100y$	$100 \cdot (1'25y) = 125y$	$25y$
Peras →	z	$1'4z$	$300z$	$300 \cdot (1'4z) = 420z$	$120z$

$$\left. \begin{array}{l} 250x + 125y + 420z = 1087 \\ 50x + 25y + 120z = 257 \\ x = z + 0'5 \end{array} \right\} \quad A^* = \begin{pmatrix} 250 & 125 & 420 & 1087 \\ 50 & 25 & 120 & 257 \\ 1 & 0 & -1 & 0'5 \end{pmatrix}$$

$$\det(A) = \begin{vmatrix} 250 & 125 & 420 \\ 50 & 25 & 120 \\ 1 & 0 & -1 \end{vmatrix} = 4500 \Rightarrow \left. \begin{array}{l} rg(A) = 3 \\ rg(A^*) = 3 \\ n^o \, inc\acute{o}g = 3 \end{array} \right\} \Rightarrow T^{ma} \, ROUCHÉ$$

$\Rightarrow$ Sistema Compatible Determinado $\Rightarrow$ Regla de Cramer

$$x = \frac{\begin{vmatrix} 1087 & 125 & 420 \\ 257 & 25 & 120 \\ 0'5 & 0 & -1 \end{vmatrix}}{4500} = \frac{7200}{4500} = 1'6 \; euros$$

$$y = \frac{\begin{vmatrix} 250 & 1087 & 420 \\ 50 & 257 & 120 \\ 1 & 0'5 & -1 \end{vmatrix}}{4500} = \frac{8100}{4500} = 1'8 \; euros$$

$$z = \frac{\begin{vmatrix} 250 & 125 & 1087 \\ 50 & 25 & 257 \\ 1 & 0 & 0'5 \end{vmatrix}}{4500} = \frac{4950}{4500} = 1'1 \; euros$$

PÁGINA 4

136

PROBLEMA 2

$$f(x) = \frac{x^2}{4-x} \quad ; \quad 4-x=0 \Rightarrow x=4 \Rightarrow \text{Dom}(f(x)) = \mathbb{R} - \{4\}$$

* Puntos de corte con los ejes:

- Con el eje X $\rightarrow f(x)=0$

$$\frac{x^2}{4-x} = 0 \Rightarrow x^2=0 \Rightarrow x=0 \Rightarrow PC(0,0)$$

- Con el eje Y $\rightarrow x=0$

$$f(0) = \frac{0^2}{4-0} = 0 \Rightarrow PC(0,0)$$

* Asíntotas:

Verticales:

$$\lim_{x \to 4} \frac{x^2}{4-x} = \left[\frac{16}{0}\right] \rightarrow \begin{cases} \lim\limits_{x \to 4^-} \dfrac{x^2}{4-x} = +\infty \\[4mm] \lim\limits_{x \to 4^+} \dfrac{x^2}{4-x} = -\infty \end{cases}$$

$$\Rightarrow x=4 \text{ es A. Vertical}$$

Horizontales:

$$\lim_{x \to \infty} \frac{x^2}{4-x} = \left[\frac{\infty}{\infty}\right] = \lim_{x \to \infty} \frac{x^2}{-x} = \lim_{x \to \infty} -x = -\infty$$

$$\lim_{x \to -\infty} \frac{x^2}{4-x} = \lim_{x \to \infty} \frac{x^2}{4+x} = \left[\frac{\infty}{\infty}\right] = \lim_{x \to \infty} \frac{x^2}{x} = +\infty$$

$$\Rightarrow f(x) \text{ no tiene asíntotas horizontales}$$

PÁGINA 5

Oblicuas : $y = mx + n$

$$m = \lim_{x \to \infty} \frac{f(x)}{x} = \lim_{x \to \infty} \frac{x^2}{4 - x^2} = \left[\frac{\infty}{\infty}\right] = \lim_{x \to \infty} \frac{x^2}{-x^2} = -1$$

$$n = \lim_{x \to \infty} \left(f(x) - mx\right) = \lim_{x \to \infty} \left(\frac{x^2}{4-x} + x\right) = \lim_{x \to \infty} \frac{x^2 + 4x - x^2}{4 - x} =$$

$$= \lim_{x \to \infty} \frac{4x}{4 - x} = \left[\frac{\infty}{\infty}\right] = \lim_{x \to \infty} \frac{4x}{-x} = -4$$

$\Rightarrow y = -x - 4$ es A. Oblicua

* Monotonía y extremos relativos:

$$f'(x) = \frac{2x(4-x) - x^2 \cdot (-1)}{(4-x)^2} = \frac{8x - 2x^2 + x^2}{(4-x)^2} = \frac{8x - x^2}{(4-x)^2}$$

$$f'(x) = 0 \Rightarrow \frac{8x - x^2}{(4-x)^2} = 0 \Rightarrow x(8 - x) = 0 \begin{cases} x = 0 \\ x = 8 \end{cases}$$

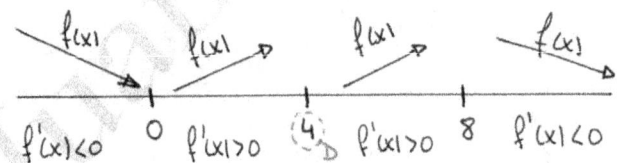

$f'(x) < 0 \quad 0 \quad f'(x) > 0 \quad (4) \quad f'(x) > 0 \quad 8 \quad f'(x) < 0$

Creciente: $(0,4) \cup (4,8)$

Decreciente: $(-\infty, 0) \cup (8, +\infty)$

Mínimo relativo en $x = 0 \Rightarrow Mín (0, f(0)) = (0,0)$

Máximo relativo en $x = 8 \Rightarrow Máx (8, f(8)) = (8, -16)$

PÁGINA 6

✻ Representación :

X	y = -x - 4
0	-4
-4	0

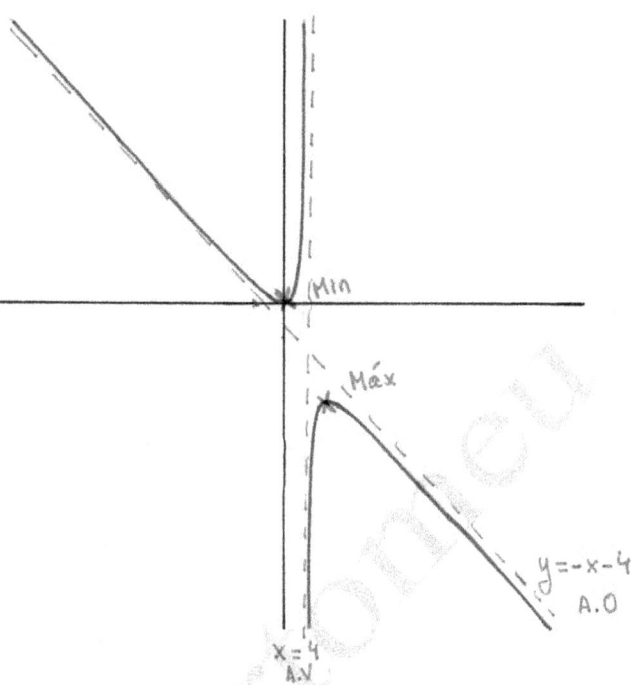

{PROBLEMA 3}

$A = \{a, c, d\}$ $B = \{c, e, f\}$ $\Omega = \{a, b, c, d, e, f\}$

$A \cup B = \{a, c, d, e, f\}$; $A \cap B = \{c\}$; $\bar{A} = \{b, e, f\}$

$\bar{A} \cup B = \{b, c, e, f\}$

a) $p(A \cup B) = p(a) + p(c) + p(d) + p(e) + p(f) = \dfrac{11}{12}$

b) $p(\bar{A} \cup B) = p(b) + p(c) + p(e) + p(f) = \dfrac{5}{6}$

c) $p(A \cap B) = p(c) = \dfrac{1}{12}$

d) $p(A/B) = \dfrac{p(A \cap B)}{p(B)} = \dfrac{1/12}{p(c) + p(e) + p(f)} = \dfrac{1/12}{\frac{1}{12} + \frac{1}{2} + \frac{1}{6}} = \dfrac{1}{9}$

PÁGINA 7

 GENERALITAT VALENCIANA
CONSELLERIA D'EDUCACIÓ, INVESTIGACIÓ, CULTURA I ESPORT

COMISSIÓ GESTORA DE LES PROVES D'ACCÉS A LA UNIVERSITAT

COMISIÓN GESTORA DE LAS PRUEBAS DE ACCESO A LA UNIVERSIDAD

SISTEMA UNIVERSITARI VALENCIÀ
SISTEMA UNIVERSITARIO VALENCIANO

PROVES D'ACCÉS A LA UNIVERSITAT	PRUEBAS DE ACCESO A LA UNIVERSIDAD
CONVOCATÒRIA: JULIOL 2016	CONVOCATORIA: JULIO 2016
Assignatura: MATEMÀTIQUES APLICADES A LES CIÈNCIES SOCIALS II	Asignatura: MATEMÁTICAS APLICADAS A LAS CIENCIAS SOCIALES II

BAREMO DEL EXAMEN:
Se elegirá solo UNA de las dos OPCIONES, A o B, y se han de hacer los tres problemas de esa opción.
Cada problema se valorará de 0 a 10 puntos y la nota final será la media aritmética de los tres.
Se permite el uso de calculadoras siempre que no sean gráficas o programables y que no puedan realizar cálculo simbólico ni almacenar texto o fórmulas en memoria. Se utilice o no la calculadora, los resultados analíticos, numéricos y gráficos deberán estar siempre debidamente justificados.

OPCIÓN A

Todas las respuestas han de estar debidamente razonadas.

Problema 1. Un restaurante ofrece cada día desayunos, comidas y cenas. Los desayunos cuestan 4 euros, las comidas 8 y las cenas 10. El último sábado se sirvieron tantas comidas como desayunos y cenas juntos. La recaudación total fue de 1116 euros. La recaudación obtenida con las comidas superó a la de las cenas en 156 euros.

a) ¿Cuántos desayunos, comidas y cenas se sirvieron?

b) ¿Qué beneficio se obtuvo si las ganancias de un desayuno son 2,5 euros, las de una comida 4 euros y las de una cena 5 euros?

Problema 2. Dada la función continua:

$$f(x) = \begin{cases} 2x+3 & 0 \leq x < 2 \\ -\dfrac{x^2}{2} + 4x + 1 & 2 \leq x \leq 8 \end{cases}$$

a) Calcula sus máximos absolutos y sus mínimos absolutos, razonando que, efectivamente, lo son.

b) Calcula el valor de la integral de la función $f(x)$ en el intervalo $[5,7]$.

Problema 3. El 55% de los empleados de una empresa son licenciados, el 25% tienen nivel de estudios de educación secundaria y el resto tan sólo nivel de estudios primarios. Un 20% de los licenciados, un 3% de los que tienen educación secundaria y un 1% de los que tienen estudios primarios ocupan un puesto directivo en la empresa.

a) ¿Cuál es la probabilidad de que un directivo de la empresa elegido al azar sea licenciado?

b) ¿Cuál es la probabilidad de que un empleado de la empresa elegido al azar no sea directivo y su nivel de estudios sea de estudios primarios?

c) ¿Cuál es la probabilidad de que un empleado de la empresa elegido al azar tenga nivel de estudios secundarios o sea directivo?

OPCIÓN B

Todas las respuestas han de estar debidamente razonadas.

Problema 1. Dadas las matrices $A = \begin{pmatrix} 1 & 2 \\ -1 & -3 \end{pmatrix}$ y $B = \begin{pmatrix} 1 & 3 \\ 0 & 2 \end{pmatrix}$, calcula:

a) $(A-I)^2$

b) $A \cdot B^t$

c) $A - B^{-1}$

siendo I la matriz identidad y B^t y B^{-1} las matrices transpuesta e inversa de B, respectivamente.

Problema 2. Dada la función $f(x) = \dfrac{x^2}{x^2-1}$, calcula:

a) Su dominio y puntos de corte con los ejes coordenados.

b) Las ecuaciones de las asíntotas horizontales y verticales.

c) Los intervalos de crecimiento y decrecimiento.

d) Los máximos y mínimos locales.

e) Representa gráficamente la función a partir de la información de los apartados anteriores.

Problema 3. El 35% de los alumnos de un instituto viste vaqueros y el 50% lleva calzado deportivo. El 30% de ellos no usa ni vaqueros ni calzado deportivo. Calcula:

a) La probabilidad de que un alumno elegido al azar vista vaqueros o use calzado deportivo.

b) La probabilidad de que un alumno elegido al azar vista vaqueros y use calzado deportivo.

c) La probabilidad de que un alumno elegido al azar vista vaqueros pero no use calzado deportivo.

d) Si se elige un alumno al azar y se observa que no lleva calzado deportivo, ¿cuál es la probabilidad de que no lleve vaqueros?

{OPCIÓN A}

{PROBLEMA 1}

Cantidad Ingresos

Desayunos $\longrightarrow$ x : $4x$ $\qquad$ $y = x + z$

Comidas $\longrightarrow$ y : $8y$ $\qquad$ $4x + 8y + 10z = 1116$

Cenas $\longrightarrow$ z : $10z$ $\qquad$ $8y = 10z + 156$

$$\left.\begin{array}{l} x - y + z = 0 \\ 4x + 8y + 10z = 1116 \\ 8y - 10z = 156 \end{array}\right\} \quad A^* = \begin{pmatrix} 1 & -1 & 1 & \vdots & 0 \\ 4 & 8 & 10 & \vdots & 1116 \\ 0 & 8 & -10 & \vdots & 156 \end{pmatrix}$$

$$\det(A) = \begin{vmatrix} 1 & -1 & 1 \\ 4 & 8 & 10 \\ 0 & 8 & -10 \end{vmatrix} = -168 \implies \left.\begin{array}{l} rg(A) = 3 \\ rg(A^*) = 3 \\ n^\circ \text{ incóg.} = 3 \end{array}\right\} \implies T\text{-}\overset{ma}{ROUCHÉ} \implies$$

$\implies$ Sistema Compatible Determinado $\implies$ Regla de Cramer:

$$X = \frac{\begin{vmatrix} 0 & -1 & 1 \\ 1116 & 8 & 10 \\ 156 & 8 & -10 \end{vmatrix}}{-168} = \frac{-5040}{-168} = 30 \text{ desayunos}$$

$$y = \frac{\begin{vmatrix} 1 & 0 & 1 \\ 4 & 1116 & 10 \\ 0 & 156 & -10 \end{vmatrix}}{-168} = \frac{-12096}{-168} = 72 \text{ comidas}$$

$$z = \dfrac{\begin{vmatrix} 1 & -1 & 0 \\ 4 & 8 & 1116 \\ 0 & 8 & 156 \end{vmatrix}}{-168} = \dfrac{-7056}{-168} = 42 \text{ cenas}$$

b) Beneficio = $2'5 \cdot 30 + 4 \cdot 72 + 5 \cdot 42 = 573$ euros.

{PROBLEMA 2}

Los máximos y mínimos ABSOLUTOS los localizamos de entre los extremos relativos y las fronteras del intervalo en el que están definidas las funciones, sin ser necesario clasificar dichos extremos relativos. Así:

$$f(x) = \begin{cases} 2x+3 & \text{si } 0 \le x < 2 \\[2mm] -\dfrac{x^2}{2}+4x+1 & \text{si } 2 \le x \le 8 \end{cases}$$

Si $0 \le x < 2 \Rightarrow f(x) = 2x+3 \Rightarrow f'(x) = 2 \Rightarrow f'(x) \ne 0$

Si $2 < x \le 8 \Rightarrow f(x) = -\dfrac{x^2}{2}+4x+1 \Rightarrow f'(x) = -x+4$

$f'(x) = 0 \Rightarrow -x+4 = 0 \Rightarrow x = 4$

fronteras $\begin{cases} f(0) = 2\cdot0+3 = 3 \\[2mm] f(2) = -\dfrac{2^2}{2}+4\cdot2+1 = 7 \\[2mm] f(8) = -\dfrac{8^2}{2}+4\cdot8+1 = 1 \end{cases}$

Extremo relativo $\rightarrow f(4) = -\dfrac{4^2}{2}+4\cdot4 = 9$

Donde vemos que el máximo absoluto se localiza en el punto $(4,9)$ y el mínimo absoluto en el punto $(8,1)$

PÁGINA 2

144

b) $\int_5^7 f(x)\,dx = \int_5^7 \left(-\dfrac{x^2}{2}+4x+1\right)dx = \left[-\dfrac{x^3}{6}+2x^2+x\right]_5^7 =$

$= \left(-\dfrac{7^3}{6}+2\cdot7^2+7\right) - \left(-\dfrac{5^3}{6}+2\cdot5^2+5\right) = \dfrac{41}{3}$

{PROBLEMA 3}

Sean los sucesos:

L ≡ Ser licenciado   D ≡ Ser directivo

S ≡ Tener educación secundaria

P ≡ Tener estudios primarios

a) $p(L/D) = \dfrac{p(L\cap D)}{p(D)} =$

$= \dfrac{0'55\cdot0'2}{0'55\cdot0'2 + 0'25\cdot0'03 + 0'2\cdot0'01} =$

$= \dfrac{0'11}{0'1195} = 0'9205$

b) $p(P\cap\bar{D}) = p(P)\cdot p(\bar{D}/P) = 0'2\cdot0'99 = 0'198$

c) $p(S\cup D) = p(L\cap D) + p(S) + p(P\cap D) =$

$= p(L)\cdot p(D/L) + p(S) + p(P)\cdot p(D/P) =$

$= 0'55\cdot0'2 + 0'25 + 0'2\cdot0'01 = 0'362$

{OPCIÓN B}

{PROBLEMA 1}

$$A - I = \begin{pmatrix} 1 & 2 \\ -1 & -3 \end{pmatrix} - \begin{pmatrix} 1 & 0 \\ 0 & 1 \end{pmatrix} = \begin{pmatrix} 0 & 2 \\ -1 & -4 \end{pmatrix}$$

$$(A-I)^2 = (A-I)\cdot(A-I) = \begin{pmatrix} 0 & 2 \\ -1 & -4 \end{pmatrix} \cdot \begin{pmatrix} 0 & 2 \\ -1 & -4 \end{pmatrix} = \begin{pmatrix} -2 & -8 \\ 4 & 14 \end{pmatrix}$$

$$A \cdot B^t = \begin{pmatrix} 1 & 2 \\ -1 & -3 \end{pmatrix} \cdot \begin{pmatrix} 1 & 0 \\ 3 & 2 \end{pmatrix} = \begin{pmatrix} 7 & 4 \\ -10 & -6 \end{pmatrix}$$

$$B^{-1} = \frac{1}{\det(B)} \cdot [Adj(B)]^t \;;\; \det(B) = \begin{vmatrix} 1 & 3 \\ 0 & 2 \end{vmatrix} = 2$$

$$Adj(B) = \begin{pmatrix} 2 & 0 \\ -3 & 1 \end{pmatrix} \;;\; [Adj(B)]^t = \begin{pmatrix} 2 & -3 \\ 0 & 1 \end{pmatrix} \;;\; B^{-1} = \begin{pmatrix} 1 & -3/2 \\ 0 & 1/2 \end{pmatrix}$$

$$A - B^{-1} = \begin{pmatrix} 1 & 2 \\ -1 & -3 \end{pmatrix} - \begin{pmatrix} 1 & -3/2 \\ 0 & 1/2 \end{pmatrix} = \begin{pmatrix} 0 & 7/2 \\ -1 & -7/2 \end{pmatrix}$$

{PROBLEMA 2}

$$f(x) = \frac{x^2}{x^2 - 1}$$

① Dominio:

$$x^2 - 1 = 0 \begin{cases} x = -1 \\ x = +1 \end{cases} \Rightarrow Dom(f(x)) = \mathbb{R} \setminus \{-1, 1\}$$

② Puntos de corte :

  - Con el eje X $\Rightarrow$ $f(x) = 0$

$$\frac{x^2}{x^2-1} = 0 \longrightarrow x^2 = 0 \longrightarrow x = 0 \longrightarrow P.C\ (0,0)$$

  - Con el eje Y $\Rightarrow$ $x = 0$

$$f(0) = 0 \longrightarrow PC\ (0,0)$$

③ Asíntotas:

$\longrightarrow$ A. Verticales :

$$\lim_{x \to -1} \frac{x^2}{x^2-1} = \left[\frac{1}{0}\right] \longrightarrow \begin{cases} \lim\limits_{x \to -1^-} \dfrac{x^2}{x^2-1} = +\infty \\[3mm] \lim\limits_{x \to -1^+} \dfrac{x^2}{x^2-1} = -\infty \end{cases}$$

$\Rightarrow x = -1$ es A. Vertical.

$$\lim_{x \to 1} \frac{x^2}{x^2-1} = \left[\frac{1}{0}\right] \longrightarrow \begin{cases} \lim\limits_{x \to 1^-} \dfrac{x^2}{x^2-1} = -\infty \\[3mm] \lim\limits_{x \to 1^+} \dfrac{x^2}{x^2-1} = +\infty \end{cases}$$

$\Rightarrow x = 1$ es A. Vertical

$\longrightarrow$ A. Horizontales :

$$\left. \begin{array}{l} \lim\limits_{x \to \infty} \dfrac{x^2}{x^2-1} = 1 \\[3mm] \lim\limits_{x \to -\infty} \dfrac{x^2}{x^2-1} = 1 \end{array} \right\} \quad y = 1 \text{ es A. Horizontal}$$

PÁGINA 5

147

④ Monotonía y extremos relativos:

$$f'(x) = \frac{2x(x^2-1) - x^2 \cdot 2x}{(x^2-1)^2} = \frac{2x(x^2-1-x^2)}{(x^2-1)^2} = \frac{-2x}{(x^2-1)^2}$$

$$f'(x) = 0 \implies \frac{-2x}{(x^2-1)^2} = 0 \implies -2x = 0 \implies x = 0$$

f'(x)>0 (-1) f'(x)>0 0 f'(x)<0 (1) f'(x)<0

Creciente: $(-\infty, -1) \cup (-1, 0)$

Decreciente: $(0, 1) \cup (1, +\infty)$

Máximo relativo en $x = 0 \implies$ Máx $(0, f(0)) \implies$ Máx $(0, 0)$

⑤ Representación:

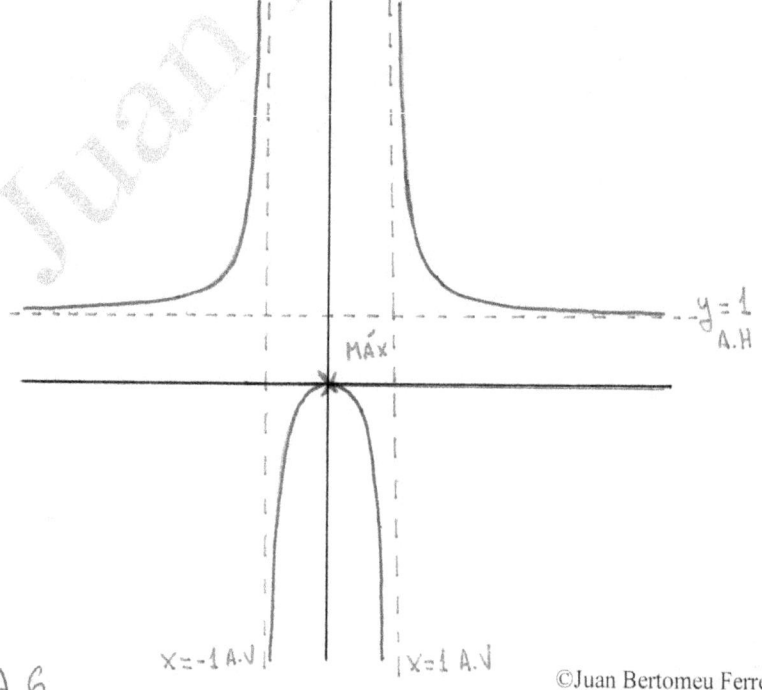

$x = -1$ A.V $x = 1$ A.V

$y = 1$ A.H

MÁX

PROBLEMA 3

Sean los sucesos:

A ≡ Vestir Vaqueros ; B ≡ Llevar calzado deportivo

Tenemos los datos:

$p(A) = 0'35 ; p(B) = 0'5 ; p(\bar{A} \cap \bar{B}) = 0'3$

a) ¿$p(A \cup B)$?

$\bar{A} \cap \bar{B}$ ⟶

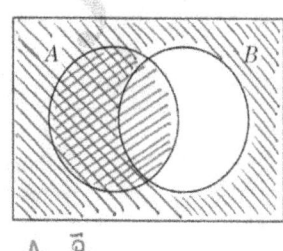

$\bar{A}, \bar{B}$

$p(\bar{A} \cap \bar{B}) = 1 - p(A \cup B)$

$0'3 \quad = 1 - p(A \cup B)$

$\Rightarrow p(A \cup B) = 0'7$

b) ¿$p(A \cap B)$?

$p(A \cup B) = p(A) + p(B) - p(A \cap B)$

$0'7 = 0'35 + 0'5 - p(A \cap B) \Rightarrow p(A \cap B) = 0'15$

c) ¿$p(A \cap \bar{B})$?

$A, \bar{B}$

$p(A \cap \bar{B}) = p(A) - p(A \cap B) =$

$= 0'35 - 0'15 = 0'2$

d) $p(\bar{A}/\bar{B}) = \dfrac{p(\bar{A} \cap \bar{B})}{p(\bar{B})} = \dfrac{0'3}{0'5} = \dfrac{3}{5} = 0'6$

PÁGINA 7

GENERALITAT VALENCIANA
CONSELLERIA D'EDUCACIÓ,
INVESTIGACIÓ, CULTURA I ESPORT

COMISSIÓ GESTORA DE LES PROVES D'ACCÉS A LA UNIVERSITAT

COMISIÓN GESTORA DE LAS PRUEBAS DE ACCESO A LA UNIVERSIDAD

SISTEMA UNIVERSITARI VALENCIÀ
SISTEMA UNIVERSITARIO VALENCIANO

PROVES D'ACCÉS A LA UNIVERSITAT	PRUEBAS DE ACCESO A LA UNIVERSIDAD
CONVOCATÒRIA: JUNY 2017	CONVOCATORIA: JUNIO 2017
Assignatura: MATEMÀTIQUES APLICADES A LES CIÈNCIES SOCIALS II	Asignatura: MATEMÁTICAS APLICADAS A LAS CIENCIAS SOCIALES II

BAREMO DEL EXAMEN:
Se elegirá solo UNA de las dos OPCIONES, A o B, y se han de hacer los tres problemas de esa opción.
Cada problema se valorará de 0 a 10 puntos y la nota final será la media aritmética de los tres.
Se permite el uso de calculadoras siempre que no sean gráficas o programables y que no puedan realizar cálculo simbólico ni almacenar texto o fórmulas en memoria. Se utilice o no la calculadora, los resultados analíticos, numéricos y gráficos deberán estar siempre debidamente justificados.

OPCIÓN A

Todas las respuestas han de estar debidamente razonadas.

Problema 1. Una empresa produce dos tipos de cerveza artesanal, A y B. La demanda mínima de cerveza tipo A es de 200 litros diarios. La producción de cerveza tipo B es al menos el doble que la de tipo A. La infraestructura de la empresa no permite producir en total más de 900 litros diarios de cerveza. Los beneficios que obtiene por litro de A y B son 2 y 2,5 euros, respectivamente. ¿Cuántos litros diarios se han de producir de cada tipo para maximizar el beneficio? ¿Cuál es dicho beneficio máximo?

Problema 2. Dada la función $f(x) = x^3 - 2x^2 + x$, se pide:

a) Su dominio y puntos de corte con los ejes coordenados.

b) Intervalos de crecimiento y decrecimiento.

c) Máximos y mínimos locales.

d) Representación gráfica.

e) A partir de los resultados obtenidos en los apartados anteriores, razona en qué puntos la función $g(x) = (x-2)^3 - 2(x-2)^2 + x - 2$ tiene un máximo y un mínimo local.

Problema 3. Imagina cinco sillas alineadas 1, 2, 3, 4, 5 y que un individuo está sentado inicialmente en la silla central (número 3). Se lanza una moneda al aire y, si el resultado es cara, se desplaza a la silla situada a su derecha, mientras que si el resultado es cruz, se desplaza a la situada a su izquierda. Se realizan sucesivos lanzamientos (y los cambios de silla consecutivos correspondientes) teniendo en cuenta que si tras alguno de ellos llega a sentarse en alguna de las sillas de los extremos (1 o 5), permanecerá sentado en ella con independencia de los resultados de los lanzamientos posteriores. Se pide:

a) Dibujar el diagrama de árbol para cuatro lanzamientos de moneda.

b) La probabilidad de que tras los **tres** primeros lanzamientos esté sentado de nuevo en la silla central (3).

c) La probabilidad de que tras los **tres** primeros lanzamientos esté sentado en alguna de las sillas de los extremos (1 o 5).

d) La probabilidad de que tras los **cuatro** primeros lanzamientos esté sentado en alguna de las sillas de los extremos (1 o 5).

OPCIÓN B

Todas las respuestas han de estar debidamente razonadas.

Problema 1. Determina las matrices X e Y que satisfacen las relaciones siguientes:

$$X + 2Y = A^t + B$$
$$X - Y = AB$$

donde A^t representa la matriz traspuesta de A y las matrices A y B son

$$A = \begin{pmatrix} -1 & -2 & 4 \\ 2 & 3 & 0 \\ 1 & 0 & 2 \end{pmatrix} \quad \text{y} \quad B = \begin{pmatrix} 4 & -2 & 0 \\ 1 & 2 & 1 \\ 3 & 1 & 0 \end{pmatrix}.$$

Problema 2. Un analista pronostica que el beneficio $B(x)$ en miles de euros de cierto fondo de inversión, donde x representa la cantidad invertida en miles de euros, viene dado por la siguiente expresión:

$$B(x) = \begin{cases} -0,01x^2 + 0,09x + 0,1 & 0 < x \le 8 \\ 1,26\dfrac{x}{x^2 - 1} + 0,02 & x > 8 \end{cases}$$

a) Estudia la continuidad de $B(x)$.

b) Calcula los intervalos de crecimiento y decrecimiento.

c) ¿Qué capital, en euros, conviene invertir en este fondo para maximizar el beneficio? ¿Cuál será dicho beneficio máximo?

d) Si se invierte un capital muy elevado, ¿cuál sería como mínimo su beneficio? ¿Por qué?

Problema 3. Una compañía de transporte interurbano cubre el desplazamiento a tres municipios distintos. El 35% de los recorridos diarios realizados por los autobuses de esta compañía corresponden al destino 1, el 20% al destino 2 y el 45% al destino 3. Se sabe que la probabilidad de que, diariamente, un recorrido de autobús sufra un retraso es del 2%, 5% y 3% para cada uno de los destinos 1, 2 y 3, respectivamente.

a) ¿Qué porcentaje de los recorridos diarios de esta compañía llegan con puntualidad a su destino?

b) ¿Cuál es la probabilidad de que un recorrido seleccionado al azar corresponda al destino 2 y haya experimentado un retraso?

c) Si seleccionamos un recorrido al azar y resulta que sufrió un retraso, ¿cuál era el destino más probable de dicho recorrido?

OPCIÓN A

Problema 1

	Litros	Beneficio (€)
Cerveza A →	X	$2x$
Cerveza B →	Y	$2'5y$
TOTAL	$x+y$	$2x+2'5y$

$$f(x,y) = 2x + 2'5y$$

$$\left.\begin{array}{l} x \geq 200 \\ y \geq 2x \\ x+y \leq 900 \end{array}\right\}$$

X	$y=2x$
0	0
100	200

X	$y=900-x$
0	900
900	0

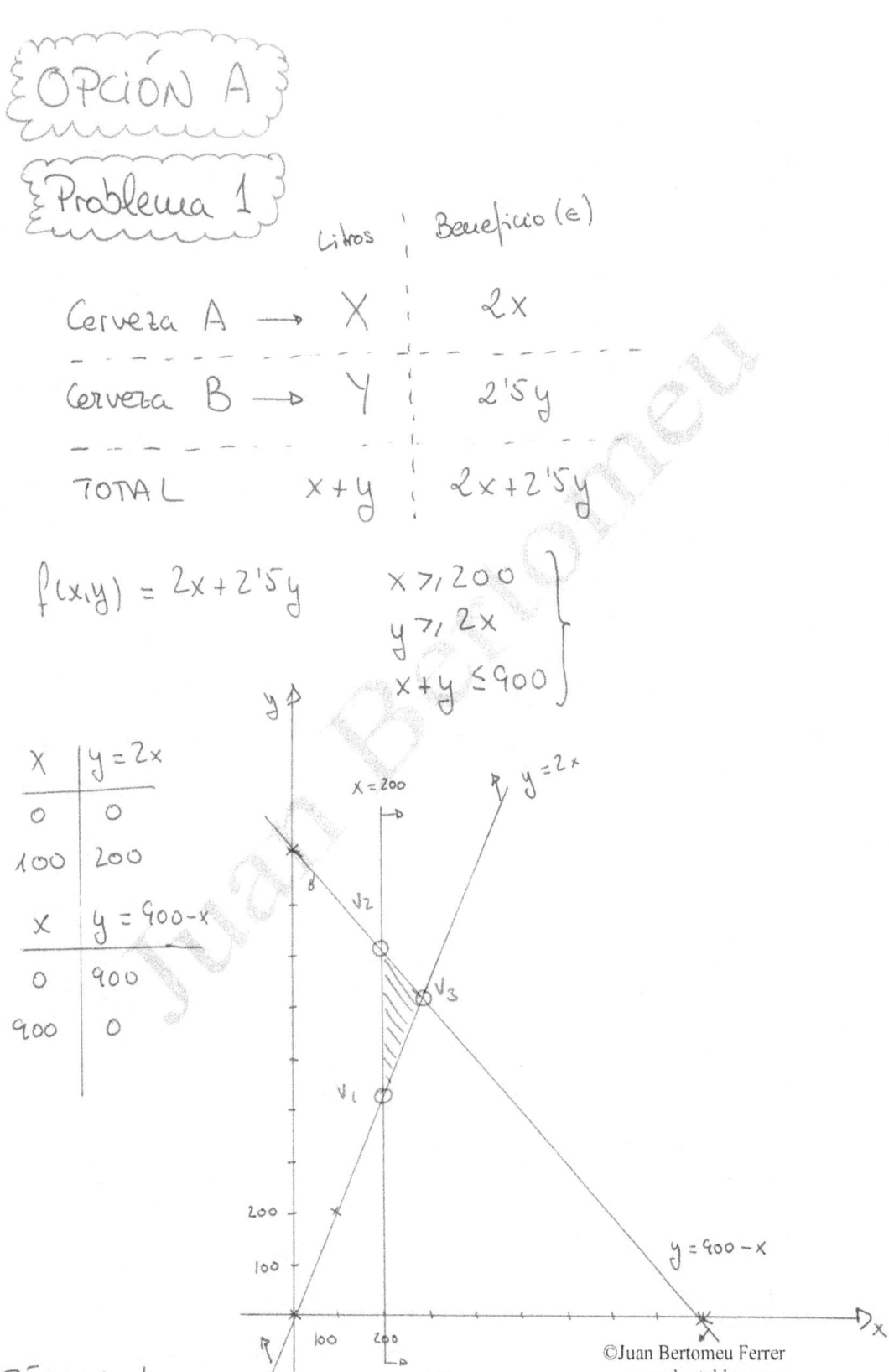

PÁGINA 1

153

$V_1 \begin{cases} x = 200 \\ y = 2x \end{cases} \Rightarrow V_1 (200, 400)$

$V_2 \begin{cases} x = 200 \\ y = 900 - x \end{cases} \Rightarrow V_2 (200, 700)$

$V_3 \begin{cases} y = 2x \\ y = 900 - x \end{cases} \Rightarrow 2x = 900 - x \Rightarrow x = 300 \Rightarrow V_3 (300, 600)$

$f(200, 400) = 2 \cdot 200 + 2'5 \cdot 400 = 1400 \text{€}$

$f(200, 700) = 2 \cdot 200 + 2'5 \cdot 700 = 2150 \text{€}$

$f(300, 600) = 2 \cdot 300 + 2'5 \cdot 600 = 2100 \text{€}$

Se deben producir 200 ℓ de cerveza A y 700 ℓ de cerveza B para obtener el beneficio máximo de 2150 €

{Problema 2}

$f(x) = x^3 - 2x^2 + x$

a) Dom $(f(x)) = \mathbb{R}$

→ Con el eje X: $f(x) = 0$

$x^3 - 2x^2 + x = 0 \Rightarrow x(x^2 - 2x + 1) = 0$
$\nearrow x = 0 \rightarrow PC(0,0)$
$\searrow x^2 - 2x + 1 = 0 \Rightarrow x = 1$
$PC(1,0)$

→ Con el eje Y: $x = 0$

$f(0) = 0 \longrightarrow PC (0,0)$

b y c) $f'(x) = 3x^2 - 4x + 1$

$f'(x) = 0 \longrightarrow 3x^2 - 4x + 1 = 0 \begin{cases} x = 1/3 \\ x = 1 \end{cases}$

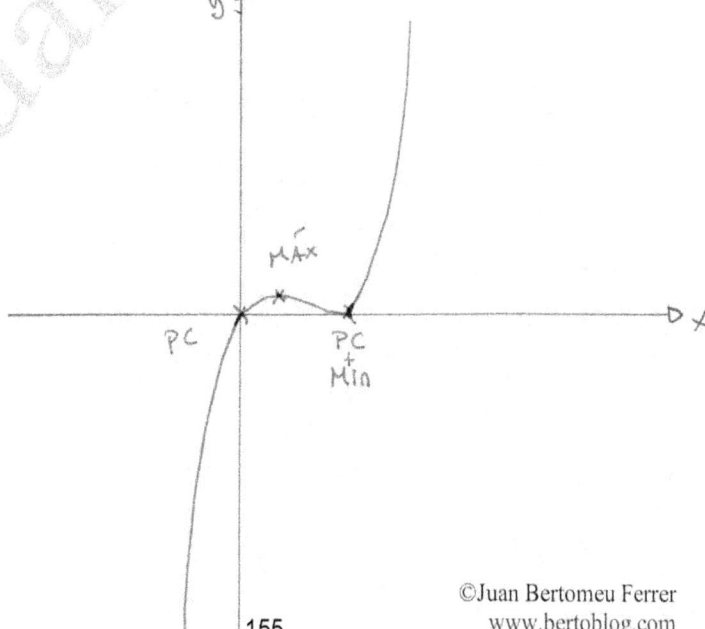

$$\begin{array}{c} f(x) \nearrow \qquad f(x) \searrow \qquad f(x) \nearrow \\ \hline \\ f'(x) > 0 \quad 1/3 \quad f'(x) < 0 \quad 1 \quad f'(x) > 0 \end{array}$$

Creciente: $]-\infty, 1/3[\ \cup \ ]1, +\infty[$

Decreciente: $]1/3, 1[$

Máximo relativo en $x = 1/3 \longrightarrow$ Máx $(1/3, f(1/3)) = (1/3, 0'148)$

Mínimo relativo en $x = 1 \longrightarrow$ Mín $(1, f(1)) = (1, 0)$

d)

155

e) Hay que fijarse bien en que la función

g(x) dada es la función: $g(x) = f(x-2)$

Sabemos que la relación entre las gráficas de

$f(x)$ y $f(x-a)$ es una traslación horizontal de valor

"+a". Así, en nuestro caso:

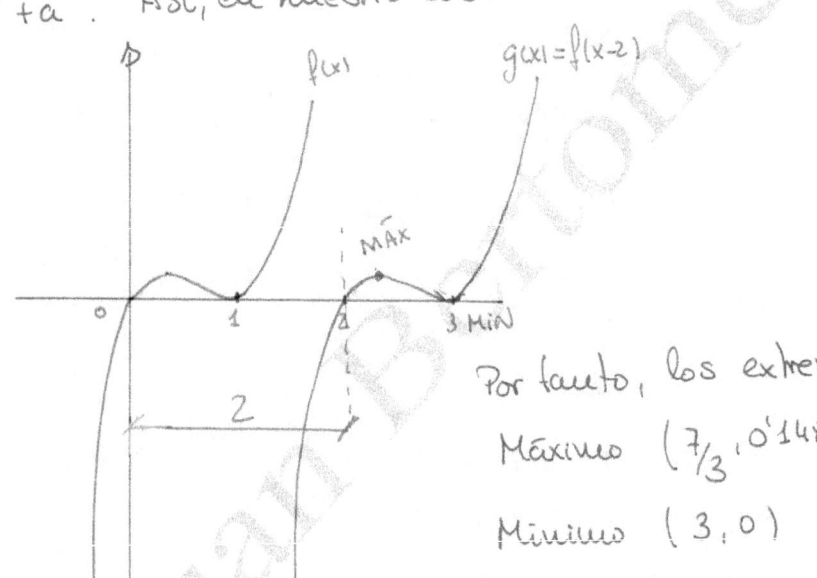

Por tanto, los extremos pedidos

Máximo $(7/3, 0'148)$

Mínimo $(3, 0)$

que se obtienen sumando 2 unidades

a la coordenada x de los

extremos de $f(x)$.

a)

©Juan Bertomeu Ferrer
www.bertoblog.com

b) Viendo el diagrama representado, vemos como en el tercer lanzamiento el señor nunca estará en la silla central. Por tanto:

p (Silla central en 3er lanzamiento) = 0

c) p (Extremos en 3er lanzamiento) = $\frac{1}{2} \cdot \frac{1}{2} + \frac{1}{2} \cdot \frac{1}{2} = \frac{1}{2}$

d) p (Extremos en 4° lanzamiento) =

$$= 2 \cdot \left(\frac{1}{2} \cdot \frac{1}{2} \right) + 4 \cdot \left(\frac{1}{2} \cdot \frac{1}{2} \cdot \frac{1}{2} \cdot \frac{1}{2} \right) = \frac{1}{2} + \frac{1}{4} = \frac{3}{4}$$

OPCIÓN B

Problema 1

$$\left. \begin{array}{l} X + 2Y = A^t + B \\ X - Y = AB \end{array} \right\} \qquad \left. \begin{array}{l} X + 2Y = A^t + B \\ -X + Y = -AB \end{array} \right\}$$

$$3Y = A^t + B - AB$$

$$Y = \frac{1}{3} \left(A^t + B - AB \right)$$

$$A^t = \begin{pmatrix} -1 & 2 & 1 \\ -2 & 3 & 0 \\ 4 & 0 & 2 \end{pmatrix}$$

$$A \cdot B = \begin{pmatrix} -1 & -2 & 4 \\ 2 & 3 & 0 \\ 1 & 0 & 2 \end{pmatrix} \cdot \begin{pmatrix} 4 & -2 & 0 \\ 1 & 2 & 1 \\ 3 & 1 & 0 \end{pmatrix} = \begin{pmatrix} 6 & 2 & -2 \\ 11 & 2 & 3 \\ 10 & 0 & 0 \end{pmatrix}$$

$$Y = \frac{1}{3}\left[A^t + B - AB\right] = \frac{1}{3}\left[\begin{pmatrix} -1 & 2 & 1 \\ -2 & 3 & 0 \\ 4 & 0 & 2 \end{pmatrix} + \begin{pmatrix} 4 & -2 & 0 \\ 1 & 2 & 1 \\ 3 & 1 & 0 \end{pmatrix} - \begin{pmatrix} 6 & 2 & -2 \\ 11 & 2 & 3 \\ 10 & 0 & 0 \end{pmatrix}\right]$$

$$= \frac{1}{3} \cdot \begin{pmatrix} -3 & -2 & 3 \\ -12 & 3 & -2 \\ -3 & 1 & 2 \end{pmatrix} = \begin{pmatrix} -1 & -2/3 & 1 \\ -4 & 1 & -2/3 \\ -1 & 1/3 & 2/3 \end{pmatrix}$$

$$X = A \cdot B + Y$$

$$X = \begin{pmatrix} 6 & 2 & -2 \\ 11 & 2 & 3 \\ 10 & 0 & 0 \end{pmatrix} + \begin{pmatrix} -1 & -2/3 & 1 \\ -4 & 1 & -2/3 \\ -1 & 1/3 & 2/3 \end{pmatrix} = \begin{pmatrix} 5 & 4/3 & -1 \\ 7 & 3 & 7/3 \\ 9 & 1/3 & 2/3 \end{pmatrix}$$

Problema 2

$$B(x) = \begin{cases} -0'01x^2 + 0'09x + 0'1 & \text{si } 0 < x \leq 8 \\[2ex] \dfrac{1'26\,x}{x^2-1} + 0'02 & \text{si } x > 8 \end{cases}$$

a) Si $0 < x < 8$ → $f(x) = -0'01x^2 + 0'09x + 0'1$ → Polinómica

   └→ $f(x)$ es continua en $]0,8[$

   Si $x > 8$ → $f(x) = \dfrac{1'26x}{x^2-1} + 0'02$ → Continua en $\mathbb{R} - \{-1, +1\}$

   └→ Como está definida si $x > 8$ → Continua $]8, +\infty[$

   Si $x = 8$

   $f(8) = -0'01 \cdot 8^2 + 0'09 \cdot 8 + 0'1 = 0'18$

   $\lim\limits_{x \to 8} f(x) \to \begin{cases} \lim\limits_{x \to 8^-} (-0'01x^2 + 0'09x + 0'1) = 0'18 \\[3ex] \lim\limits_{x \to 8^+} \left(\dfrac{1'26x}{x^2-1} + 0'02 \right) = 0'18 \end{cases} \Bigg\} \lim\limits_{x \to 8} f(x) = 0'18$

Como $\lim\limits_{x \to 8} f(x) = f(8) \Rightarrow f(x)$ es continua en $x = 8$

En resumen:

   $f(x)$ es continua en $]0, +\infty[$

b) $\boxed{\text{Si } 0 < x < 8} \to f(x) = -0'01\,x^2 + 0'09\,x + 0'1$

$\quad \hookrightarrow f'(x) = -0'02\,x + 0'09$

$\quad f'(x) = 0 \to -0'02x + 0'09 = 0 \Rightarrow x = 4'5$

$\boxed{\text{Si } x > 8} \to f(x) = \dfrac{1'26\,x}{x^2 - 1} + 0'02$

$\quad \hookrightarrow f'(x) = \dfrac{-1'26\,x^2 - 1'26}{(x^2 - 1)^2}$

$\quad f'(x) = 0 \to -1'26\,x^2 - 1'26 \neq 0 \;\; \forall x$

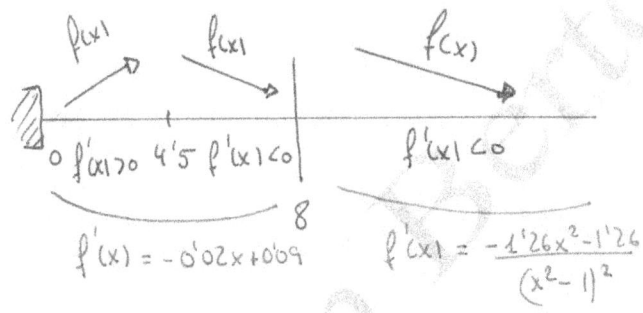

$f'(x) = -0'02x + 0'09 \qquad f'(x) = \dfrac{-1'26x^2 - 1'26}{(x^2 - 1)^2}$

Creciente : $]0, 4'5[$

Decreciente : $]4'5, +\infty[$

c) Máximo en $x = 4'5 \to$ Máx $(4'5, f(4'5)) = (4'5, 0'3025)$

Hay que invertir $x = 4'5$ miles de euros $(4500\,€)$

para obtener el beneficio máximo de $0'3025$ miles

de euros $(302'5\,€)$

d) $\lim\limits_{x \to \infty} B(x) = \lim\limits_{x \to \infty} \left(\dfrac{1'26x}{x^2-1} + 0'02 \right) = 0 + 0'02 = 0'02$

Su beneficio para cantidades muy altas $(x \to \infty)$

será como mínimo de $0'02$ miles de euros $(20 €)$

Problema 3

a) $p(\bar{R}) =$

$= p(A \cap \bar{R}) + p(B \cap \bar{R}) + p(C \cap \bar{R}) =$

$= 0'35 \cdot 0'98 + 0'2 \cdot 0'95 + 0'45 \cdot 0'97 =$

$= 0'9695$

$p(R/A) = 0'02$ ... R
A $p(\bar{R}/A) = 0'98$ ... $\bar{R}$
$p(A) = 0'35$
$p(B) = 0'2$ B $p(R/B) = 0'05$ ... R
$p(\bar{R}/B) = 0'95$ ... $\bar{R}$
$p(C) = 0'45$ C $p(R/C) = 0'03$ ... R
$p(\bar{R}/C) = 0'97$ ... $\bar{R}$

Llegan puntuales el $96'95\%$ de los transportes

b) $p(B \cap R) = 0'2 \cdot 0'05 = 0'01$

c) $p(A/R) = \dfrac{p(A \cap R)}{p(R)} = \dfrac{0'35 \cdot 0'02}{0'0305} = 0'2295$

$p(B/R) = \dfrac{p(B \cap R)}{p(R)} = \dfrac{0'2 \cdot 0'05}{0'0305} = 0'3279$

$p(C/R) = \dfrac{p(C \cap R)}{p(R)} = \dfrac{0'45 \cdot 0'03}{0'0305} = 0'4426$

El destino más probable sabiendo que sufrió retraso es el C.

GENERALITAT VALENCIANA
CONSELLERIA D'EDUCACIÓ,
INVESTIGACIÓ, CULTURA I ESPORT

COMISSIÓ GESTORA DE LES PROVES D'ACCÉS A LA UNIVERSITAT

COMISIÓN GESTORA DE LAS PRUEBAS DE ACCESO A LA UNIVERSIDAD

SISTEMA UNIVERSITARI VALENCIÀ
SISTEMA UNIVERSITARIO VALENCIANO

PROVES D'ACCÉS A LA UNIVERSITAT	PRUEBAS DE ACCESO A LA UNIVERSIDAD
CONVOCATÒRIA: JULIOL 2017	CONVOCATORIA: JULIO 2017
Assignatura: MATEMÀTIQUES APLICADES A LES CIÈNCIES SOCIALS II	Asignatura: MATEMÁTICAS APLICADAS A LAS CIENCIAS SOCIALES II

BAREMO DEL EXAMEN:
Se elegirá solo UNA de las dos OPCIONES, A o B, y se han de hacer los tres problemas de esa opción.
Cada problema se valorará de 0 a 10 puntos y la nota final será la media aritmética de los tres.
Se permite el uso de calculadoras siempre que no sean gráficas o programables y que no puedan realizar cálculo simbólico ni almacenar texto o fórmulas en memoria. Se utilice o no la calculadora, los resultados analíticos, numéricos y gráficos deberán estar siempre debidamente justificados.

OPCIÓN A

Todas las respuestas han de estar debidamente razonadas.

Problema 1. Representa gráficamente la región determinada por el sistema de inecuaciones:

$$\begin{cases} x \geq 10 \\ x \leq 20 \\ x \geq \dfrac{y}{3} \\ 12x + 20y \geq 360 \end{cases}$$

y calcula sus vértices. ¿Cuál es el mínimo de la función $f(x,y) = x - 2y$ en esta región? ¿En qué punto se alcanza?

Problema 2. La evolución del precio de cierta acción, en euros, un día determinado siguió la función:

$$f(x) = 35,7\frac{x+2}{x^2+21}, \quad x \in [0,8],$$

donde x representa el tiempo, en horas, transcurrido desde la apertura de la sesión. Se pide:

a) Calcular el valor máximo que alcanzó la acción y en qué momento se alcanzó.

b) Calcular el valor mínimo que alcanzó la acción y en qué momento se alcanzó.

c) Una persona compró 20 acciones en el momento de la apertura $(x=0)$ y las vendió justo al cierre $(x=8)$. Determinar si obtuvo ganancias o pérdidas y la cuantía de estas.

Problema 3. El 70% de los solicitantes de un puesto de trabajo tiene experiencia y, además, una formación acorde con el puesto. Sin embargo, hay un 20% que tiene experiencia y no una formación acorde con el puesto. Se sabe también que entre los solicitantes que tienen formación acorde con el puesto, un 87,5% tiene experiencia.

a) ¿Cuál es la probabilidad de que un solicitante elegido al azar no tenga experiencia?

b) Si un solicitante elegido al azar tiene experiencia, ¿cuál es la probabilidad de que tenga una formación acorde con el puesto?

c) ¿Cuál es la probabilidad de que un solicitante elegido al azar no tenga formación acorde con el puesto ni experiencia?

OPCIÓN B

Todas las respuestas han de estar debidamente razonadas.

Problema 1. Un estudiante obtuvo una calificación de 7,5 puntos en un examen de tres preguntas. En la tercera pregunta obtuvo un punto más que en la segunda y los puntos que consiguió en la primera pregunta quintuplicaron la diferencia entre la puntuación obtenida en la tercera y primera preguntas. ¿Cuál fue la puntuación obtenida en cada una de las preguntas?

Problema 2. Sea la función $f(x) = \begin{cases} x^3 - 3x - 20 & x \leq 3 \\ \dfrac{2}{a-x} & x > 3 \end{cases}$

a) Calcula el valor de a para el que $f(x)$ es continua en $x = 3$.

b) Para $a = 0$, estudia el crecimiento y decrecimiento de $f(x)$.

c) Para $a = 0$, calcula los máximos y mínimos locales de $f(x)$.

Problema 3. El 60% de los componentes electrónicos producidos en una fábrica proceden de la máquina A y el 40% de la máquina B. La proporción de componentes electrónicos defectuosos en A es 0,1 y en B es 0,05.

a) ¿Cuál es la probabilidad de que un componente electrónico de dicha fábrica seleccionado al azar sea defectuoso?

b) ¿Cuál es la probabilidad de que, sabiendo que un componente electrónico no es defectuoso, proceda de la máquina A?

c) ¿Cuál es la probabilidad de que un componente electrónico de dicha fábrica seleccionado al azar sea defectuoso y proceda de la máquina B?

OPCIÓN A

Problema 1

$x \geqslant 10$

$x \leq 20$

$x \geqslant \dfrac{y}{3}$

$12x + 20y \geqslant 360$

$x \geqslant \dfrac{y}{3} \implies 3x \geqslant y$

$\implies y \leq 3x$

$12x + 20y \geqslant 360 \implies$

$\implies 3x + 5y \geqslant 90$

$\implies y \geqslant \dfrac{90 - 3x}{5}$

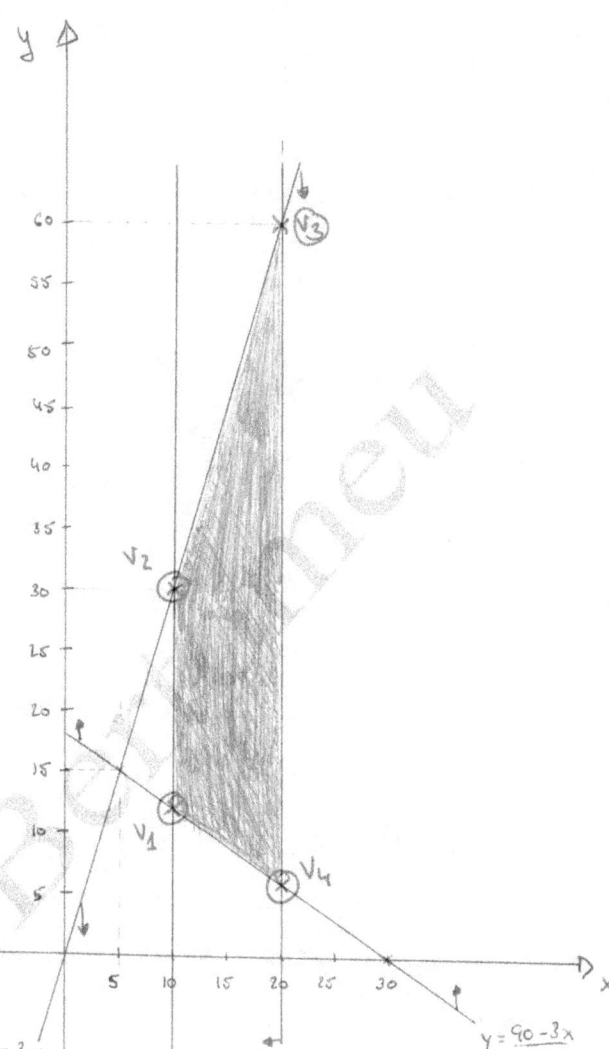

x	$y = 3x$
0	0
10	30

x	$y = \dfrac{90 - 3x}{5}$
5	15
30	0

$V_1 \to \begin{cases} x = 10 \\ y = \dfrac{90 - 3x}{5} \end{cases} \implies V_1(10, 12)$ $V_2 \to \begin{cases} x = 10 \\ y = 3x \end{cases} \implies V_2(10, 30)$

$V_3 \to \begin{cases} x = 20 \\ y = 3x \end{cases} \implies V_3(20, 60)$ $V_4 \to \begin{cases} x = 20 \\ y = \dfrac{90 - 3x}{5} \end{cases} \implies V_4(20, 6)$

PÁGINA 1

$f(x,y) = x - 2y$

$f(10,12) = 10 - 2\cdot 12 = -14$

$f(10,30) = 10 - 2\cdot 30 = -50$

$f(20,60) = 20 - 2\cdot 60 = -100$

$f(20,6) = 20 - 2\cdot 6 = 8$

El mínimo de $f(x,y)$ en la región dada es -100 y se alcanza en $V_3 (20,60)$

{Problema 2}

$f(x) = 35'7 \cdot \dfrac{x+2}{x^2+21}$ con $0 \le x \le 8$

$f'(x) = 35'7 \cdot \dfrac{1\cdot(x^2+21) - (x+2)\cdot 2x}{(x^2+21)^2} = 35'7 \cdot \dfrac{-x^2 - 4x + 21}{(x^2+21)^2}$

$f'(x) = 0 \longrightarrow -x^2 - 4x + 21 = 0$ ➚ $x = -7$ No sirve

 ➘ $x = 3$

Como nos están pidiendo máximos y mínimos ABSOLUTOS de $f(x)$ en $[0,8]$ no es necesario clasificar los extremos relativos. Así:

$f(0) = 3'40$ €

$f(3) = 5'95$ €

$f(8) = 4'20$ €

El valor máximo de la acción fue de $5'95$ € y se alcanzó a las tres horas de sesión y el valor mínimo fue de $3'40$ € en el momento de la apertura

c) Gastos $= 20 \cdot 3'40 € = 68 €$

Ingresos $= 20 \cdot 4'20 € = 84 €$

Beneficios $= 84 - 68 = 16 €$

Se obtuvieron 16 € de ganancia en esta operación.

{ Problema 3 }

Sean los sucesos:

A = Tener experiencia

B = Tener formación

Los datos son:

$p(A \cap B) = 0'7$; $p(A \cap \bar{B}) = 0'2$; $p(A/B) = 0'875$

a) ¿ $p(\bar{A})$?

$p(A \cap \bar{B}) = p(A) - p(A \cap B)$

$0'2 = p(A) - 0'7$

$p(A) = 0'9$

$p(\bar{A}) = 1 - p(A) = 0'1$

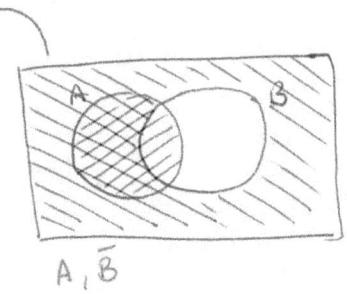

$A , \bar{B}$

b) ¿ $p(B/A)$?

$$p(B/A) = \frac{p(A\cap B)}{p(A)} = \frac{0'7}{0'9} = \frac{7}{9}$$

c) ¿ $p(\bar{A}\cap\bar{B})$?

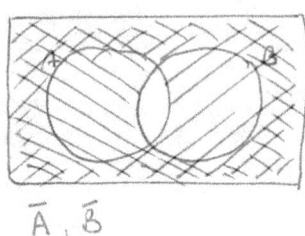

$\bar{A},\bar{B}$

Como vemos:

$$p(\bar{A}\cap\bar{B}) = 1 - p(A\cup B)$$

$$p(A\cup B) = p(A)+p(B)-p(A\cap B)$$

$$p(A/B) = \frac{p(A\cap B)}{p(B)} \Rightarrow p(B) = \frac{p(A\cap B)}{p(A/B)} = \frac{0'7}{0'875} = 0'8$$

$$\Rightarrow p(A\cup B) = p(A)+p(B)-p(A\cap B) = 0'9+0'8-0'7 = 1$$

y Por tanto:

$$p(\bar{A}\cap\bar{B}) = 1 - p(A\cup B) = 1-1 = 0$$

Problema 1:

Pregunta 1 → x

Pregunta 2 → y

Pregunta 3 → z

$$\left.\begin{array}{l} x+y+z = 7'5 \\ z = y+1 \\ x = 5(z-x) \end{array}\right\} \quad \left.\begin{array}{l} x+y+z = 7'5 \\ -y+z = 1 \\ 6x-5z = 0 \end{array}\right\}$$

$$A^* = \begin{pmatrix} 1 & 1 & 1 & \vdots & 7'5 \\ 0 & -1 & 1 & \vdots & 1 \\ 6 & 0 & -5 & \vdots & 0 \end{pmatrix} \qquad det(A) = \begin{vmatrix} 1 & 1 & 1 \\ 0 & -1 & 1 \\ 6 & 0 & -5 \end{vmatrix} = 17 \neq 0$$

Con la regla de Cramer:

$$x = \dfrac{\begin{vmatrix} 7'5 & 1 & 1 \\ 1 & -1 & 1 \\ 0 & 0 & -5 \end{vmatrix}}{17} = \dfrac{42'5}{17} = 2'5$$

$$y = \dfrac{\begin{vmatrix} 1 & 7'5 & 1 \\ 0 & 1 & 1 \\ 6 & 0 & -5 \end{vmatrix}}{17} = \dfrac{34}{17} = 2$$

$$z = \dfrac{\begin{vmatrix} 1 & 1 & 7'5 \\ 0 & -1 & 1 \\ 6 & 0 & 0 \end{vmatrix}}{17} = \dfrac{51}{17} = 3$$

PÁGINA 5

169

Problema 2

$$f(x) = \begin{cases} x^3 - 3x - 20 & si \ x \leq 3 \\ \dfrac{2}{a-x} & si \ x > 3 \end{cases}$$

a) La función será continua en $x = 3$ si $f(3) = \lim\limits_{x \to 3} f(x)$

Así:

$f(3) = 3^3 - 3 \cdot 3 - 20 = -2$

$$\lim\limits_{x \to 3} f(x) \longrightarrow \begin{cases} \lim\limits_{x \to 3^-} (x^3 - 3x - 20) = -2 \\ \lim\limits_{x \to 3^+} \left(\dfrac{2}{a-x}\right) = \dfrac{2}{a-3} \end{cases}$$

$-2 = \dfrac{2}{a-3} \Rightarrow$

$\Rightarrow a - 3 = -1 \Rightarrow$

$\Rightarrow \boxed{a = 2}$

Si $a = 2 \Rightarrow \lim\limits_{x \to 3} f(x) = f(3) \Rightarrow$ continua en $x = 3$

b) Para $a = 0 \longrightarrow f(x) = \begin{cases} x^3 - 3x - 20 & si \ x \leq 3 \\ \dfrac{-2}{x} & si \ x > 3 \end{cases}$

(Si $x < 3$) $\longrightarrow f(x) = x^3 - 3x - 20$

$f'(x) = 3x^2 - 3$

$f'(x) = 0 \longrightarrow 3x^2 - 3 = 0 \rightarrow x^2 = 1 \begin{cases} \nearrow x = -1 \\ \searrow x = +1 \end{cases}$

$$\left(\text{Si } x > 3\right) \longrightarrow f(x) = \frac{-2}{x}$$

$$f'(x) = \frac{2}{x^2}$$

$$f'(x) \neq 0 \quad \forall x > 3$$

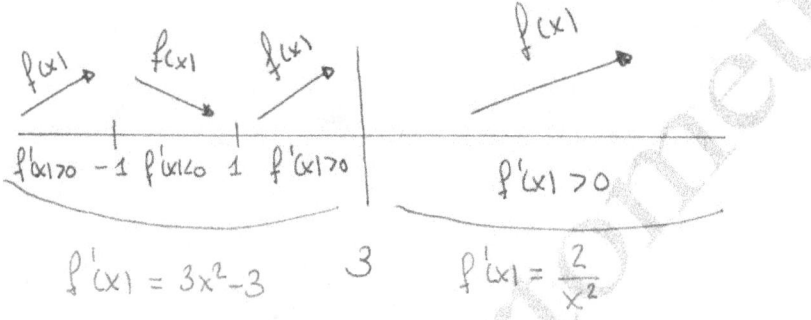

Creciente: $]-\infty, -1[\cup]1, +\infty[$

Decreciente: $]-1, 1[$

Máximo en $x = -1 \Rightarrow$ Máx $(-1, f(-1)) = (-1, -18)$
relativo

Mínimo en $x = 1 \Rightarrow$ Mín $(1, f(1)) = (1, -22)$
relativo

Ojo! $\longrightarrow$ En $x = 3$ no es continua para $a = 0$, sin embargo

$$\left. \begin{array}{l} \displaystyle\lim_{x \to 3^-} x^3 - 3x - 20 = -2 \\[2mm] \displaystyle\lim_{x \to 3^+} \frac{-2}{x} = \frac{-2}{3} \end{array} \right\} \Rightarrow \lim_{x \to 3^+} f(x) > \lim_{x \to 3^-} f(x) \Rightarrow f(x) \text{ es}$$

creciente en $x = 3$

Problema 3

$P(A) = 0'6$ A $P(D/A)=0'1$ D

$P(\bar{D}/A)=0'9$ $\bar{D}$

$P(B)=0'4$ B $P(D/B)=0'05$ D

$P(\bar{D}/B)=0'95$ $\bar{D}$

a) $P(D) = P(A \cap D) + P(B \cap D) =$

$= 0'6 \cdot 0'1 + 0'4 \cdot 0'05 = 0'08$

b) $P(A / \bar{D}) = \dfrac{P(A \cap \bar{D})}{P(\bar{D})} =$

$= \dfrac{0'6 \cdot 0'9}{1 - 0'08} = \dfrac{0'54}{0'92} = 0'5869$

c) $P(B \cap D) = 0'4 \cdot 0'05 = 0'02$

 GENERALITAT
VALENCIANA
Conselleria d'Educació,
Investigació, Cultura i Esport

COMISSIÓ GESTORA DE LES PROVES D'ACCÉS A LA UNIVERSITAT
COMISIÓN GESTORA DE LAS PRUEBAS DE ACCESO A LA UNIVERSIDAD

SISTEMA UNIVERSITARI VALENCIÀ
SISTEMA UNIVERSITARIO VALENCIANO

PROVES D'ACCÉS A LA UNIVERSITAT	PRUEBAS DE ACCESO A LA UNIVERSIDAD
CONVOCATÒRIA: JUNY 2018	CONVOCATORIA: JUNIO 2018
Assignatura: MATEMÀTIQUES APLICADES A LES CIÈNCIES SOCIALS II	Asignatura: MATEMÁTICAS APLICADAS A LAS CIENCIAS SOCIALES II

BAREMO DEL EXAMEN:
Se elegirá solo UNA de las dos OPCIONES, A o B, y se han de hacer los tres problemas de esa opción.
Cada problema se valorará de 0 a 10 puntos y la nota final será la media aritmética de los tres. Se permite el uso de calculadoras siempre que no sean gráficas o programables y que no puedan realizar cálculo simbólico ni almacenar texto o fórmulas en memoria. Se utilice o no la calculadora, los resultados analíticos, numéricos y gráficos deberán estar siempre debidamente justificados.

OPCIÓN A

Todas las respuestas han de estar debidamente razonadas.

Problema 1. Una pastelería vende dos clases de cajas de bombones. En las cajas denominadas EXTRA incluye 15 bombones de tipo A y 30 de tipo B, mientras que las cajas denominadas DELUXE contienen 30 bombones de tipo A y 15 de tipo B.

Con cada bombón de tipo A obtiene un beneficio de 50 céntimos, y con cada uno de tipo B un beneficio de 40 céntimos. Denominando x al número de cajas EXTRA, e y al número de cajas DELUXE que vende, se pide:

   a) Calcula la función de beneficios de la pastelería.   *(2 puntos)*

   b) Si dispone de 450 bombones de cada tipo, calcula el número de cajas x e y que deberá vender de cada clase para obtener un beneficio máximo.   *(6 puntos)*

   Calcula dicho beneficio máximo.   *(2 puntos)*

Problema 2. Dada la función $f(x) = \dfrac{x-1}{(x-2)^2}$, se pide:

   a) Su dominio y los puntos de corte con los ejes coordenados.   *(2 puntos)*

   b) Las asíntotas horizontales y verticales, si existen.   *(2 puntos)*

   c) Los intervalos de crecimiento y decrecimiento.   *(2 puntos)*

   d) Los máximos y mínimos locales.   *(2 puntos)*

   e) La representación gráfica de la función.   *(2 puntos)*

Problema 3. En un estudio realizado en un comercio se ha determinado que el 68% de las compras se pagan con tarjeta de crédito. El 15% de las compras superan los 500 € y ambas circunstancias (una compra supera los 500 € y se paga con tarjeta de crédito) se da el 5% de las veces. Calcula la probabilidad de que:

   a) Una compra no supere los 500 € y se pague en efectivo.   *(3 puntos)*
   b) Una compra no pase de 500 € si no se ha pagado con tarjeta de crédito.   *(4 puntos)*
   c) Una compra se pague con tarjeta de crédito si no ha superado los 500 €.   *(3 puntos)*

OPCIÓN B

Todas las respuestas han de estar debidamente razonadas.

Problema 1. Dadas las matrices $A = \begin{pmatrix} 2 & -1 & 5 \\ 3 & 1 & -2 \\ 5 & 1 & 3 \end{pmatrix}$ y $C = \begin{pmatrix} 7 & 4 & 1 \\ 1 & -1 & 4 \\ 8 & 4 & 6 \end{pmatrix}$, se pide:

a) Calcula A^{-1}.   *(5 puntos)*

b) Calcula una matriz X, de orden 3×3, que cumpla $AX = C$.   *(5 puntos)*

Problema 2. La caída de un meteorito en la Antártida provocó el deshielo de una superficie con una extensión en km^2 que viene dada por $f(t) = \dfrac{10t + 21}{t + 3}$, siendo t el número de días transcurridos desde el impacto.

a) ¿Cuál fue la superficie deshelada después de 6 días del impacto? ¿Y después de 87 días?   *(2 puntos)*

b) Estudia si la superficie deshelada crece o decrece a lo largo del tiempo.   *(3 puntos)*

c) Otro científico afirmó que la superficie deshelada venía dada por la función

$$g(t) = 10 - \frac{9}{t + 3}.$$

Comprueba si hay o no diferencias entre las dos funciones $f(t)$ y $g(t)$.   *(2 puntos)*

d) ¿Tiene algún límite la extensión del deshielo?   *(3 puntos)*

Problema 3. En una casa hay tres llaveros. El primer llavero (AZUL) tiene 5 llaves. El segundo (ROJO) tiene 4 llaves y el tercero (VERDE) tiene 3 llaves. En cada llavero hay una única llave que abre la puerta del trastero. Se escoge al azar uno de los llaveros. Se pide:

a) Calcula la probabilidad de abrir el trastero con la primera llave que se prueba del llavero escogido.

(3 puntos)

b) Si se abre el trastero con la primera llave que se prueba, ¿cuál es la probabilidad de que se haya escogido el llavero VERDE?   *(4 puntos)*

c) ¿Cuál es la probabilidad de que la primera llave que se prueba del llavero escogido al azar no abra y sí que lo haga una segunda (distinta de la anterior) que se prueba del mismo llavero?   *(3 puntos)*

OPCIÓN A

PROBLEMA 1

	Cajas	Bombones A	Bombones B
EXTRA	X	$15x$	$30x$
DELUXE	Y	$30y$	$15y$
Total :		$15x + 30y$	$30x + 15y$
Restricción :		≤ 450	≤ 450

$B(x,y) = 0'5\,(15x + 30y) + 0'4\,(30x + 15y) = 19'5\,x + 21\,y$

$\left.\begin{array}{l} 15x + 30y \leq 450 \\ 30x + 15y \leq 450 \\ x \geq 0 ;\ y \geq 0 \end{array}\right\}$ $\left.\begin{array}{l} x + 2y \leq 30 \\ 2x + y \leq 30 \\ x \geq 0 ;\ y \geq 0 \end{array}\right\}$ $\begin{array}{l} y \leq \dfrac{30 - x}{2} \\[2mm] y \leq 30 - 2x \end{array}$

X	$y = \dfrac{30-x}{2}$
0	15
30	0

X	$y = 30 - 2x$
0	30
15	0

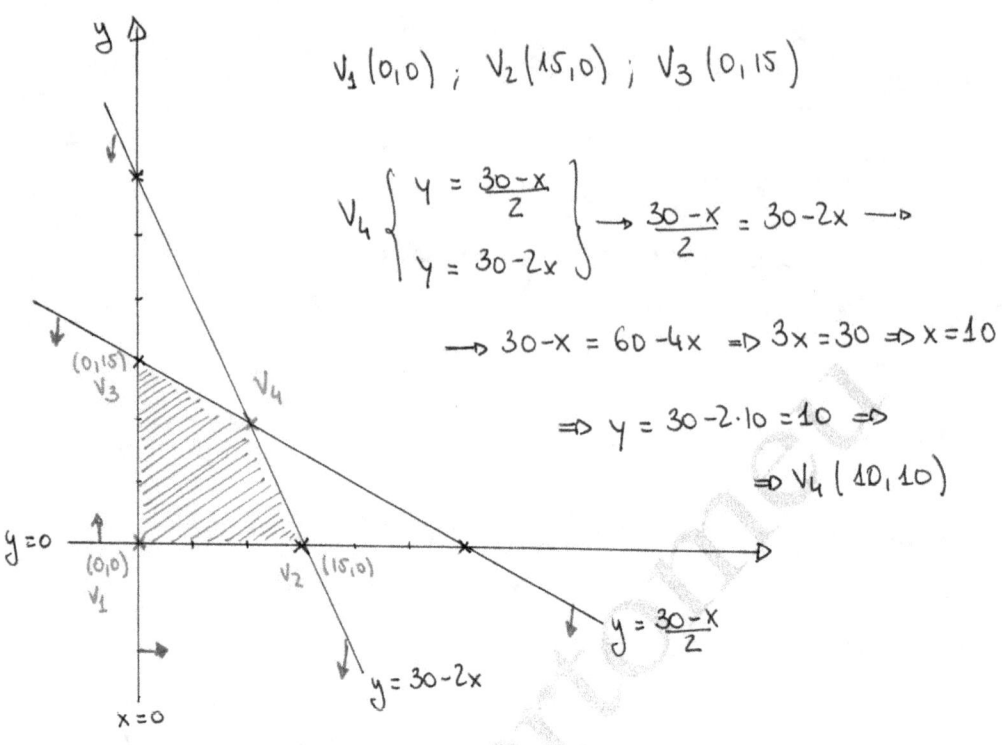

$V_1(0,0)$; $V_2(15,0)$; $V_3(0,15)$

$V_4 \begin{cases} y = \dfrac{30-x}{2} \\ y = 30-2x \end{cases} \rightarrow \dfrac{30-x}{2} = 30-2x \longrightarrow$

$\longrightarrow 30-x = 60-4x \Rightarrow 3x = 30 \Rightarrow x = 10$

$\Rightarrow y = 30 - 2 \cdot 10 = 10 \Rightarrow$

$\Rightarrow V_4(10,10)$

$B(x,y) = 19'5x + 21y$

$B(15,0) = 19'5 \cdot 15 = 292'5 \ €$

$B(0,15) = 21 \cdot 15 = 315 \ €$

$B(10,10) = 19'5 \cdot 10 + 21 \cdot 10 = 405 \ €$

Se deben vender 10 cajas EXTRA y 10 cajas DELUXE

para obtener el beneficio máximo de 405 €.

PROBLEMA 2

$$f(x) = \frac{x-1}{(x-2)^2}$$

$(x-2)^2 = 0 \Rightarrow x-2 = 0 \Rightarrow x = 2 \Rightarrow Dom(f(x)) = \mathbb{R} - \{2\}$

Puntos de corte con el eje X: $f(x) = 0$

$\frac{x-1}{(x-2)^2} = 0 \Rightarrow x-1 = 0 \Rightarrow x = 1 \Rightarrow PC(1,0)$

Puntos de corte con el eje Y: $x = 0$

$f(0) = \frac{0-1}{(0-2)^2} = -\frac{1}{4} \Rightarrow PC(0, -1/4)$

A. Verticales:

$\lim\limits_{x \to 2} \frac{x-1}{(x-2)^2} = \left[\frac{1}{0}\right] \to \begin{cases} \lim\limits_{x \to 2^-} \frac{x-1}{(x-2)^2} = +\infty \\ \\ \lim\limits_{x \to 2^+} \frac{x-1}{(x-2)^2} = +\infty \end{cases}$ $x = 2$ es A. Vertical

A. Horizontales:

$\lim\limits_{x \to \infty} \frac{x-1}{(x-2)^2} = \left[\frac{\infty}{\infty}\right] = 0$

$\lim\limits_{x \to -\infty} \frac{x-1}{(x-2)^2} = \left[\frac{\infty}{\infty}\right] = 0$ $\Big\}$ $y = 0$ es A. Horizontal.

$$f'(x) = \frac{1\cdot(x-2)^2 - (x-1)\cdot 2(x-2)}{(x-2)^{\cancel{4}3}} = \frac{x-2-2x+2}{(x-2)^3} = \frac{-x}{(x-2)^3}$$

$$f'(x) = 0 \Rightarrow \frac{-x}{(x-2)^3} = 0 \Rightarrow -x = 0 \Rightarrow x = 0$$

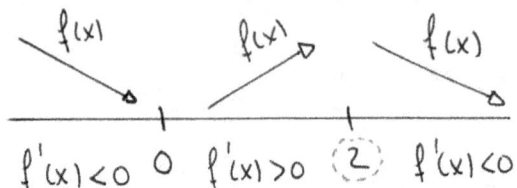

$f'(x)<0$ 　0　 $f'(x)>0$ 　(2)　 $f'(x)<0$

Decreciente: $(-\infty, 0) \cup (2, +\infty)$

Creciente: $(0, 2)$

Mínimo relativo en $x=0 \Rightarrow$ Min $(0, f(0)) \Rightarrow$ Min $(0, -1/4)$

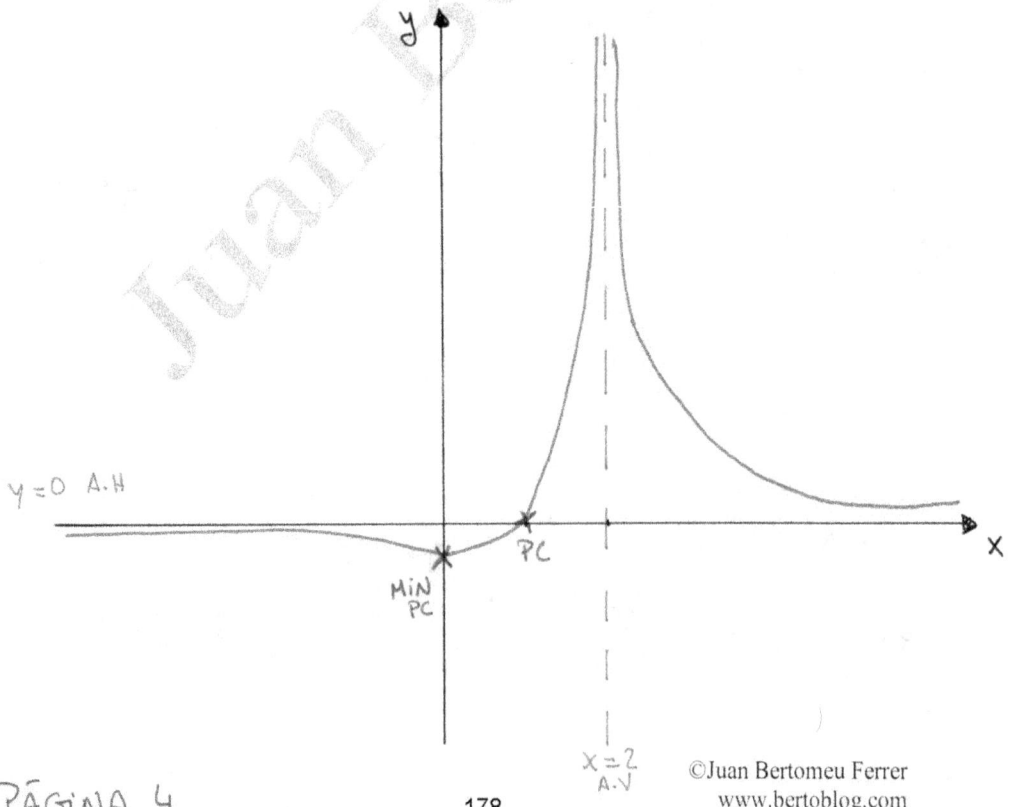

$y=0$ A.H

MIN
PC

PC

$x=2$
A.V

PROBLEMA 3

Sean los sucesos:

A ≡ Pagar con tarjeta

B ≡ Superar los 500€

Los datos son:

$p(A) = 0'68$ $p(B) = 0'15$ $p(A \cap B) = 0'05$

a) $p(\bar{A} \cap \bar{B}) = 1 - p(A \cup B)$

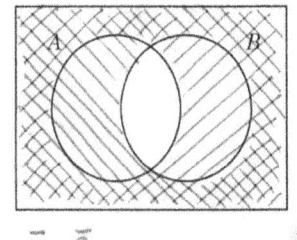

$\bar{A}\,\bar{B}$

$$p(A \cup B) = p(A) + p(B) - p(A \cap B)$$

$$p(A \cup B) = 0'68 + 0'15 - 0'05 = 0'78$$

$$\Rightarrow p(\bar{A} \cap \bar{B}) = 1 - 0'78 = 0'22$$

b) $p(\bar{B}/\bar{A}) = \dfrac{p(\bar{A} \cap \bar{B})}{p(\bar{A})} = \dfrac{0'22}{1 - 0'68} = \dfrac{11}{16} = 0'6875$

c) $p(A/\bar{B}) = \dfrac{p(A \cap \bar{B})}{p(\bar{B})} = \dfrac{p(A) - p(A \cap B)}{1 - p(B)} = \dfrac{0'63}{0'85} = 0'7412$

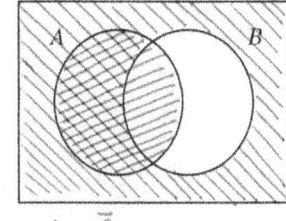

$A, \bar{B}$

$p(A \cap \bar{B}) = p(A) - p(A \cap B)$

PÁGINA 5

OPCIÓN B

PROBLEMA 1

$$A = \begin{pmatrix} 2 & -1 & 5 \\ 3 & 1 & -2 \\ 5 & 1 & 3 \end{pmatrix} \quad ; \quad det(A) = \begin{vmatrix} 2 & -1 & 5 \\ 3 & 1 & -2 \\ 5 & 1 & 3 \end{vmatrix} = 19$$

$$Adj(A) = \begin{pmatrix} \begin{vmatrix} 1 & -2 \\ 1 & 3 \end{vmatrix} & -\begin{vmatrix} 3 & -2 \\ 5 & 3 \end{vmatrix} & \begin{vmatrix} 3 & 1 \\ 5 & 1 \end{vmatrix} \\ -\begin{vmatrix} -1 & 5 \\ 1 & 3 \end{vmatrix} & \begin{vmatrix} 2 & 5 \\ 5 & 3 \end{vmatrix} & -\begin{vmatrix} 2 & -1 \\ 5 & 1 \end{vmatrix} \\ \begin{vmatrix} -1 & 5 \\ 1 & -2 \end{vmatrix} & -\begin{vmatrix} 2 & 5 \\ 3 & -2 \end{vmatrix} & \begin{vmatrix} 2 & -1 \\ 3 & 1 \end{vmatrix} \end{pmatrix} = \begin{pmatrix} 5 & -19 & -2 \\ 8 & -19 & -7 \\ -3 & 19 & 5 \end{pmatrix}$$

$$[Adj(A)]^t = \begin{pmatrix} 5 & 8 & -3 \\ -19 & -19 & 19 \\ -2 & -7 & 5 \end{pmatrix} \quad ; \quad A^{-1} = \frac{1}{det(A)} \cdot [Adj(A)]^t$$

$$\Rightarrow A^{-1} = \frac{1}{19} \cdot \begin{pmatrix} 5 & 8 & -3 \\ -19 & -19 & 19 \\ -2 & -7 & 5 \end{pmatrix}$$

PÁGINA 6

180

$$AX = C \implies (A^{-1} \cancel{A}) AX = A^{-1} C \implies X = A^{-1} \cdot C$$

$$\implies X = \frac{1}{19} \cdot \begin{pmatrix} 5 & 8 & -3 \\ -19 & -19 & 19 \\ -2 & -7 & 5 \end{pmatrix} \cdot \begin{pmatrix} 7 & 4 & 1 \\ 1 & -1 & 4 \\ 8 & 4 & 6 \end{pmatrix} =$$

$$= \frac{1}{19} \cdot \begin{pmatrix} 19 & 0 & 19 \\ 0 & 19 & 19 \\ 19 & 19 & 0 \end{pmatrix} = \begin{pmatrix} 1 & 0 & 1 \\ 0 & 1 & 1 \\ 1 & 1 & 0 \end{pmatrix}$$

{PROBLEMA 2}

$$f(t) = \frac{10t + 21}{t + 3} \qquad t \geqslant 0 \quad (t \text{ es el número de días!!})$$

a) $f(6) = \dfrac{10 \cdot 6 + 21}{6 + 3} = 9 \ Km^2$; $f(87) = \dfrac{10 \cdot 87 + 21}{87 + 3} = 9'9 \ Km^2$

b) $f'(t) = \dfrac{10(t+3) - (10t + 21)}{(t+3)^2} = \dfrac{9}{(t+3)^2}$

Como vemos, $f'(t) > 0 \ \forall t$, y en consecuencia

la función $f(t)$ es siempre creciente

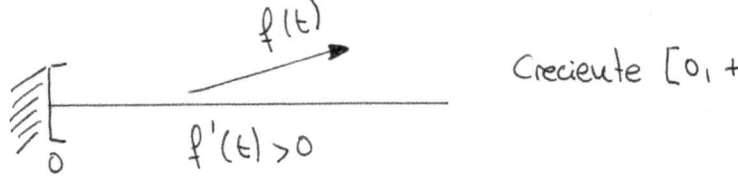

Creciente $[0, +\infty)$

c) $g(t) = 10 - \dfrac{9}{t+3} = \dfrac{10(t+3)-9}{t+3} = \dfrac{10t+30-9}{t+3} =$

$= \dfrac{10t+21}{t+3} = f(t)$

$\Rightarrow$ Las funciones $f(t)$ y $g(t)$ son iguales

d) $\displaystyle\lim_{t\to\infty} \dfrac{10t+21}{t+3} = \left[\dfrac{\infty}{\infty}\right] = \lim_{t\to\infty} \dfrac{10t}{t} = 10 \text{ Km}^2$

{PROBLEMA 3}

A la primera   A la segunda

$1/3$ → AZUL
  $1/5$ ABRE$_1$ $1/4$ ABRE$_2$
  $4/5$ NO ABRE$_1$ $3/4$ NO ABRE$_2$

$1/3$ → ROJO
  $1/4$ ABRE$_1$ $1/3$ ABRE$_2$
  $3/4$ NO ABRE$_1$ $2/3$ NO ABRE$_2$

$1/3$ → VERDE
  $1/3$ ABRE$_1$ $1/2$ ABRE$_2$
  $2/3$ NO ABRE$_1$ $1/2$ NO ABRE$_2$

a) $p(\text{Abrir a la primera}) = p(\text{Abre}_1) =$

$= p(\text{Azul} \cap \text{Abre}_1) + p(\text{Rojo} \cap \text{Abre}_1) + p(\text{Verde} \cap \text{Abre}_1) =$

$= \dfrac{1}{3}\cdot\dfrac{1}{5} + \dfrac{1}{3}\cdot\dfrac{1}{4} + \dfrac{1}{3}\cdot\dfrac{1}{3} = \dfrac{47}{180} \approx 0'2611$

PÁGINA 8

b) $p\left(\text{Verde} \,/\, \text{Abrir a la primera}\right) = \dfrac{p\left(\text{Verde} \cap \text{Abre 1}\right)}{p\left(\text{Abre}_1\right)}$

$= \dfrac{1/3 \cdot 1/3}{\dfrac{47}{180}} = \dfrac{20}{47} \approx 0'4255$

c) $p\left(\text{Abrir a la segunda}\right) = p\left(\text{Abre}_2\right) =$

$= p\left(\text{Azul} \cap \text{No abre}_1 \cap \text{Abre}_2\right) + p\left(\text{Rojo} \cap \text{No abre}_1 \cap \text{abre}_2\right) +$

$+ p\left(\text{Verde} \cap \text{No abre}_1 \cap \text{Abre}_2\right) =$

$= \dfrac{1}{3} \cdot \dfrac{4}{5} \cdot \dfrac{1}{4} + \dfrac{1}{3} \cdot \dfrac{3}{4} \cdot \dfrac{1}{3} + \dfrac{1}{3} \cdot \dfrac{2}{3} \cdot \dfrac{1}{2} = \dfrac{47}{180} \approx 0'2611$

 GENERALITAT
VALENCIANA
Conselleria d'Educació,
Investigació, Cultura i Esport

COMISSIÓ GESTORA DE LES PROVES D'ACCÉS A LA UNIVERSITAT

COMISIÓN GESTORA DE LAS PRUEBAS DE ACCESO A LA UNIVERSIDAD

SISTEMA UNIVERSITARI VALENCIÀ
SISTEMA UNIVERSITARIO VALENCIANO

PROVES D'ACCÉS A LA UNIVERSITAT	PRUEBAS DE ACCESO A LA UNIVERSIDAD
CONVOCATÒRIA: **JULIOL 2018**	CONVOCATORIA: JULIO 2018
Assignatura: **MATEMÀTIQUES APLICADES A LES CIÈNCIES SOCIALS II**	Asignatura: MATEMÁTICAS APLICADAS A LAS CIENCIAS SOCIALES II

BAREMO DEL EXAMEN:
Se elegirá solo UNA de las dos OPCIONES, A o B, y se han de hacer los tres problemas de esa opción.
Cada problema se valorará de 0 a 10 puntos y la nota final será la media aritmética de los tres.
Se permite el uso de calculadoras siempre que no sean gráficas o programables y que no puedan realizar cálculo simbólico ni almacenar texto o fórmulas en memoria. Se utilice o no la calculadora, los resultados analíticos, numéricos y gráficos deberán estar siempre debidamente justificados.

OPCIÓN A

Todas las respuestas han de estar debidamente razonadas.

Problema 1. Dadas las matrices

$$A = \begin{pmatrix} 1 & -2 & 1 \\ 2 & 0 & -3 \\ 0 & 1 & -1 \end{pmatrix}, \quad B = \begin{pmatrix} 1 & -2 & 0 \\ -1 & 2 & 2 \\ 2 & -1 & 3 \end{pmatrix} \text{ y el vector } c = \begin{pmatrix} -2 \\ -1 \\ 3 \end{pmatrix}, \text{ se pide:}$$

a) Calcula el determinante de la matriz A y calcula A^{-1}. *(2 + 4 puntos)*

b) Determina el vector x que verifica $Ax = B^t c$, donde B^t representa la matriz traspuesta de B. *(4 puntos)*

Problema 2. Los ingresos y costes anuales, en miles de euros, de una fábrica de mochilas vienen dados, respectivamente, por las funciones

$$I(x) = 4x - 9, \qquad C(x) = 0,01x^2 + 3x$$

donde la variable x expresa en euros el precio de venta de una mochila. Se pide:

a) Calcula la función de beneficios. *(1 punto)*

b) ¿Cuál ha de ser el precio de venta x para que el beneficio sea máximo? *(1 punto)*

¿Cuál es dicho beneficio máximo? *(1 punto)*

c) Para la función de beneficios, determina los puntos de corte con los ejes y las zonas de crecimiento y decrecimiento. Representa gráficamente dicha función. *(5 puntos)*

d) Razona para qué precios de venta (valores de x) la empresa tendría pérdidas. *(2 puntos)*

Problema 3. Un dado normal tiene sus caras numeradas del número 1 al 6. Otro dado está trucado y tiene cuatro caras numeradas con el 5 y las otras dos caras numeradas con el 6. Se elige un dado al azar y se realizan dos tiradas con el dado elegido. Se pide:

a) Calcula la probabilidad de sacar un 6 en la primera tirada y un 5 en la segunda. *(3 puntos)*

b) Calcula la probabilidad de que la suma de los resultados obtenidos entre las dos tiradas sea 11. *(3 puntos)*

c) Si al realizar las dos tiradas con el dado elegido al azar se obtiene un 6 en la primera tirada y un 5 en la segunda, ¿cuál es la probabilidad de haber elegido el dado trucado? *(4 puntos)*

OPCIÓN B

Todas las respuestas han de estar debidamente razonadas.

Problema 1. Un inversor decidió invertir un total de 42000 € entre tres productos:

a) Una cuenta de ahorros por la que recibe unos intereses anuales del 5%.

b) Un depósito a plazo fijo por el que le pagan unos intereses anuales del 7%.

c) Unos bonos con unos intereses anuales del 9%.

Al cabo de un año, los intereses le han proporcionado un beneficio de 2600 €.

Si los intereses que ha recibido de la cuenta de ahorros son 200 € menos que la suma de los intereses que ha percibido por las otras dos inversiones, ¿qué cantidad invirtió en cada producto?

(Planteamiento correcto 5 puntos – Resolución correcta 5 puntos)

Problema 2. Una explotación minera extrae $f(t) = 30 + \dfrac{3}{2}t - \dfrac{1}{800}t^3$ Toneladas de carbón por año, donde la variable t indica el tiempo transcurrido, en años, desde el inicio de la explotación. Se pide:

a) Calcula en qué año se alcanza el máximo de extracción y cuál es dicho valor. *(5 puntos)*

b) Si se necesita extraer como mínimo 10 Toneladas por año para que la explotación sea rentable, estudia si en el año $t = 40$ es rentable. *(2 puntos)*

c) ¿Existe algún periodo de tiempo, a partir de los 40 años, en el que la explotación es rentable? Razona tu respuesta. *(3 puntos)*

Problema 3. El espacio muestral asociado a un experimento aleatorio es $\Omega = \{a, b, c, d, e\}$. Se sabe que $P(a) = P(c) = \dfrac{1}{8}$, $P(d) = \dfrac{1}{4}$, $P(e) = \dfrac{1}{3}$. Dados los sucesos $A = \{a, b, c\}$ y $B = \{b, d, e\}$ y siendo $\overline{A}$ el suceso contrario o complementario de A y $\overline{B}$ el suceso contrario o complementario de B, calcula:

a) $P(A \cap B)$. *(2 puntos)*

b) $P(A \cup \overline{B})$. *(2 puntos)*

c) $P(\overline{A} \cap \overline{B})$. *(2 puntos)*

d) $P(A \mid \overline{B})$. *(2 puntos)*

e) $P(B \mid A)$. *(2 puntos)*

OPCIÓN A

PROBLEMA 1

$$A = \begin{pmatrix} 1 & -2 & 1 \\ 2 & 0 & -3 \\ 0 & 1 & -1 \end{pmatrix} \quad ; \quad \det(A) = \begin{vmatrix} 1 & -2 & 1 \\ 2 & 0 & -3 \\ 0 & 1 & -1 \end{vmatrix} = 1$$

$$A^{-1} = \frac{1}{\det(A)} \cdot [Adj(A)]^t$$

$$Adj(A) = \begin{pmatrix} \begin{vmatrix} 0 & -3 \\ 1 & -1 \end{vmatrix} & -\begin{vmatrix} 2 & -3 \\ 0 & -1 \end{vmatrix} & \begin{vmatrix} 2 & 0 \\ 0 & 1 \end{vmatrix} \\ -\begin{vmatrix} -2 & 1 \\ 1 & -1 \end{vmatrix} & \begin{vmatrix} 1 & 1 \\ 0 & -1 \end{vmatrix} & -\begin{vmatrix} 1 & -2 \\ 0 & 1 \end{vmatrix} \\ \begin{vmatrix} -2 & 1 \\ 0 & -3 \end{vmatrix} & -\begin{vmatrix} 1 & 1 \\ 2 & -3 \end{vmatrix} & \begin{vmatrix} 1 & -2 \\ 2 & 0 \end{vmatrix} \end{pmatrix} = \begin{pmatrix} 3 & 2 & 2 \\ -1 & -1 & -1 \\ 6 & 5 & 4 \end{pmatrix}$$

$$[Adj(A)]^t = \begin{pmatrix} 3 & -1 & 6 \\ 2 & -1 & 5 \\ 2 & -1 & 4 \end{pmatrix} \implies A^{-1} = \begin{pmatrix} 3 & -1 & 6 \\ 2 & -1 & 5 \\ 2 & -1 & 4 \end{pmatrix}$$

b) $A \cdot X = B^t \cdot C \implies X = A^{-1} \cdot B^t \cdot C$

$$X = \begin{pmatrix} 3 & -1 & 6 \\ 2 & -1 & 5 \\ 2 & -1 & 4 \end{pmatrix} \cdot \begin{pmatrix} 1 & -1 & 2 \\ -2 & 2 & -1 \\ 0 & 2 & 3 \end{pmatrix} \cdot \begin{pmatrix} -2 \\ -1 \\ 3 \end{pmatrix} =$$

PÁGINA 1

$$= \begin{pmatrix} 5 & 7 & 25 \\ 4 & 6 & 20 \\ 4 & 4 & 17 \end{pmatrix} \cdot \begin{pmatrix} -2 \\ -1 \\ 3 \end{pmatrix} = \begin{pmatrix} 58 \\ 46 \\ 39 \end{pmatrix}$$

{PROBLEMA 2}

a) $B(x) = I(x) - C(x) = 4x - 9 - (0'01x^2 + 3x) = -0'01x^2 + x - 9$

$\qquad\qquad\qquad\qquad\qquad\qquad\qquad$ con $x > 0$

b) $B'(x) = -0'02x + 1$

$\qquad B'(x) = 0 \implies -0'02x + 1 = 0 \implies x = 50 \,€$

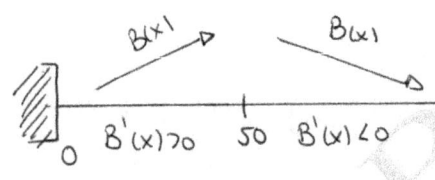

El beneficio es máximo cuando el precio es $x = 50€$ siendo el beneficio máximo de:

$B(x=50) = -0'01 \cdot 50^2 + 50 - 9 = 16$ miles de euros $(16000 \,€)$

c) Puntos de corte con el eje X: $B(x) = 0$

$\qquad -0'01x^2 + x - 9 = 0$

$\qquad\qquad\qquad\qquad x = 10 \longrightarrow PC\,(10,0)$

$\qquad\qquad\qquad\qquad x = 90 \longrightarrow PC\,(90,0)$

Puntos de corte con el eje: $x = 0$

$\qquad B(0) = -9 \longrightarrow PC\,(0,-9)$

Y ya hemos visto que:

$\qquad B(x)$ es creciente $\forall x \in (0,50)$ y decreciente $\forall x \in (50,+\infty)$

La gráfica por tanto:

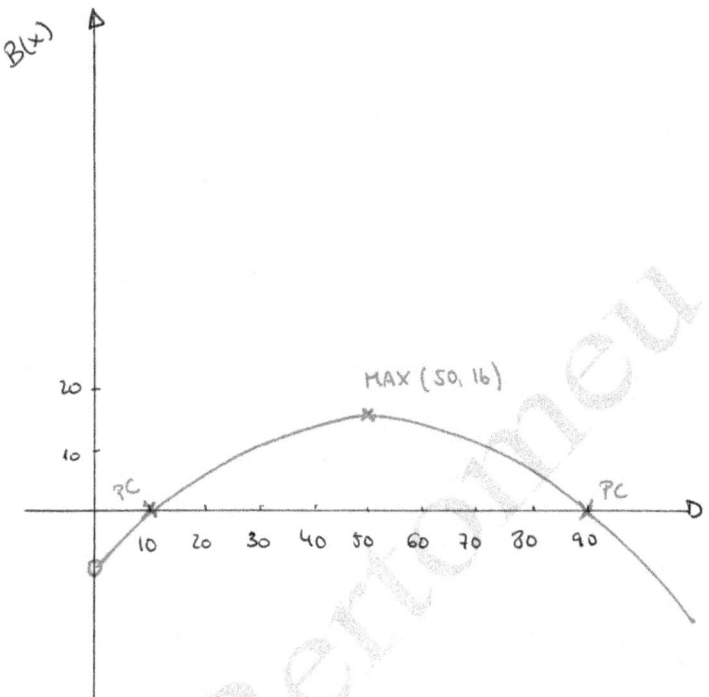

Habrá pérdidas cuando el beneficio $B(x)$ sea $B(x) < 0$.

De la misma gráfica se puede ver que eso sucede

para precios inferiores a 10€ o superiores a 90€

⇒ Hay pérdidas $(B(x) < 0)$ si $x < 10$ o $x > 90$

PROBLEMA 3   1ª Tirada   2ª Tirada

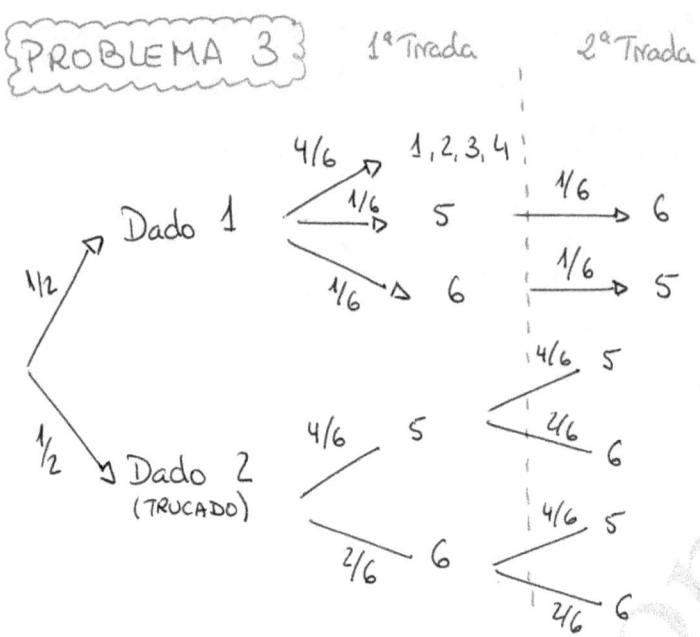

a) $P\left(6_{1a} \cap 5_{2a}\right) = P\left(\text{Dado } 1 \cap 6_{1a} \cap 5_{2a}\right) + P\left(\text{Dado } 2 \cap 6_{1a} \cap 5_{2a}\right) =$

$$= \frac{1}{2} \cdot \frac{1}{6} \cdot \frac{1}{6} + \frac{1}{2} \cdot \frac{2}{6} \cdot \frac{4}{6} = \frac{1}{8}$$

b) $P\left(\text{Sumar } 11\right) = P\left(5_{1a} \cap 6_{2a}\right) + P\left(6_{1a} \cap 5_{2a}\right) =$

$= P\left(\text{Dado } 1 \cap 5_{1a} \cap 6_{2a}\right) + P\left(\text{Dado } 1 \cap 6_{1a} \cap 5_{2a}\right) +$

$+ P\left(\text{Dado } 2 \cap 5_{1a} \cap 6_{2a}\right) + P\left(\text{Dado } 2 \cap 6_{1a} \cap 5_{2a}\right) =$

$$= \frac{1}{2} \cdot \frac{1}{6} \cdot \frac{1}{6} + \frac{1}{2} \cdot \frac{1}{6} \cdot \frac{1}{6} + \frac{1}{2} \cdot \frac{4}{6} \cdot \frac{2}{6} + \frac{1}{2} \cdot \frac{2}{6} \cdot \frac{4}{6} = \frac{1}{4}$$

c) $P\left(\text{Dado } 2 / 6_{1a} \cap 5_{2a}\right) = \dfrac{P\left(\text{Dado } 2 \cap 6_{1a} \cap 5_{2a}\right)}{P\left(6_{1a} \cap 5_{2a}\right)} = \dfrac{\frac{1}{2} \cdot \frac{2}{6} \cdot \frac{4}{6}}{1/8} = \dfrac{8}{9}$

OPCIÓN B

PROBLEMA 1

	Inversión	Intereses
Cuenta	x	$0'05x$
Depósito	y	$0'07y$
Bonos	z	$0'09z$

$$\left.\begin{array}{l} x + y + z = 42000 \\ 0'05x + 0'07y + 0'09z = 2600 \\ 0'05x = 0'07y + 0'09z - 200 \end{array}\right\}$$

$$\left.\begin{array}{l} x + y + z = 42000 \\ 5x + 7y + 9z = 260000 \\ -5x + 7y + 9z = 20000 \end{array}\right\} \qquad \begin{vmatrix} 1 & 1 & 1 \\ 5 & 7 & 9 \\ -5 & 7 & 9 \end{vmatrix} = -20$$

$$x = \frac{\begin{vmatrix} 42000 & 1 & 1 \\ 260000 & 7 & 9 \\ 20000 & 7 & 9 \end{vmatrix}}{-20} = \frac{-480000}{-20} = 24000 €$$

$$y = \frac{\begin{vmatrix} 1 & 42000 & 1 \\ 5 & 260000 & 9 \\ -5 & 20000 & 9 \end{vmatrix}}{-20} = \frac{-220000}{-20} = 11000 €$$

$$z = \frac{\begin{vmatrix} 1 & 1 & 42000 \\ 5 & 7 & 260000 \\ -5 & 7 & 20000 \end{vmatrix}}{-20} = \frac{-140000}{-20} = 7000 €$$

PÁGINA 5

PROBLEMA 2

$$f(t) = 30 + \frac{3}{2} t - \frac{1}{800} t^3 \quad \text{con } t \geq 0$$

a) $f'(t) = 0 + \frac{3}{2} - \frac{1}{800} \cdot 3t^2 = \frac{3}{2} - \frac{3t^2}{800}$

$f'(t) = 0 \longrightarrow \frac{3}{2} - \frac{3t^2}{800} = 0 \Rightarrow \frac{3t^2}{800} = \frac{3}{2} \Rightarrow t = 20$

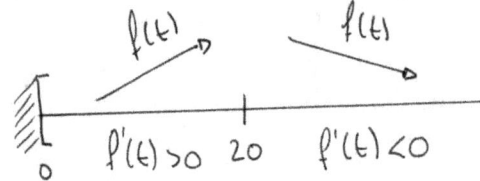

El máximo de extracción se alcanza a los $t = 20$ años

siendo la máxima extracción de:

$$f(t=20) = 30 + \frac{3}{2} \cdot 20 - \frac{1}{800} \cdot 20^3 = 50 \text{ toneladas de carbón.}$$

b) En el año 40 se extraen:

$$f(t=40) = 30 + \frac{3}{2} \cdot 40 - \frac{1}{800} \cdot 40^3 = 10 \text{ toneladas}$$

Por tanto, en el año $t = 40$ la explotación aún es rentable pues extraemos 10 toneladas de carbón.

c) Del estudio de la monotonía que hemos hecho en el apartado a), vemos que la cantidad de carbón extraida decrece $\forall t > 20$ años. Por otro lado vemos

que:

$f(t=40) = 10$ toneladas

$$\lim_{t \to \infty} \left(30 + \frac{3}{2}t - \frac{1}{800}t^3\right) = -\infty$$

Por tanto, podemos asegurar que $f(t) < 10$ $\forall t > 40$

no siendo rentable la explotación a partir del año 40.

Aunque no nos lo pide el ejercicio, la gráfica te

ayudará mucho a comprenderlo:

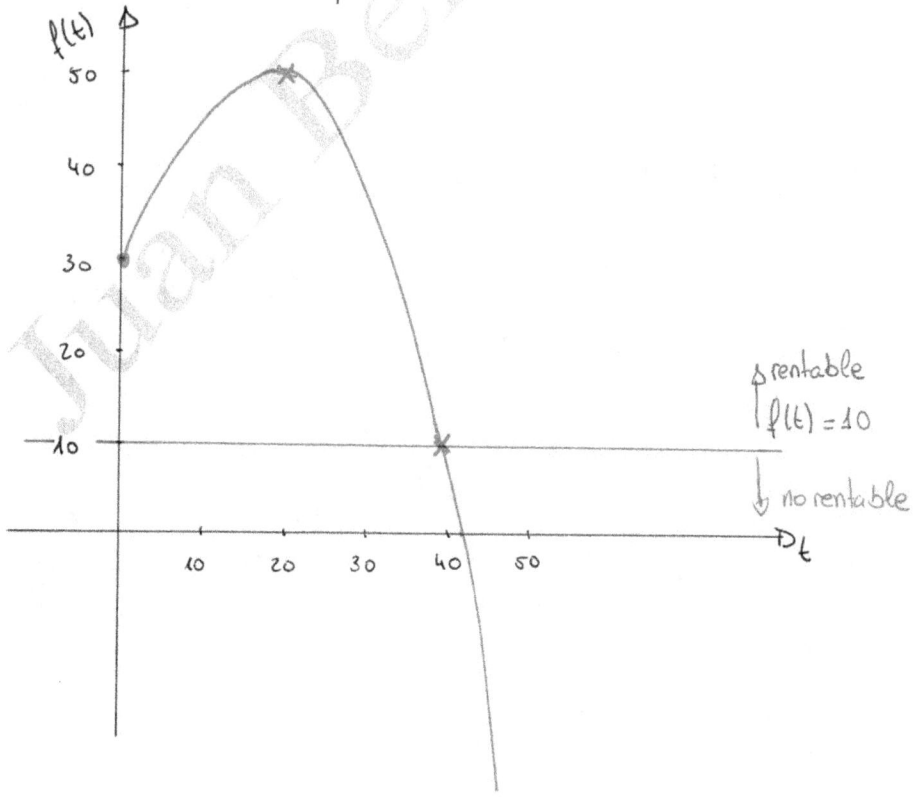

PROBLEMA 3

$\Omega = \{a, b, c, d, e\} \Rightarrow p(a) + p(b) + p(c) + p(d) + p(e) = 1 \Rightarrow p(b) = \frac{1}{6}$

$A = \{a, b, c\} \Rightarrow \bar{A} = \{d, e\}$

$B = \{b, d, e\} \Rightarrow \bar{B} = \{a, c\}$

a) $A \cap B = \{b\} \Rightarrow p(A \cap B) = p(b) = \frac{1}{6}$

b) $A \cup \bar{B} = \{a, b, c\} \Rightarrow p(A \cup \bar{B}) = p(a) + p(b) + p(c) =$

$= \frac{1}{8} + \frac{1}{6} + \frac{1}{8} = \frac{5}{12}$

c) $\bar{A} \cap \bar{B} = \{\phi\} \Rightarrow p(\bar{A} \cap \bar{B}) = 0$

d) $p(A|\bar{B}) = \dfrac{p(A \cap \bar{B})}{p(\bar{B})} = \dfrac{p(a) + p(c)}{p(a) + p(c)} = 1$

$A \cap \bar{B} = \{a, c\}$

e) $p(B|A) = \dfrac{p(A \cap B)}{p(A)} = \dfrac{p(b)}{p(a) + p(b) + p(c)} = \dfrac{1/6}{5/12} = \dfrac{2}{5}$

 GENERALITAT
VALENCIANA
Conselleria d'Educació,
Investigació, Cultura i Esport

COMISSIÓ GESTORA DE LES PROVES D'ACCÉS A LA UNIVERSITAT
COMISIÓN GESTORA DE LAS PRUEBAS DE ACCESO A LA UNIVERSIDAD

SISTEMA UNIVERSITARI VALENCIÀ
SISTEMA UNIVERSITARIO VALENCIANO

PROVES D'ACCÉS A LA UNIVERSITAT	PRUEBAS DE ACCESO A LA UNIVERSIDAD
CONVOCATÒRIA: JUNY 2019	CONVOCATORIA: JUNIO 2019
Assignatura: MATEMÀTIQUES APLICADES A LES CIÈNCIES SOCIALS II	Asignatura: MATEMÁTICAS APLICADAS A LAS CIENCIAS SOCIALES II

BAREMO DEL EXAMEN:
Se elegirá solo UNA de las dos OPCIONES, A o B, y se han de hacer los tres problemas de esa opción.
Cada problema se valorará de 0 a 10 puntos y la nota final será la media aritmética de los tres. Se permite el uso de calculadoras siempre que no sean gráficas o programables y que no puedan realizar cálculo simbólico ni almacenar texto o fórmulas en memoria. Se utilice o no la calculadora, los resultados analíticos, numéricos y gráficos deberán estar siempre debidamente justificados. Está permitido el uso de regla. Las gráficas se harán con el mismo color que el resto del examen.

OPCIÓN A

Todas las respuestas han de estar debidamente razonadas.

Problema 1. Un inversor dispone de 9000 euros y quiere invertir en dos tipos de productos financieros: A y B. La inversión en el producto A debe superar los 5000 euros y, además, esta debe ser el doble, al menos, que la inversión en el producto B. Se sabe que la rentabilidad del producto A es del 2,7% y la del producto B del 6,3%.

a) ¿Cuánto ha de invertir en cada producto para que la rentabilidad sea máxima?   *(8 puntos)*

b) ¿Cuál es esa rentabilidad máxima?   *(2 puntos)*

Problema 2. Dada la función $f(x) = \dfrac{x^2}{2-x}$, se pide:

a) Su dominio y los puntos de corte con los ejes coordenados.   *(2 puntos)*
b) Las asíntotas horizontales y verticales, si existen.   *(2 puntos)*

c) Los intervalos de crecimiento y decrecimiento.   *(2 puntos)*

d) Los máximos y mínimos locales.   *(2 puntos)*

e) La representación gráfica de la función a partir de los resultados obtenidos en los apartados anteriores.
     (2 puntos)

Problema 3. En una cierta ciudad, las dos terceras partes de los hogares tienen una Smart TV, de los cuales, las tres octavas partes han contratado algún servicio de televisión de pago, porcentaje que baja al 30% si consideramos el total de los hogares. Si se elige un hogar al azar

a) ¿Cuál es la probabilidad de que no tenga Smart TV pero sí haya contratado televisión de pago?
     (3 puntos)

b) ¿Cuál es la probabilidad de que tenga Smart TV si sabemos que ha contratado televisión de pago?
     (3 puntos)

c) ¿Cuál es la probabilidad de que no tenga Smart TV si sabemos que no ha contratado televisión de pago?
     (4 puntos)

OPCIÓN B

Todas las respuestas han de estar debidamente razonadas.

Problema 1. Dadas las matrices

$$A = \begin{pmatrix} 3 & 1 \\ 1 & 1 \end{pmatrix} \quad y \quad B = \begin{pmatrix} 0 & 2 \\ -1 & 2 \end{pmatrix}$$

Se pide:

    a) Calcular $(AB)^{-1}$.   *(3 puntos)*

    b) Calcular $AB^t - A^t B$.   *(3 puntos)*

    c) Resolver la ecuación $B^t X + A^t B = A^t$.   *(4 puntos)*

siendo A^t y B^t las matrices traspuestas de A y B, respectivamente.

Problema 2. En los primeros 6 años, una empresa obtuvo unos beneficios (en decenas de miles de euros) que pueden representarse mediante la función $f(t) = t^3 - 8t^2 + 15t$, donde t es el tiempo en años transcurridos.

    a) Determinar los periodos en los que la empresa tuvo beneficios y en los que tuvo pérdidas.   *(3 puntos)*

    b) ¿En qué valor de t se alcanzó el máximo beneficio y cuál fue este?   *(2+1 puntos)*

    c) ¿En qué valor de t se tuvo la máxima pérdida y cuál fue esta?   *(2+1 puntos)*

    d) Suponiendo que a partir de los 6 años los beneficios siguen la misma función, ¿volverá a tener la empresa periodos alternos de beneficios y pérdidas? Justifica la respuesta.   *(1 punto)*

Problema 3. Sabemos que el 5% de los hombres y el 2% de las mujeres que trabajan en una empresa tienen un salario mensual mayor que 5000 euros. Se sabe también que el 30% de los trabajadores de dicha empresa son mujeres.

    a) Calcula la probabilidad de que un trabajador de la empresa, elegido al azar, tenga un salario mensual mayor que 5000 euros.   *(3 puntos)*

    b) Si se elige al azar un trabajador de la empresa y se observa que su salario mensual es mayor que 5000 euros, ¿cuál es la probabilidad de que dicho trabajador sea mujer?   *(3 puntos)*

    c) ¿Qué porcentaje de trabajadores de la empresa son hombres con un salario mensual mayor que 5000 euros?   *(4 puntos)*

OPCIÓN A

PROBLEMA 1

	Inversión (€)	Rentabilidad (€)
Producto A:	X	$0'027x$
Producto B:	Y	$0'063y$
TOTAL:	$x+y$	$0'027x + 0'063y$

Función
Objetivo $\longrightarrow R(x,y) = 0'027x + 0'063y$

Restricciones:

$\left.\begin{array}{l} x > 5000 \\ x \geqslant 2y \; ; y \geqslant 0 \\ x + y \leq 9000 \end{array}\right\}$

$x \geqslant 2y \longrightarrow y \leq \dfrac{x}{2}$

$x + y \leq 9000 \longrightarrow y \leq 9000 - x$

X	$y = \dfrac{x}{2}$
0	0
2000	1000

X	$y = 9000 - x$
0	9000
9000	0

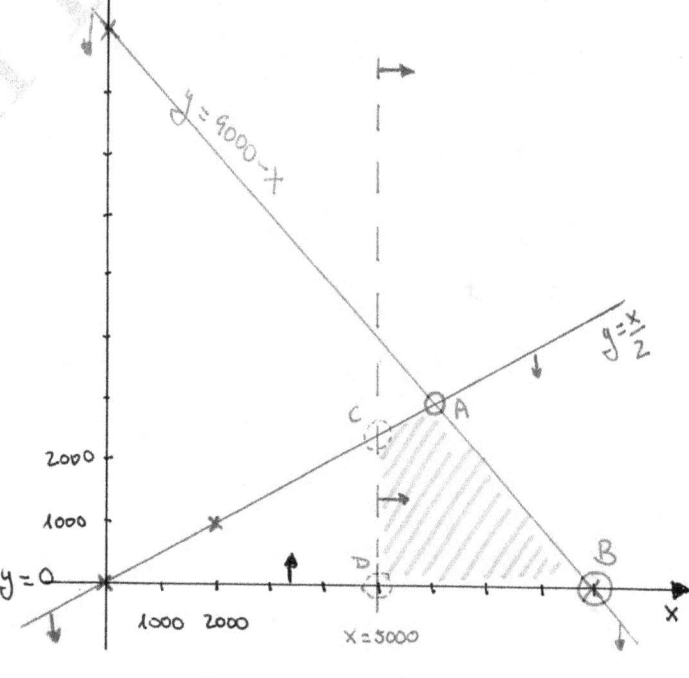

©Juan Bertomeu Ferrer
www.bertoblog.com

El vértice B lo tenemos ya directamente $\Rightarrow$ B(9000, 0)

El resto de vértices:

$$A \begin{cases} y = 9000 - x \\ y = \dfrac{x}{2} \end{cases} \Rightarrow 9000 - x = \dfrac{x}{2} \Rightarrow \dfrac{3x}{2} = 9000 \Rightarrow x = 6000$$

$$\Rightarrow y = 3000 \Rightarrow A(6000, 3000)$$

$$C \begin{cases} x = 5000 \\ y = \dfrac{x}{2} \end{cases} \Rightarrow C(5000, 2500) \; ; \; D(5000, 0)$$

$R(x,y) = 0'027x + 0'063y$

$R(5000, 0) = 0'027 \cdot 5000 = 135 \, €$

$R(5000, 2500) = 0'027 \cdot 5000 + 0'063 \cdot 2500 = 292'5 \, €$

$R(6000, 3000) = 0'027 \cdot 6000 + 0'063 \cdot 3000 = 351 \, €$

$R(9000, 0) = 0'027 \cdot 9000 = 243 \, €$

La rentabilidad máxima de 351€ se obtiene destinando 6000 € a la inversión en el producto A y 3000€ en el producto B.

* Ni los vértices C y D ni el segmento que los une forman parte de la región factible. No obstante, se calcula el valor de la función objetivo en dichos vértices para asegurarnos que el máximo no está ahí, pues si estuviese sería un poco más complejo el ejercicio.

PÁGINA 2

PROBLEMA 2

$$f(x) = \frac{x^2}{2-x}$$

* Dominio :

$$2 - x = 0 \Rightarrow x = 2 \Rightarrow Dom(f(x)) = \mathbb{R} - \{2\}$$

* Puntos de corte :

- Con el eje X: $f(x) = 0$

$$\frac{x^2}{2-x} = 0 \Rightarrow x^2 = 0 \Rightarrow x = 0 \Rightarrow PC(0,0)$$

- Con el eje Y: $x = 0$

$$f(0) = \frac{0^2}{2-0} = 0 \Rightarrow PC(0,0)$$

* Asíntotas Verticales :

$$\lim_{x \to 2} \frac{x^2}{2-x} = \left[\frac{4}{0}\right] \rightarrow \begin{cases} \lim_{x \to 2^-} \frac{x^2}{2-x} = +\infty \\ \\ \lim_{x \to 2^+} \frac{x^2}{2-x} = -\infty \end{cases}$$

$$\Rightarrow x = 2 \text{ es Asíntota Vertical}$$

* Asíntotas Horizontales :

$$\lim_{x \to \infty} \frac{x^2}{2-x} = \left[\frac{\infty}{\infty}\right] = \lim_{x \to \infty} \frac{x^2}{-x} = \lim_{x \to \infty} -x = -\infty$$

$$\lim_{x \to -\infty} \frac{x^2}{2-x} = \lim_{x \to \infty} \frac{x^2}{2+x} = \left[\frac{\infty}{\infty}\right] = \lim_{x \to \infty} \frac{x^2}{x} = +\infty$$

$f(x)$ no presenta asíntotas horizontales

PÁGINA 3

* Asíntota Oblicua: $y = mx + n$

$$m = \lim_{x \to \infty} \frac{f(x)}{x} = \lim_{x \to \infty} \frac{x^2}{2x - x^2} = \left[\frac{\infty}{\infty}\right] = \lim_{x \to \infty} \frac{x^2}{-x^2} = -1$$

$$n = \lim_{x \to \infty} (f(x) - mx) = \lim_{x \to \infty} \left(\frac{x^2}{2 - x} + x\right) = \lim_{x \to \infty} \frac{x^2 + 2x - x^2}{2 - x} =$$

$$= \lim_{x \to \infty} \frac{2x}{2 - x} = \left[\frac{\infty}{\infty}\right] = \lim_{x \to \infty} \frac{2x}{-x} = -2$$

$$\Rightarrow y = -x - 2 \text{ es Asíntota Oblicua.}$$

* Esto no lo pide el ejercicio, pero ya que ponen una función con asíntota oblicua, calcularla ayuda mucho para la representación.

* Monotonía y extremos relativos:

$$f'(x) = \frac{2x \cdot (2 - x) - x^2 \cdot (-1)}{(2 - x)^2} = \frac{4x - 2x^2 + x^2}{(2 - x)^2} = \frac{4x - x^2}{(2 - x)^2}$$

$$f'(x) = 0 \Rightarrow \frac{4x - x^2}{(2 - x)^2} = 0 \Rightarrow 4x - x^2 = 0$$
$$x(4 - x) = 0 \begin{cases} x = 0 \\ x = 4 \end{cases}$$

$f'(x) < 0$ 0 $f'(x) > 0$ (2) $f'(x) > 0$ 4 $f'(x) < 0$

Creciente: $(0, 2) \cup (2, 4)$

Decreciente: $(-\infty, 0) \cup (4, +\infty)$

Mínimo relativo : $(0, f(0)) \Rightarrow$ Mín $(0, 0)$

Máximo relativo : $(4, f(4)) \Rightarrow$ Máx $(4, -8)$

* Representación:

x	$y = -x - 2$
0	-2
-2	0

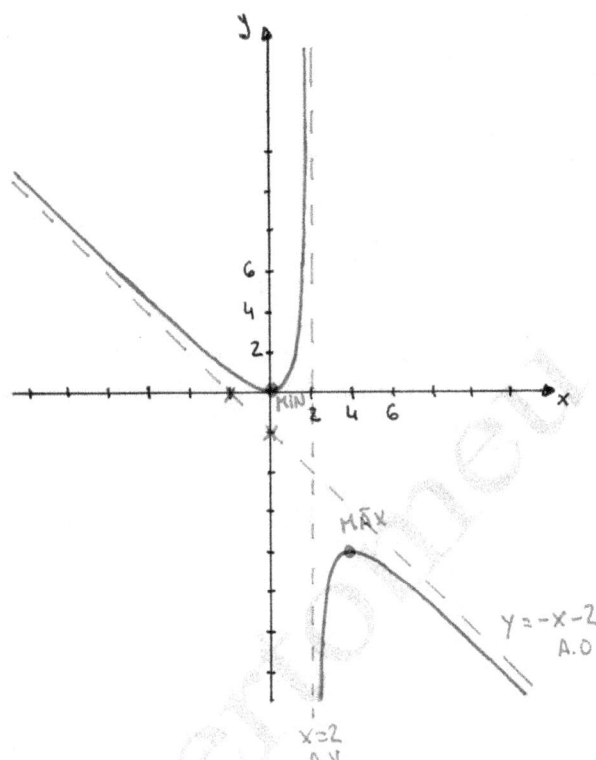

$y = -x - 2$
A.O

MÁX

MÍN

$x = 2$
A.V.

┌─────────────┐
│ PROBLEMA 3 │
└─────────────┘

Sean los sucesos:

A ≡ Tener SmartTV ; B ≡ Televisión Pago

Tenemos el dato $p(B) = 0'3$

$p(B) = p(A \cap B) + p(\bar{A} \cap B)$ ⇒

⇒ $0'3 = \frac{2}{3} \cdot \frac{3}{8} + \frac{1}{3} \cdot p(B/\bar{A})$ ⇒

⇒ $p(B/\bar{A}) = 0'15$

b) $p(A/B) = \dfrac{p(A \cap B)}{p(B)} = \dfrac{2/3 \cdot 3/8}{0'3} = \dfrac{5}{6}$

c) $p(\bar{A}/\bar{B}) = \dfrac{p(\bar{A} \cap \bar{B})}{p(\bar{B})} = \dfrac{1/3 \cdot 0'85}{1 - 0'3} = \dfrac{17}{42}$

a) $p(\bar{A} \cap B) = \dfrac{1}{3} \cdot 0'15 = 0'05$

PÁGINA 5

OPCIÓN B

PROBLEMA 1

a) $A \cdot B = \begin{pmatrix} 3 & 1 \\ 1 & 1 \end{pmatrix} \cdot \begin{pmatrix} 0 & 2 \\ -1 & 2 \end{pmatrix} = \begin{pmatrix} -1 & 8 \\ -1 & 4 \end{pmatrix}$

$(AB)^{-1} = \dfrac{1}{\det(AB)} \cdot \left[Adj(AB) \right]^{t}$; $\det(AB) = \begin{vmatrix} -1 & 8 \\ -1 & 4 \end{vmatrix} = 4$

$Adj(AB) = \begin{pmatrix} 4 & 1 \\ -8 & -1 \end{pmatrix}$; $\left[Adj(AB) \right]^{t} = \begin{pmatrix} 4 & -8 \\ 1 & -1 \end{pmatrix}$

$\Rightarrow (AB)^{-1} = \dfrac{1}{4} \cdot \begin{pmatrix} 4 & -8 \\ 1 & -1 \end{pmatrix} = \begin{pmatrix} 1 & -2 \\ 1/4 & -1/4 \end{pmatrix}$

b) $A \cdot B^{t} - A^{t} \cdot B = \begin{pmatrix} 3 & 1 \\ 1 & 1 \end{pmatrix} \cdot \begin{pmatrix} 0 & -1 \\ 2 & 2 \end{pmatrix} - \begin{pmatrix} 3 & 1 \\ 1 & 1 \end{pmatrix} \cdot \begin{pmatrix} 0 & 2 \\ -1 & 2 \end{pmatrix} =$

$= \begin{pmatrix} 2 & -1 \\ 2 & 1 \end{pmatrix} - \begin{pmatrix} -1 & 8 \\ -1 & 4 \end{pmatrix} = \begin{pmatrix} 3 & -9 \\ 3 & -3 \end{pmatrix}$

c) $B^{t} \cdot X + A^{t} \cdot B = A^{t} \Rightarrow B^{t} X = A^{t} - A^{t} \cdot B \Rightarrow$

$\underbrace{(B^{t})^{-1} \cdot B^{t}}_{I} \cdot X = (B^{t})^{-1} \left(A^{t} - A^{t} \cdot B \right) \Rightarrow X = (B^{t})^{-1} \left(A^{t} - A^{t} \cdot B \right)$

$B^{t} = \begin{pmatrix} 0 & -1 \\ 2 & 2 \end{pmatrix}$; $(B^{t})^{-1} = \dfrac{1}{\det(B^{t})} \cdot \left[Adj(B^{t}) \right]^{t}$

$\det(B^{t}) = \begin{vmatrix} 0 & -1 \\ 2 & 2 \end{vmatrix} = 2$; $Adj(B^{t}) = \begin{pmatrix} 2 & -2 \\ 1 & 0 \end{pmatrix}$

$\left(Adj(B^{t}) \right)^{t} = \begin{pmatrix} 2 & 1 \\ -2 & 0 \end{pmatrix} \Rightarrow (B^{t})^{-1} = \dfrac{1}{2} \cdot \begin{pmatrix} 2 & 1 \\ -2 & 0 \end{pmatrix}$

PÁGINA 6

$$A^t - A^t \cdot B = \begin{pmatrix} 3 & 1 \\ 1 & 1 \end{pmatrix} - \begin{pmatrix} -1 & 8 \\ -1 & 4 \end{pmatrix} = \begin{pmatrix} 4 & -7 \\ 2 & -3 \end{pmatrix}$$

$$\Rightarrow X = (B^t)^{-1} \cdot (A^t - A^t \cdot B) = \frac{1}{2} \cdot \begin{pmatrix} 2 & 1 \\ -2 & 0 \end{pmatrix} \cdot \begin{pmatrix} 4 & -7 \\ 2 & -3 \end{pmatrix} = \frac{1}{2} \cdot \begin{pmatrix} 10 & -17 \\ -8 & 14 \end{pmatrix}$$

$$\Rightarrow X = \begin{pmatrix} 5 & -17/2 \\ -4 & 7 \end{pmatrix}$$

PROBLEMA 2

$$f(t) = t^3 - 8t^2 + 15t \quad \text{con} \quad 0 \le t \le 6$$

a) Estudiamos el signo de $f(t)$:

$$t^3 - 8t^2 + 15t = 0 \qquad t = 0 \text{ años}$$

$$t(t^2 - 8t + 15) = 0 \qquad t^2 - 8t + 15 = 0 \qquad \begin{array}{l} t = 3 \text{ años} \\ t = 5 \text{ años} \end{array}$$

La empresa tendrá beneficios cuando $f(t) > 0$ y pérdidas cuando $f(t) < 0$. Así:

Beneficios en $(0,3) \cup (5,6]$ años.

Pérdidas en $(3,5)$ años

b) $f'(t) = 3t^2 - 16t + 15$

$f'(t) = 0 \rightarrow 3t^2 - 16t + 15 = 0$

$$t = \frac{16 \pm \sqrt{16^2 - 4 \cdot 15 \cdot 3}}{2 \cdot 3} = \frac{16 \pm 2\sqrt{19}}{2 \cdot 3} = \frac{8 \pm \sqrt{19}}{3}$$

$\Rightarrow t = 1'2137$ años   y $t = 4'1196$ años

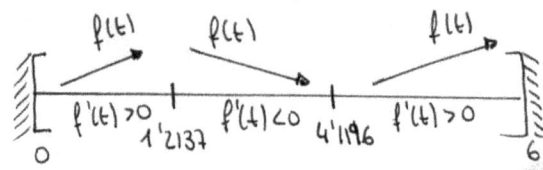

$\left.\begin{array}{l} f(0) = 0 \\ f(1'2137) = 8'21 \\ f(4'1196) = -4'06 \\ f(6) = 18 \end{array}\right\}$ El máximo beneficio de 18 decenas de miles de euros (180000€) se alcanza en el año 6 y la máxima pérdida de $-4'06$ decenas de miles de euros ($-40600€$) se alcanza a los $4'1196$ años.

d) Puesto que los únicos puntos de corte se producen en $t = 0$, $t = 3$ y $t = 5$ y hemos visto que si $t > 5$ años entonces $f(t) > 0$, podemos asegurar que la empresa tendrá beneficios $\forall t > 5$ (y además, éstos irán en aumento ya que $f'(t) > 0 \ \forall t > 5$)

PÁGINA 8

{PROBLEMA 3}

Sean los sucesos:

M ≡ Ser mujer

$\overline{M} = H \equiv$ Ser Hombre

G ≡ Ganar más de 5000 €/mes

Planteamos un árbol:

a) $p(G) = p(M \cap G) + p(H \cap G) =$

$= p(M) \cdot p(G/M) + p(H) \cdot p(G/M) =$

$= 0'3 \cdot 0'02 + 0'7 \cdot 0'05 = 0'041$

b) $p(M/G) = \dfrac{p(M \cap G)}{p(G)} = \dfrac{0'02 \cdot 0'3}{0'041} = \dfrac{6}{41} \approx 0'1463$

c) $p(H \cap G) = 0'7 \cdot 0'05 = 0'035$

El 3'5% de los trabajadores son hombres con un salario mayor que 5000 €.

205

 GENERALITAT VALENCIANA
Conselleria d'Educació,
Investigació, Cultura i Esport

COMISSIÓ GESTORA DE LES PROVES D'ACCÉS A LA UNIVERSITAT

COMISIÓN GESTORA DE LAS PRUEBAS DE ACCESO A LA UNIVERSIDAD

SISTEMA UNIVERSITARI VALENCIÀ
SISTEMA UNIVERSITARIO VALENCIANO

PROVES D'ACCÉS A LA UNIVERSITAT	PRUEBAS DE ACCESO A LA UNIVERSIDAD
CONVOCATÒRIA: JULIOL 2019	CONVOCATORIA: JULIO 2019
Assignatura: MATEMÀTIQUES APLICADES A LES CIÈNCIES SOCIALS II	Asignatura: MATEMÁTICAS APLICADAS A LAS CIENCIAS SOCIALES II

BAREMO DEL EXAMEN:
Se elegirá solo UNA de las dos OPCIONES, A o B, y se han de hacer los tres problemas de esa opción.
Cada problema se valorará de 0 a 10 puntos y la nota final será la media aritmética de los tres. Se permite el uso de calculadoras siempre que no sean gráficas o programables y que no puedan realizar cálculo simbólico ni almacenar texto o fórmulas en memoria. Se utilice o no la calculadora, los resultados analíticos, numéricos y gráficos deberán estar siempre debidamente justificados. Está permitido el uso de regla. Las gráficas se harán con el mismo color que el resto del examen.

OPCIÓN A

Todas las respuestas han de estar debidamente razonadas.

Problema 1. Un taller fabrica dos productos A y B. La producción de una unidad del producto A requiere 30 minutos para montar las piezas que lo forman y 40 minutos para pintarlo y la producción de una unidad del producto B exige 40 minutos para montar las piezas y 30 minutos para pintarlo.

Cada día se puede destinar como máximo 10 horas para montar piezas y 11 horas, también como máximo, para pintar los productos producidos.

Cada unidad del producto A se vende a 40 euros y cada unidad del producto B se vende a 35 euros.

¿Cuántas unidades se han de producir cada día de cada producto para obtener el máximo ingreso?
¿Cuál es dicho ingreso máximo?

(Planteamiento correcto 5 puntos – Resolución correcta 5 puntos)

Problema 2. Dada la función $f(x) = \dfrac{x^2 - 2x - 3}{x^2 + x - 2}$, se pide:

a) Su dominio y los puntos de corte con los ejes coordenados.   *(2 puntos)*
b) Las asíntotas horizontales y verticales, si existen.   *(2 puntos)*

c) Los intervalos de crecimiento y decrecimiento.   *(2 puntos)*

d) Los máximos y mínimos locales.   *(2 puntos)*

e) La representación gráfica de la función a partir de los resultados obtenidos en los apartados anteriores.

(2 puntos)

Problema 3. Un modelo de coche se fabrica en tres versiones: Van, Urban y Suv. El 25% de los coches son de motor híbrido. El 20% son de tipo Van y el 40% de tipo Urban. El 15% de los de tipo Van y el 40% de los de tipo Urban son híbridos. Se elige un coche al azar. Calcula:

a) La probabilidad de que sea de tipo Urban, sabiendo que es híbrido.   *(2,5 puntos)*
b) La probabilidad de que sea de tipo Van, sabiendo que no es híbrido.   *(2,5 puntos)*

c) La probabilidad de que sea híbrido, sabiendo que es de tipo Suv.   *(2,5 puntos)*

d) La probabilidad de que no sea de tipo Van ni tampoco híbrido.   *(2,5 puntos)*

OPCIÓN B

Todas las respuestas han de estar debidamente razonadas.

Problema 1. Una matriz cuadrada A se dice que es ortogonal si tiene inversa y dicha inversa coincide con su matriz traspuesta. Dada la matriz

$$A = \begin{pmatrix} \dfrac{1}{3} & -\dfrac{2}{3} & \dfrac{2}{3} \\ \dfrac{2}{3} & \dfrac{2}{3} & \dfrac{1}{3} \\ -\dfrac{2}{3} & \dfrac{1}{3} & \dfrac{2}{3} \end{pmatrix}$$

a) Calcula el determinante de A. *(2 puntos)*
b) Comprueba que A es una matriz ortogonal. *(4 puntos)*

c) Resuelve el sistema de ecuaciones $A \begin{pmatrix} x \\ y \\ z \end{pmatrix} = \begin{pmatrix} 1 \\ 1 \\ 1 \end{pmatrix}$. *(4 puntos)*

Problema 2. Consideremos la función

$$f(x) = \begin{cases} x^2 - 3x + 3 & \text{si } x \le 1 \\ \dfrac{ax^2}{x^2 + 1} & \text{si } x > 1 \end{cases}$$

a) Calcula el valor de a para que la función $y = f(x)$ sea continua en todo su dominio. *(2 puntos)*
b) Para el valor de a obtenido, calcula los intervalos de crecimiento y decrecimiento de la función. *(3 puntos)*
c) Para el valor de a obtenido, calcula las asíntotas horizontales y verticales, si existen. *(2 puntos)*
d) Calcula $\displaystyle\int_{-2}^{1} f(x)\,dx$. *(3 puntos)*

Problema 3. Un estudiante acude a la universidad el 70% de las veces usando su propio vehículo, y el doble de veces en transporte público que andando. Llega tarde el 1% de las veces que acude andando, el 3% de las que lo hace en transporte público y el 6% de las que lo hace con su propio vehículo. Se pide:

a) La probabilidad de que un día cualquiera llegue puntualmente. *(3 puntos)*
b) La probabilidad de que haya acudido en transporte público, sabiendo que ha llegado tarde. *(3 puntos)*
c) La probabilidad de que no haya acudido andando, sabiendo que ha llegado puntualmente. *(4 puntos)*

OPCIÓN A

PROBLEMA 1

	Unidades	Montaje (min)	Pintura (min)	Ingresos (€)
Producto A $\longrightarrow$	X	$30x$	$40x$	$40x$
Producto B $\longrightarrow$	Y	$40y$	$30y$	$35y$
TOTAL	$x+y$	$30x+40y$	$40x+30y$	$40x+35y$
Restricción		≤ 600	≤ 660	objetivo

Tenemos que hallar el máximo de $f(x,y) = 40x + 35y$ sujeta a las restricciones dadas por:

$$30x + 40y \leq 600 \quad 3x + 4y \leq 60 \longrightarrow y \leq \frac{60-3x}{4}$$

$$40x + 30y \leq 660 \quad 4x + 3y \leq 66 \longrightarrow y \leq \frac{66-4x}{3}$$

$$x \geq 0 \;;\; y \geq 0$$

X	$y = \frac{60-3x}{4}$
0	15
20	0

X	$y = \frac{66-4x}{3}$
0	22
16'5	0

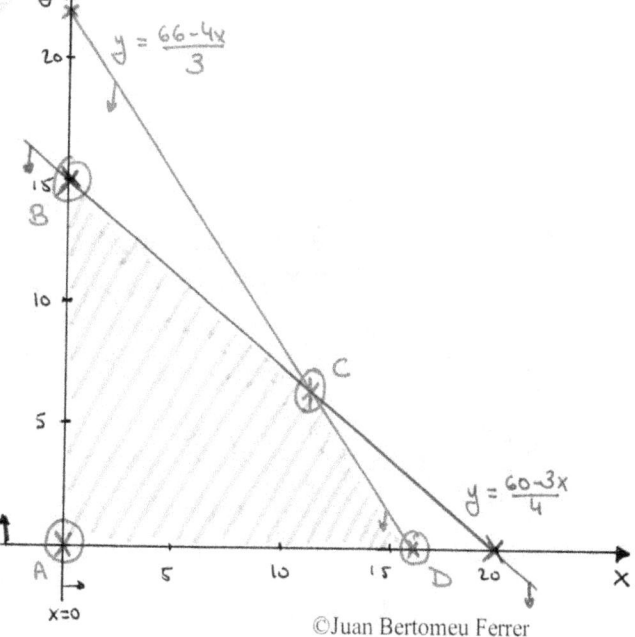

PÁGINA 1

Conocemos ya los vértices $A(0,0)$, $B(0,15)$ y $D(16'5,0)$

Para el vértice C resolvemos el sistema:

$$C \begin{cases} y = \dfrac{60-3x}{4} \\ y = \dfrac{66-4x}{3} \end{cases} \Rightarrow \dfrac{60-3x}{4} = \dfrac{66-4x}{3} \Rightarrow 180-9x = 264-16x \Rightarrow$$

$$\Rightarrow 7x = 84 \Rightarrow x=12 \Rightarrow y=6 \Rightarrow C(12,6)$$

$f(x,y) = 40x+35y$

$\llcorner f(0,0) = 0 €$

$\llcorner f(0,15) = 35 \cdot 15 = 525 €$

$\llcorner f(12,6) = 40 \cdot 12 + 35 \cdot 6 = 690€$

$\llcorner f(16'5,0) = 40 \cdot 16'5 = 660 €$

Han de producirse 12 unidades del producto A y 6 unidades del B para obtener los ingresos máximos de 690 €.

PROBLEMA 2

$$f(x) = \dfrac{x^2 - 2x - 3}{x^2 + x - 2}$$

* Dominio:

$$x^2 + x - 2 = 0 \begin{cases} x = -2 \\ x = 1 \end{cases} \Rightarrow \text{Dom}(f(x)) = \mathbb{R} - \{-2, 1\}$$

* Puntos de corte con eje X: $f(x) = 0$

$$\dfrac{x^2 - 2x - 3}{x^2 + x - 2} = 0 \Rightarrow x^2 - 2x - 3 = 0 \begin{cases} x = -1 \Rightarrow P_1(-1,0) \\ x = 3 \Rightarrow P_2(3,0) \end{cases}$$

PÁGINA 2

★ Punto de corte con el eje Y : x = 0

$$f(0) = \frac{0^2 - 2\cdot 0 - 3}{0^2 + 0 - 2} = \frac{3}{2} \implies P_3\left(0, \frac{3}{2}\right)$$

★ A. Verticales :

$$\lim_{x \to -2} \frac{x^2 - 2x - 3}{x^2 + x - 2} = \left[\frac{5}{0}\right] \longrightarrow \begin{cases} \lim_{x \to -2^-} \dfrac{x^2 - 2x - 3}{x^2 + x - 2} = +\infty \\[4mm] \lim_{x \to -2^+} \dfrac{x^2 - 2x - 3}{x^2 + x - 2} = -\infty \end{cases}$$

$$\implies x = -2 \text{ es asíntota vertical}$$

$$\lim_{x \to 1} \frac{x^2 - 2x - 3}{x^2 + x - 2} = \left[\frac{-4}{0}\right] \longrightarrow \begin{cases} \lim_{x \to 1^-} \dfrac{x^2 - 2x - 3}{x^2 + x - 2} = +\infty \\[4mm] \lim_{x \to 1^+} \dfrac{x^2 - 2x - 3}{x^2 + x - 2} = -\infty \end{cases}$$

$$\implies x = 1 \text{ es asíntota vertical.}$$

★ A. Horizontales

$$\lim_{x \to \infty} \frac{x^2 - 2x - 3}{x^2 + x - 2} = \left[\frac{\infty}{\infty}\right] = \lim_{x \to \infty} \frac{x^2}{x^2} = 1$$

$$\lim_{x \to -\infty} \frac{x^2 - 2x - 3}{x^2 + x - 2} = \lim_{x \to \infty} \frac{x^2 + 2x - 3}{x^2 - x - 2} = \left[\frac{\infty}{\infty}\right] = \lim_{x \to \infty} \frac{x^2}{x^2} = 1$$

$$\implies y = 1 \text{ es asíntota horizontal.}$$

PÁGINA 3

* Monotonía y extremos relativos:

$$f'(x) = \frac{(2x-2)\cdot(x^2+x-2)-(x^2-2x-3)(2x+1)}{(x^2+x-2)^2} = \frac{3x^2+2x+7}{(x^2+x-2)^2}$$

$$f'(x)=0 \longrightarrow 3x^2+2x+7=0 \; ; \; x=\frac{-2\pm\sqrt{4-84}}{2\cdot3} \Longrightarrow \nexists x \in \mathbb{R}$$

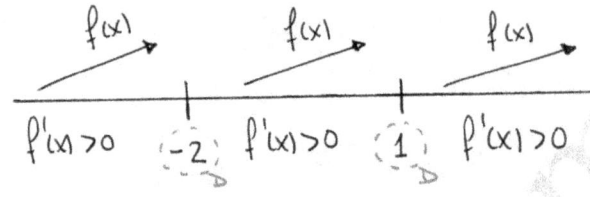

$f(x)$ es creciente $\forall x \in (-\infty,-2)\cup(-2,1)\cup(1,+\infty)$

$f(x)$ no presenta extremos relativos.

* Representación:

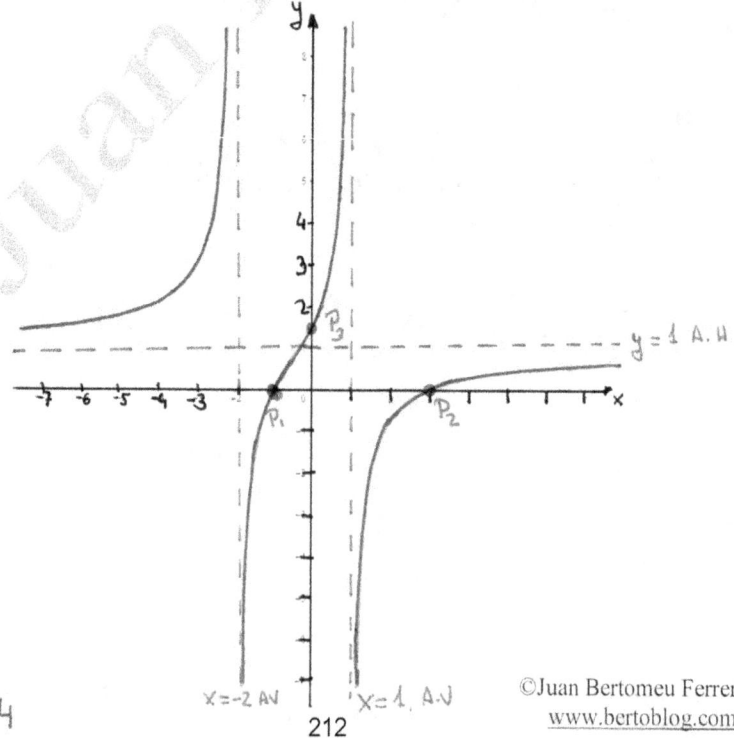

PROBLEMA 3

Sean los sucesos:

$V \equiv$ coche modelo Van

$U \equiv$ coche modelo Urban $H \equiv$ coche híbrido

$S \equiv$ coche model Suv

Representamos en diagrama en árbol:

Primero determinamos las probabilidades desconocidas:

$$p(V) + p(U) + p(S) = 1$$
$$0'2 + 0'4 + p(S) = 1$$
$$\Rightarrow p(S) = 0'4$$

Por otro lado, tenemos como dato que $p(H) = 0'25$, y por tanto:

$$p(H) = p(V) \cdot p(H/V) + p(U) \cdot p(H/U) + p(S) \cdot p(H/S)$$

$$0'25 = 0'2 \cdot 0'15 + 0'4 \cdot 0'4 + 0'4 \cdot p(H/S) \Rightarrow p(H/S) = 0'15$$

a) $p(U/H) = \dfrac{p(U \cap H)}{p(H)} = \dfrac{0'4 \cdot 0'4}{0'25} = 0'64$

b) $p(V/\bar{H}) = \dfrac{p(V \cap \bar{H})}{p(\bar{H})} = \dfrac{0'2 \cdot 0'85}{1 - 0'25} = \dfrac{17}{75} \approx 0'2267$

c) Ya lo hemos calculado antes $\Rightarrow p(H/S) = 0'15$

d) $p(\bar{V} \cap \bar{H}) = p(U \cap \bar{H}) + p(S \cap \bar{H}) = 0'4 \cdot 0'6 + 0'4 \cdot 0'85 = 0'58$

OPCIÓN B

PROBLEMA 1

$$A = \begin{pmatrix} 1/3 & -2/3 & 2/3 \\ 2/3 & 2/3 & 1/3 \\ -2/3 & 1/3 & 2/3 \end{pmatrix} \quad ; \quad \det(A) = \begin{vmatrix} 1/3 & -2/3 & 2/3 \\ 2/3 & 2/3 & 1/3 \\ -2/3 & 1/3 & 2/3 \end{vmatrix} =$$

$$= \left(\frac{1}{3}\right)^3 \cdot \begin{vmatrix} 1 & -2 & 2 \\ 2 & 2 & 1 \\ -2 & 1 & 2 \end{vmatrix} = \frac{1}{27} \cdot (4+4+4+8-1+8) = \frac{1}{27} \cdot 27 = 1$$

b) A es ortogonal si se cumple que $A^{-1} = A^t$. Si es

ortogonal, debe verificarse que:

$$A \cdot A^{-1} = I \underset{A^{-1}=A^t}{\Longrightarrow} A \cdot A^t = I$$

Veamos si se verifica:

$$A \cdot A^t = \begin{pmatrix} 1/3 & -2/3 & 2/3 \\ 2/3 & 2/3 & 1/3 \\ -2/3 & 1/3 & 2/3 \end{pmatrix} \cdot \begin{pmatrix} 1/3 & 2/3 & -2/3 \\ -2/3 & 2/3 & 1/3 \\ 2/3 & 1/3 & 2/3 \end{pmatrix} = \begin{pmatrix} 1 & 0 & 0 \\ 0 & 1 & 0 \\ 0 & 0 & 1 \end{pmatrix}$$

Como $A \cdot A^t = I \Rightarrow A^t = A^{-1} \Rightarrow$ A es ortogonal, como

queríamos demostrar.

c) Tenemos un sistema en forma matricial $AX = B$.

Además, acabamos de ver que A es invertible y que

$A^{-1} = A^t$. Así:

$$AX = B \Rightarrow A^{-1} \cdot AX = A^{-1} \cdot B \Rightarrow X = A^{-1} \cdot B \Rightarrow X = A^t \cdot B$$

$A^{-1} = A^t$

Y por tanto:

$$X = \begin{pmatrix} 1/3 & 2/3 & -2/3 \\ -2/3 & 2/3 & 1/3 \\ 2/3 & 1/3 & 2/3 \end{pmatrix} \cdot \begin{pmatrix} 1 \\ 1 \\ 1 \end{pmatrix} = \begin{pmatrix} 1/3 \\ 1/3 \\ 5/3 \end{pmatrix}$$

{PROBLEMA 2}

a) $$f(x) = \begin{cases} x^2 - 3x + 3 & \text{si } x \leq 1 \\[2mm] \dfrac{ax^2}{x^2+1} & \text{si } x > 1 \end{cases}$$

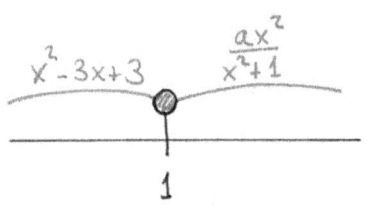

$$x^2 - 3x + 3 \qquad \frac{ax^2}{x^2+1}$$

1

Si $x < 1$ $\rightarrow$ $f(x) = x^2 - 3x + 3 \Rightarrow \text{Dom}(f(x)) = \mathbb{R}$

$\quad \hookrightarrow$ Continua en $(-\infty, 1)$

Si $x > 1$ $\rightarrow$ $f(x) = \dfrac{ax^2}{x^2+1} \Rightarrow \text{Dom}(f(x)) = \mathbb{R}$

$\quad \hookrightarrow$ Continua en $(1, +\infty)$

Si $x = 1$

$\quad f(1) = 1^2 - 3 \cdot 1 + 3 = 1$

PÁGINA 7

$$\lim_{x \to 1} f(x) \to \begin{cases} \lim_{x \to 1^-} (x^2 - 3x + 3) = 1 \\ \\ \lim_{x \to 1^+} \dfrac{ax^2}{x^2+1} = \dfrac{a}{2} \end{cases} \quad \dfrac{a}{2} = 1 \Rightarrow a = 2$$

Si $a = 2 \Rightarrow f(x)$ es continua en $x = 1$ y por tanto en $\mathbb{R}$

b) $\boxed{Si\ x < 1}$ → $f(x) = x^2 - 3x + 3$

$f'(x) = 2x - 3$

$f'(x) = 0 \to 2x - 3 = 0 \Rightarrow x = \dfrac{3}{2}$ (No sirve!!)

    debería ser $x < 1$

$\boxed{Si\ x > 1}$ → $f(x) = \dfrac{2x^2}{x^2+1}$

$f'(x) = \dfrac{4x(x^2+1) - 2x^2 \cdot 2x}{(x^2+1)^2} = \dfrac{4x}{(x^2+1)^2}$

$f'(x) = 0 \to 4x = 0 \Rightarrow x = 0$ (No sirve!!)

    debería ser $x > 1$

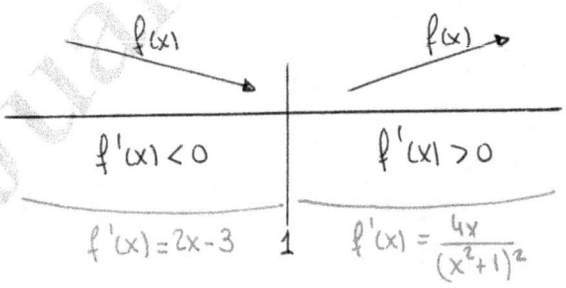

Creciente: $(1, +\infty)$

Decreciente: $(-\infty, 1)$

Mínimo relativo en $x = 1 \Rightarrow$ Min$(1, f(1)) \Rightarrow$ Min$(1, 1)$
(y también absoluto)

PÁGINA 8

c) A. Verticales:

Al ser continua en $\mathbb{R}$, $f(x)$ no presenta asíntota vertical

  A. Horizontales:

$$\lim_{x \to \infty} f(x) = \lim_{x \to \infty} \frac{2x^2}{x^2+1} = \left[\frac{\infty}{\infty}\right] = \lim_{x \to \infty} \frac{2x^2}{x^2} = 2$$

$$\lim_{x \to -\infty} f(x) = \lim_{x \to -\infty} (x^2 - 3x + 3) = +\infty$$

$\Rightarrow y = 2$ es A. Horizontal cuando $x \to \infty$

d) $\displaystyle\int_{-2}^{1} f(x)\,dx = \int_{-2}^{1} (x^2 - 3x + 3)\,dx = \left[\frac{x^3}{3} - \frac{3x^2}{2} + 3x\right]_{-2}^{1} =$

$$= \left(\frac{1}{3} - \frac{3}{2} + 3\right) - \left(-\frac{8}{3} - 6 - 6\right) = \frac{33}{2} = 16'5$$

{PROBLEMA 3}

Sean los sucesos:

A ≡ Ir en coche propio

B ≡ Ir en transporte público

C ≡ Ir andando

D ≡ Llegar tarde

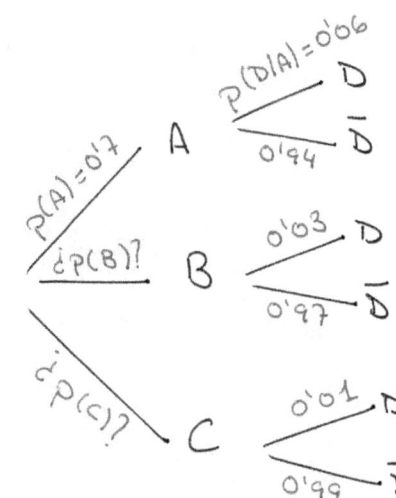

Si acude el doble de veces en transporte público que andando

$$p(B) = 2 \cdot p(C)$$

$$p(A) + p(B) + p(C) = 1 \rightarrow 0'7 + 3p(C) = 1 \Rightarrow$$

$$\Rightarrow p(C) = 0'1 \quad y \quad p(B) = 0'2$$

a) $p(\bar{D}) = p(A \cap \bar{D}) + p(B \cap \bar{D}) + p(C \cap \bar{D}) =$

$$= 0'7 \cdot 0'94 + 0'2 \cdot 0'97 + 0'1 \cdot 0'99 = 0'951$$

b) $p(B/D) = \dfrac{p(B \cap D)}{p(D)} = \dfrac{0'2 \cdot 0'03}{1 - 0'951} = 0'1224$

c) $p(\bar{C}/\bar{D}) = \dfrac{p(\bar{C} \cap \bar{D})}{p(\bar{D})} = \dfrac{p(A \cap \bar{D}) + p(B \cap \bar{D})}{p(\bar{D})} =$

$$= \dfrac{0'7 \cdot 0'94 + 0'2 \cdot 0'97}{0'951} = 0'8959$$

 GENERALITAT
VALENCIANA
Conselleria d'Innovació,
Universitats, Ciència
i Societat Digital

COMISSIÓ GESTORA DE LES PROVES D'ACCÉS A LA UNIVERSITAT

COMISIÓN GESTORA DE LAS PRUEBAS DE ACCESO A LA UNIVERSIDAD

SISTEMA UNIVERSITARI VALENCIÀ
SISTEMA UNIVERSITARIO VALENCIANO

PROVES D'ACCÉS A LA UNIVERSITAT	PRUEBAS DE ACCESO A LA UNIVERSIDAD
CONVOCATÒRIA: JULIOL 2020	CONVOCATORIA: JULIO 2020
Assignatura: MATEMÀTIQUES APLICADES A LES CIÈNCIES SOCIALS II	Asignatura: MATEMÁTICAS APLICADAS A LAS CIENCIAS SOCIALES II

BAREMO DEL EXAMEN: **Se han de constestar tres problemes de entre los seis propuestos.** Cada problema se valorará de 0 a 10 puntos y la nota final será la media aritmética de los tres. Se permite el uso de calculadoras siempre que no sean gráficas o programables y que no puedan realizar cálculo simbólico ni almacenar texto o fórmulas en memoria. Se utilice o no la calculadora, los resultados analíticos, numéricos y gráficos deberán estar siempre debidamente justificados. Está permitido el uso de regla. Las gráficas se harán con el mismo color que el resto del examen.

Todas las respuestas han de estar debidamente razonadas.

Problema 1. Para fertilizar una parcela de cultivo se utilizan dos tipos de fertilizantes, A y B. El cultivo de la parcela necesita un mínimo de 120 kilos de nitrógeno y 110 kilos de fósforo. El fertilizante A contiene un 25% de nitrógeno y un 15% de fósforo, siendo su precio de 1,2 euros el kilo, mientras que el fertilizante B contiene un 16% de nitrógeno y un 40% de fósforo y cuesta 1,6 euros el kilo.

    a) ¿Qué cantidad se necesita de cada tipo de fertilizante para que el coste de la fertilización resulte mínimo?

(8 puntos)

    b) ¿Cuál es este coste mínimo?   *(2 puntos)*

Problema 2. Dada la función $f(x) = \dfrac{2x^2-3x+5}{x^2-1}$, se pide:

    a) Su dominio y los puntos de corte con los ejes coordenados.   *(2 puntos)*
    b) Las asíntotas horizontales y verticales, si existen.   *(2 puntos)*
    c) Los intervalos de crecimiento y decrecimiento.   *(2 puntos)*
    d) Los máximos y mínimos locales.   *(2 puntos)*
    e) La representación gráfica de la función a partir de los resultados de los apartados anteriores.

(2 puntos)

Problema 3. Si un habitante de la ciudad de *Megalópolis* es portador del anticuerpo A, entonces 2 veces de cada 5 es portador del anticuerpo B. Por el contrario, si no es portador del anticuerpo A, entonces 4 veces de cada 5 no es portador del anticuerpo B. Si sabemos que la mitad de la población es portadora del anticuerpo A, calcula:

    a) La probabilidad de que un habitante de *Megalópolis* sea portador del anticuerpo B.
    b) La probabilidad de que si un habitante de *Megalópolis* es portador del anticuerpo B lo sea también del anticuerpo A.
    c) La probabilidad de que si un habitante de *Megalópolis* no es portador del anticuerpo B, tampoco lo sea del anticuerpo A.
    d) La probabilidad de que un habitante de *Megalópolis* sea portador del anticuerpo A y no lo sea del anticuerpo B.

(Cada apartado puntúa 2,5 puntos)

Problema 4. Dadas las matrices $A = \begin{pmatrix} 2 & 5 \\ 1 & 2 \end{pmatrix}$ y $B = \begin{pmatrix} 2 & 4 \\ 1 & 2 \end{pmatrix}$, se pide:

a) Halla la matriz inversa de A. *(3 puntos)*
b) Explica por qué la matriz B no tiene inversa. *(2 puntos)*
c) Razona por qué la matriz AB no tiene inversa. *(2 puntos)*
d) Resuelve la ecuación matricial $AB - AX = BA$. *(3 puntos)*

Problema 5. Una empresa farmacéutica lanza al mercado un nuevo fármaco que se distribuye en cajas de seis unidades. La relación entre el precio de cada caja y el beneficio mensual obtenido en euros viene dada por la función

$$B(x) = -x^2 + 16x - 55,$$

donde x es el precio de venta de una caja. Se pide:

a) ¿Qué beneficio obtiene cuando vende cada caja a 6 euros? *(2 puntos)*
b) ¿Entre qué valores debe fijar el precio de venta de cada caja para obtener beneficios? *(2 puntos)*
c) Calcula a qué precio ha de vender cada caja para que el beneficio sea máximo. ¿Cuál es el beneficio máximo? *(2+1 puntos)*
d) ¿Entre qué valores el beneficio crece y entre qué valores el beneficio decrece? *(3 puntos)*

Problema 6. Un profesor evalúa a sus estudiantes a través de un trabajo final. El profesor sabe por experiencia que el 5% de los trabajos no son originales, sino que son plagios. El profesor dispone de un programa informático para detectar plagios. La probabilidad de que el programa no clasifique correctamente un trabajo plagiado es 0,04 y la probabilidad de que clasifique como plagio un trabajo original es 0,02.

a) Calcula la probabilidad de que un trabajo final, elegido al azar, sea clasificado como plagio por el programa informático. *(3 puntos)*
b) Un trabajo es inspeccionado por el programa informático y es clasificado como original. ¿Cuál es la probabilidad de que dicho trabajo sea un plagio? *(4 puntos)*
c) ¿Qué porcentaje de trabajos finales son plagios y a la vez son clasificados como tales por el programa? *(3 puntos)*

PROBLEMA 1

	Kg	Nitrógeno (Kg)	Fósforo (Kg)	Coste (€)
Fertilizante A →	x	$0'25x$	$0'15x$	$1'2x$
Fertilizante B →	y	$0'16y$	$0'4y$	$1'6y$
TOTAL	$x+y$	$0'25x+0'16y$	$0'15x+0'4y$	$1'2x+1'6y$
Restricción —		≥ 120	≥ 110	objetivo

Tenemos que hallar el mínimo de $f(x,y) = 1'2x + 1'6y$

sujeta a las restricciones dadas por:

$0'25x + 0'16y \geq 120$
$0'15x + 0'4y \geq 110$
$x \geq 0 \; ; \; y \geq 0$

$y \geq \dfrac{120 - 0'25x}{0'16} \longrightarrow y \geq 750 - \dfrac{25}{16}x$

$y \geq \dfrac{110 - 0'15x}{0'4} \longrightarrow y \geq 275 - \dfrac{3}{8}x$

x	$y = 750 - \dfrac{25}{16}x$
0	750
480	0

x	$y = 275 - \dfrac{3}{8}x$
0	275
733'33	0

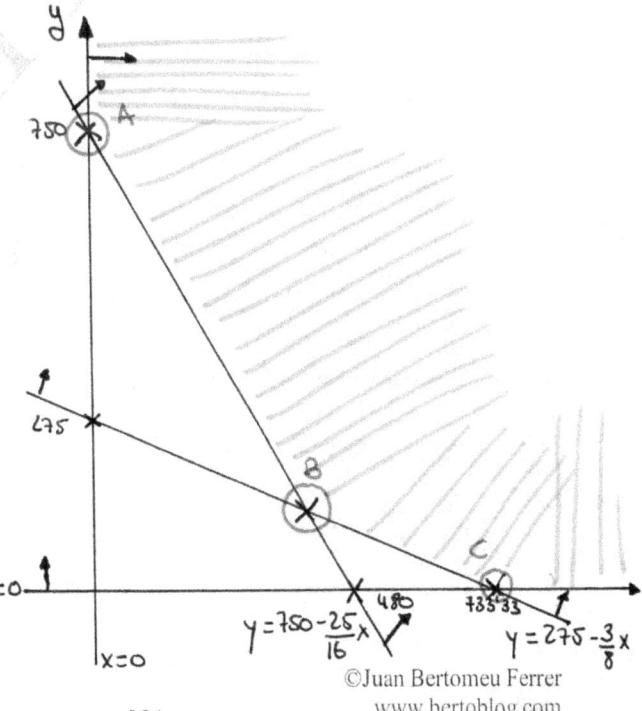

PÁGINA 1

Conocemos ya los vértices $A(0, 750)$ y $C(733'33, 0)$

Calculamos el vértice B:

$$\left. \begin{array}{l} y = 750 - \dfrac{25}{16}x \\[2mm] y = 275 - \dfrac{3}{8}x \end{array} \right\} \quad 750 - \dfrac{25}{16}x = 275 - \dfrac{3}{8}x \Rightarrow 475 = \dfrac{19}{16}x \Rightarrow$$

$$\Rightarrow x = 400 \Rightarrow y = 125 \Rightarrow B(400, 125)$$

$f(x, y) = 1'2x + 1'6y$

$\quad \hookrightarrow f(0, 750) = 1'6 \cdot 750 = 1200 \text{€}$

$\quad \hookrightarrow f(400, 125) = 1'2 \cdot 400 + 1'6 \cdot 125 = 680 \text{€}$

$\quad \hookrightarrow f(733'33, 0) = 1'2 \cdot 733'33 = 880 \text{€}$

Se necesitan 400 kg de fertilizante A y 125 kg de fertilizante para que el coste sea mínimo, siendo dicho

coste de 680 euros.

PROBLEMA 2

$$f(x) = \frac{2x^2 - 3x + 5}{x^2 - 1}$$

* Dominio:

$$x^2 - 1 = 0 \begin{cases} x = -1 \\ x = +1 \end{cases} \Rightarrow \text{Dom}(f(x)) = \mathbb{R} - \{-1, 1\}$$

* Puntos de corte con los ejes:

$\longrightarrow$ Con el eje X : $f(x) = 0$

$$\frac{2x^2 - 3x + 5}{x^2 - 1} = 0 \Rightarrow 2x^2 - 3x + 5 = 0 \Rightarrow \nexists x \in \mathbb{R} \Rightarrow \text{No corta}$$

→ Con el eje Y: $x = 0$

$$f(0) = \frac{2 \cdot 0^2 - 3 \cdot 0 + 5}{0^2 - 1} = -5 \Rightarrow PC(0, -5)$$

* Asíntotas:

→ Verticales:

$$\lim_{x \to -1} \frac{2x^2 - 3x + 5}{x^2 - 1} = \left[\frac{10}{0}\right] \longrightarrow \begin{cases} \lim_{x \to -1^-} \frac{2x^2 - 3x + 5}{x^2 - 1} = +\infty \\ \\ \lim_{x \to -1^+} \frac{2x^2 - 3x + 5}{x^2 - 1} = -\infty \end{cases}$$

$\Rightarrow x = -1$ es asíntota vertical

$$\lim_{x \to 1} \frac{2x^2 - 3x + 5}{x^2 - 1} = \left[\frac{4}{0}\right] \longrightarrow \begin{cases} \lim_{x \to 1^-} \frac{2x^2 - 3x + 5}{x^2 - 1} = -\infty \\ \\ \lim_{x \to 1^+} \frac{2x^2 - 3x + 5}{x^2 - 1} = +\infty \end{cases}$$

$\Rightarrow x = 1$ es asíntota vertical

→ Horizontales:

$$\lim_{x \to \infty} \frac{2x^2 - 3x + 5}{x^2 - 1} = \left[\frac{\infty}{\infty}\right] = \lim_{x \to \infty} \frac{2x^2}{x^2} = 2$$

$$\lim_{x \to -\infty} \frac{2x^2 - 3x + 5}{x^2 - 1} = \left[\frac{\infty}{\infty}\right] = \lim_{x \to -\infty} \frac{2x^2}{x^2} = 2$$

$\Rightarrow y = 2$ es asíntota horizontal

PÁGINA 3

* Monotonía y extremos relativos:

$$f'(x) = \frac{(4x-3)(x^2-1) - (2x^2-3x+5) \cdot 2x}{(x^2-1)^2} = \frac{3x^2 - 14x + 3}{(x^2-1)^2}$$

$$f'(x) = 0 \longrightarrow \frac{3x^2 - 14x + 3}{(x^2-1)^2} = 0 \Rightarrow 3x^2 - 14x + 3 = 0 \Big\langle \begin{array}{l} x = 4'4415 \\ x = 0'2251 \end{array}$$

$f(x)$ ↗ $f(x)$ ↗ $f(x)$ ↘ $f(x)$ ↘ $f(x)$ ↗

$f'(x) > 0$ (-1) $f'(x) > 0$ $0'2251$ $f'(x) < 0$ (1) $f'(x) < 0$ $4'4415$ $f'(x) > 0$

Creciente: $(-\infty, -1) \cup (-1, 0'2251) \cup (4'4415, \infty)$

Decreciente: $(0'2251, 1) \cup (1, 4'4415)$

Máximo relativo : $(0'2251, f(0'2251)) \Rightarrow$ Máx $(0'2251, -4'6623)$

Mínimo relativo : $(4'4415, f(4'4415)) \Rightarrow$ Mín $(4'4415, 1'6623)$

* Gráfica:

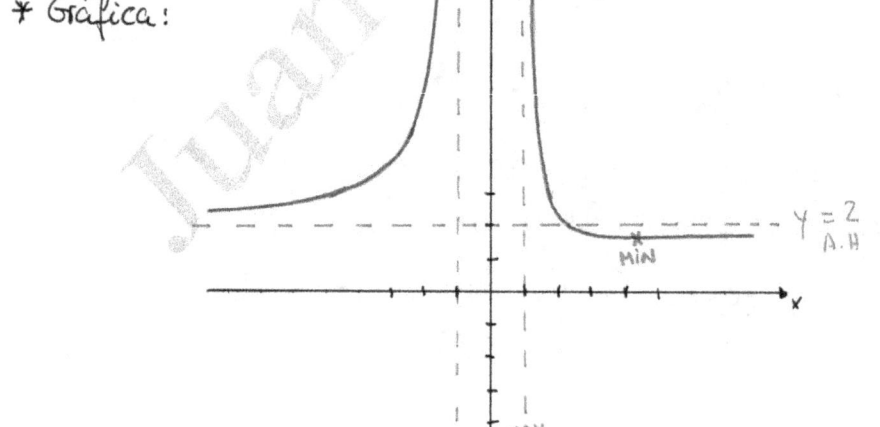

PROBLEMA 3

Sean los sucesos:

A ≡ ser portador del anticuerpo A

B ≡ ser portador del anticuerpo B

Los datos son:

$$p(A) = \frac{1}{2} \Rightarrow p(\bar{A}) = \frac{1}{2} \; ; \; p(B|A) = \frac{2}{5} \; ; \; p(\bar{B}|A) = \frac{4}{5}$$

$$p(A) + p(\bar{A}) = 1$$

Podemos hacer un diagrama en árbol:

$$p(B|A) = \frac{2}{5} B \longrightarrow p(A \cap B) = p(A) \cdot p(B|A) = \frac{1}{5}$$

$$A$$

$$p(\bar{B}/A) = \frac{3}{5} \; \bar{B} \longrightarrow p(A \cap \bar{B}) = p(A) \cdot p(\bar{B}|A) = \frac{3}{10}$$

$$p(A) = \frac{1}{2}$$

$$p(\bar{A}) = \frac{1}{2}$$

$$\bar{A} \quad p(B|\bar{A}) = \frac{1}{5} B \longrightarrow p(\bar{A} \cap B) = p(\bar{A}) \cdot p(B|\bar{A}) = \frac{1}{10}$$

$$p(\bar{B}|\bar{A}) = \frac{4}{5} \; \bar{B} \longrightarrow p(\bar{A} \cap \bar{B}) = p(\bar{A}) \cdot p(\bar{B}|\bar{A}) = \frac{2}{5}$$

Las probabilidades pedidas serán:

a) $p(B) = p(A \cap B) + p(\bar{A} \cap B) = \frac{1}{5} + \frac{1}{10} = \frac{3}{10}$

b) $p(A|B) = \dfrac{p(A \cap B)}{p(B)} = \dfrac{1/5}{3/10} = \dfrac{2}{3}$

c) $p(\bar{A}|\bar{B}) = \dfrac{p(\bar{A} \cap \bar{B})}{p(\bar{B})} = \dfrac{2/5}{1 - \frac{3}{10}} = \dfrac{4}{7}$

d) $p(A \cap \bar{B}) = \dfrac{3}{10}$

PÁGINA 5

PROBLEMA 4

$$A = \begin{pmatrix} 2 & 5 \\ 1 & 2 \end{pmatrix} \; ; \; B = \begin{pmatrix} 2 & 4 \\ 1 & 2 \end{pmatrix}$$

a) $A^{-1} = \dfrac{1}{\det(A)} \cdot [Adj(A)]^t \; ; \; \det(A) = \begin{vmatrix} 2 & 5 \\ 1 & 2 \end{vmatrix} = -1$

$$Adj(A) = \begin{pmatrix} 2 & -1 \\ -5 & 2 \end{pmatrix} \; ; \; [Adj(A)]^t = \begin{pmatrix} 2 & -5 \\ -1 & 2 \end{pmatrix}$$

$$\Rightarrow A^{-1} = \begin{pmatrix} -2 & 5 \\ 1 & -2 \end{pmatrix}$$

b) Como $\det(B) = \begin{vmatrix} 2 & 4 \\ 1 & 2 \end{vmatrix} = 0$, entonces $\not\exists \; B^{-1}$

c) $A \cdot B = \begin{pmatrix} 2 & 5 \\ 1 & 2 \end{pmatrix} \cdot \begin{pmatrix} 2 & 4 \\ 1 & 2 \end{pmatrix} = \begin{pmatrix} 9 & 18 \\ 4 & 8 \end{pmatrix}$

Como $\det(A \cdot B) = \begin{vmatrix} 9 & 18 \\ 4 & 8 \end{vmatrix} = 0 \Rightarrow \not\exists \; (AB)^{-1}$

d) $AB - AX = BA$

$AB - BA = AX \Rightarrow A^{-1}(AB - BA) = A^{-1} \cdot AX$

$\Rightarrow X = A^{-1} \cdot (AB - BA)$

$BA = \begin{pmatrix} 2 & 4 \\ 1 & 2 \end{pmatrix} \cdot \begin{pmatrix} 2 & 5 \\ 1 & 2 \end{pmatrix} = \begin{pmatrix} 8 & 18 \\ 4 & 9 \end{pmatrix}$

$AB - BA = \begin{pmatrix} 9 & 18 \\ 4 & 8 \end{pmatrix} - \begin{pmatrix} 8 & 18 \\ 4 & 9 \end{pmatrix} = \begin{pmatrix} 1 & 0 \\ 0 & -1 \end{pmatrix}$

$\Rightarrow X = A^{-1} \cdot (AB - BA) = \begin{pmatrix} -2 & 5 \\ 1 & -2 \end{pmatrix} \cdot \begin{pmatrix} 1 & 0 \\ 0 & -1 \end{pmatrix} = \begin{pmatrix} -2 & -5 \\ 1 & 2 \end{pmatrix}$

PÁGINA 6

PROBLEMA 5

$$B(x) = -x^2 + 16x - 55 \ (\text{€}) \quad \text{con } x > 0 \ ; \ x \equiv \text{precio de cada caja}$$

a) Si $x = 6$ €, entonces

$$B(6) = -6^2 + 16 \cdot 6 - 55 = 5 \text{ euros}$$

b) Hay beneficios si $B(x) > 0$:

$$-x^2 + 16x - 55 > 0 \ ; \ -x^2 + 16x - 55 = 0 \begin{cases} x = 5 \text{ euros} \\ x = 11 \text{ euros} \end{cases}$$

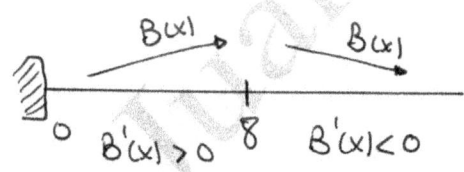

pérdidas   beneficios   pérdidas

0   5   11

$B(x) < 0$ $B(x) > 0$ $B(x) < 0$

Habrá beneficios si el precio de cada caja está entre 5 y 11 €. Es decir:

$$B(x) > 0 \quad \text{si} \quad x \in (5, 11)$$

c y d) $B'(x) = -2x + 16$

$$B'(x) = 0 \longrightarrow -2x + 16 = 0 \longrightarrow x = 8 \text{ €}$$

$B(x)$ $B(x)$

0   8

$B'(x) > 0$ $B'(x) < 0$

El beneficio crece si $x \in (0, 8)$

El beneficio decrece si $x > 8$

El beneficio es máximo si $x = 8$ euros, siendo el máximo beneficio:

$$B(8) = -8^2 + 16 \cdot 8 - 55 = 9 \text{ euros}$$

PÁGINA 7

{PROBLEMA 6}

Sean los sucesos:

A ≡ El trabajo es original

B ≡ El programa lo clasifica como plagio

Los datos son:

$p(\bar{A}) = 0'05$; $p(\bar{B}|\bar{A}) = 0'04$; $p(B|A) = 0'02$

Representamos un diagrama en árbol:

$p(B|A)=0'02$ → B → $p(A \cap B) = p(A) \cdot p(B|A) = 0'019$

$p(A)=0'95$ → A

$p(\bar{B}|A)=0'98$ → $\bar{B}$ → $p(A \cap \bar{B}) = p(A) \cdot p(\bar{B}|A) = 0'931$

$p(\bar{A})=0'05$ → $\bar{A}$

$p(B|\bar{A})=0'96$ → B → $p(\bar{A} \cap B) = p(\bar{A}) \cdot p(B|\bar{A}) = 0'048$

$p(\bar{B}|\bar{A})=0'04$ → $\bar{B}$ → $p(\bar{A} \cap \bar{B}) = p(\bar{A}) \cdot p(\bar{B}|\bar{A}) = 0'002$

Las probabilidades pedidas son:

a) $p(B) = p(A \cap B) + p(\bar{A} \cap B) = 0'019 + 0'048 = 0'067$

b) $p(\bar{A}|\bar{B}) = \dfrac{p(\bar{A} \cap \bar{B})}{p(\bar{B})} = \dfrac{0'002}{1-0'067} = 0'0021$

c) $p(\bar{A} \cap B) = 0'048 \longrightarrow$ El 4'8%

PÁGINA 8

**GENERALITAT
VALENCIANA**
Conselleria d'Innovació,
Universitats, Ciència
i Societat Digital

COMISSIÓ GESTORA DE LES PROVES D'ACCÉS A LA UNIVERSITAT

COMISIÓN GESTORA DE LAS PRUEBAS DE ACCESO A LA UNIVERSIDAD

SISTEMA UNIVERSITARI VALENCIÀ
SISTEMA UNIVERSITARIO VALENCIANO

PROVES D'ACCÉS A LA UNIVERSITAT	PRUEBAS DE ACCESO A LA UNIVERSIDAD
CONVOCATÒRIA: SETEMBRE 2020	CONVOCATORIA: SEPTIEMBRE 2020
Assignatura: MATEMÀTIQUES APLICADES A LES CIÈNCIES SOCIALS II	Asignatura: MATEMÁTICAS APLICADAS A LAS CIENCIAS SOCIALES II

BAREMO DEL EXAMEN: **Se han de contestar tres problemas de entre los seis propuestos.** Cada problema se valorará de 0 a 10 puntos y la nota final será la media aritmética de los tres. Se permite el uso de calculadoras siempre que no sean gráficas o programables y que no puedan realizar cálculo simbólico ni almacenar texto o fórmulas en memoria. Se utilice o no la calculadora, los resultados analíticos, numéricos y gráficos deberán estar siempre debidamente justificados. Está permitido el uso de regla. Las gráficas se harán con el mismo color que el resto del examen.

Todas las respuestas han de estar debidamente razonadas.

Problema 1. Una fábrica de juguetes artesanales produce camiones, marionetas y rompecabezas de madera. Para fabricar un camión necesita dos kilos de madera y tres horas de trabajo, mientras que para una marioneta necesita quinientos gramos de madera y cuatro horas de trabajo. En el caso de los rompecabezas necesita ochocientos gramos de madera y tres horas y media de trabajo para producir uno. Durante una semana, la empresa ha puesto en el mercado 89 juguetes utilizando exactamente 91 kilos de madera y 313 horas de trabajo. Determina el número de camiones, de marionetas y de rompecabezas producidos.

(Planteamiento correcto 5 puntos – Resolución correcta 5 puntos)

Problema 2. Dada la función $f(x) = \dfrac{x^2}{x-1}$, se pide:

a) Su dominio y los puntos de corte con los ejes coordenados. *(2 puntos)*
b) Las asíntotas horizontales y verticales, si existen. *(2 puntos)*
c) Los intervalos de crecimiento y decrecimiento. *(2 puntos)*
d) Los máximos y mínimos locales. *(2 puntos)*
e) La representación gráfica de la función a partir de los resultados obtenidos en los apartados anteriores. *(2 puntos)*

Problema 3. De dos sucesos A y B se sabe que satisfacen que $P(A) = 0,4$, $P(A \cup B) = 0,8$ y $P(A^C \cup B^C) = 0,7$, donde A^C y B^C representan los sucesos complementarios de los sucesos A y B, respectivamente. Se pide:

a) ¿Son independientes los sucesos A y B? *(2,5 puntos)*
b) La probabilidad de que solo se verifique uno de los sucesos. *(2,5 puntos)*
c) La probabilidad de que se verifique el suceso B^c. *(2,5 puntos)*
d) La probabilidad de que se verifique el suceso A^c/B. *(2,5 puntos)*

Problema 4. Dadas las matrices

$$A = \begin{pmatrix} 1 & 2 & 3 \\ 2 & 1 & 1 \end{pmatrix}, \ B = \begin{pmatrix} -1 & 0 \\ 2 & 2 \\ -1 & -1 \end{pmatrix} \ \text{y} \ \ C = \begin{pmatrix} 1 & -1 \\ 1 & 0 \end{pmatrix},$$

se pide:

  a) Calcula $(AB)^{-1}$.   *(4 puntos)*
  b) Calcula $C + AB$.   *(2 puntos)*
  c) ¿Son iguales las matrices $C^{-1} + (AB)^{-1}$ y $(C + AB)^{-1}$?   *(4 puntos)*

Problema 5. Una tienda de alquiler de bicicletas dispone mensualmente de 350 bicicletas. Haciendo un estudio entre los ingresos y los costes de explotación se ha determinado que los beneficios mensuales, en euros, se ajustan a la función

$$f(x) = 350x - x^2 - 15000,$$

siendo x el número de bicicletas alquiladas en un mes.

  a) Calcula el número de bicicletas que hay que alquilar cada mes para obtener un beneficio máximo.
                                                                             (3 puntos)
  b) ¿Cuál es dicho beneficio máximo?   *(2 puntos)*
  c) Determina a partir de qué cantidad de bicicletas alquiladas el taller obtiene beneficios.   *(2,5 puntos)*
  d) ¿Puede tener pérdidas a pesar de alquilar una cantidad mayor de bicicletas que la obtenida en el apartado anterior?   *(2,5 puntos)*

Problema 6. En una determinada ciudad, se sabe que el 80% de los hogares están formados por más de una persona. Se sabe también que el 30% de los hogares de esa ciudad están suscritos al canal *Panoramix*. Por último, se sabe que el 20% de los hogares están formados por más de una persona y están suscritos al canal *Panoramix*. Seleccionamos al azar un hogar de esta ciudad.

  a) Calcula la probabilidad de que el hogar seleccionado no esté suscrito al canal *Panoramix*.
  b) Calcula la probabilidad de que el hogar seleccionado esté formado por una única persona y también esté suscrito al canal *Panoramix*.
  c) Si sabemos que el hogar seleccionado está formado por una única persona, ¿cuál es la probabilidad de que esté suscrito al canal *Panoramix*?
  d) Si sabemos que el hogar seleccionado está suscrito al canal *Panoramix*, ¿cuál es la probabilidad de que esté formado por más de una persona?

(Cada apartado puntúa 2,5 puntos)

{PROBLEMA 1}

	unidades	Madera (Kg)	Trabajo (h)
Camiones →	x	$2x$	$3x$
Marionetas →	y	$0'5y$	$4y$
Rompecabezas →	z	$0'8z$	$3'5z$

$$x+y+z = 89$$
$$2x+0'5y+0'8z = 91$$
$$3x+4y+3'5z = 313$$

$$A^* = \begin{pmatrix} 1 & 1 & 1 & \vdots & 89 \\ 2 & 0'5 & 0'8 & \vdots & 91 \\ 3 & 4 & 3'5 & \vdots & 313 \end{pmatrix} \; ; \quad \det(A) = \begin{vmatrix} 1 & 1 & 1 \\ 2 & 0'5 & 0'8 \\ 3 & 4 & 3'5 \end{vmatrix} = 0'45$$

$$\Rightarrow rg(A) = rg(A^*) = 3 \Rightarrow T^{\overset{MA}{}} ROUCHÉ \Rightarrow Sistema\ Compatible$$

Determinado $\Rightarrow$ Cramer:

$$X = \frac{\begin{vmatrix} 89 & 1 & 1 \\ 91 & 0'5 & 0'8 \\ 313 & 4 & 3'5 \end{vmatrix}}{0'45} = \frac{10'35}{0'45} = 23 \quad camiones$$

$$y = \frac{\begin{vmatrix} 1 & 89 & 1 \\ 2 & 91 & 0'8 \\ 3 & 313 & 3'5 \end{vmatrix}}{0'45} = \frac{11'7}{0'45} = 26 \quad marionetas$$

$$z = \frac{\begin{vmatrix} 1 & 1 & 89 \\ 2 & 0'5 & 91 \\ 3 & 4 & 313 \end{vmatrix}}{0'45} = \frac{18}{0'45} = 40 \quad rompecabezas$$

PÁGINA 1

PROBLEMA 2

$$f(x) = \frac{x^2}{x-1}$$

Dominio:

$$x - 1 = 0 \Rightarrow x = 1 \Rightarrow \text{Dom}(f(x)) = \mathbb{R} - \{1\}$$

Puntos de corte:

→ Con el eje X : $f(x) = 0$

$$\frac{x^2}{x-1} = 0 \Rightarrow x^2 = 0 \Rightarrow x = 0 \Rightarrow PC\,(0,0)$$

→ Con el eje Y : $x = 0$

$$f(0) = \frac{0^2}{-1} = 0 \Rightarrow PC\,(0,0)$$

Asíntotas:

→ A. Verticales:

$$\lim_{x \to 1} \frac{x^2}{x-1} = \left[\frac{1}{0}\right] \rightarrow \begin{cases} \lim\limits_{x \to 1^-} \dfrac{x^2}{x-1} = -\infty \\[2mm] \lim\limits_{x \to 1^+} \dfrac{x^2}{x-1} = +\infty \end{cases}$$

$$\Rightarrow x = 1 \text{ es A. Vertical}$$

→ A. Horizontales:

$$\lim_{x \to \infty} \frac{x^2}{x-1} = \left[\frac{\infty}{\infty}\right] = \lim_{x \to \infty} \frac{x^2}{x} = \lim_{x \to \infty} x = \infty$$

$$\lim_{x \to -\infty} \frac{x^2}{x-1} = \lim_{x \to +\infty} \frac{x^2}{-x-1} = \lim_{x \to \infty} \frac{x^2}{-x} = -\infty$$

PÁGINA 2

232

→ A. oblicuas: $y = mx + n$

$$m = \lim_{x \to \infty} \frac{f(x)}{x} = \lim_{x \to \infty} \frac{x^2}{x^2 - x} = \left[\frac{\infty}{\infty}\right] = \lim_{x \to \infty} \frac{x^2}{x^2} = 1$$

$$n = \lim_{x \to \infty} (f(x) - mx) = \lim_{x \to \infty} \left(\frac{x^2}{x-1} - x\right) = \lim_{x \to \infty} \frac{x^2 - x^2 + x}{x - 1} =$$

$$= \lim_{x \to \infty} \frac{x}{x-1} = \left[\frac{\infty}{\infty}\right] = \lim_{x \to \infty} \frac{x}{x} = 1$$

$$\Rightarrow y = x + 1 \text{ es A. oblicua.}$$

Monotonía y extremos relativos:

$$f'(x) = \frac{2x(x-1) - x^2}{(x-1)^2} = \frac{2x^2 - 2x - x^2}{(x-1)^2} = \frac{x^2 - 2x}{(x-1)^2}$$

$$f'(x) = 0 \longrightarrow x^2 - 2x = 0 \Rightarrow x(x-2) = 0 \begin{cases} x = 0 \\ x = 2 \end{cases}$$

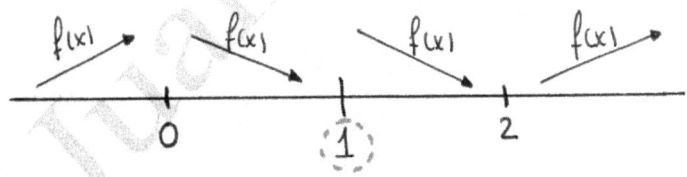

Creciente: $(-\infty, 0) \cup (2, +\infty)$

Decreciente: $(0, 1) \cup (1, 2)$

Máximo relativo en $x = 0 \Rightarrow$ Máx$(0, f(0)) \Rightarrow$ Máx$(0, 0)$

Mínimo relativo en $x = 2 \Rightarrow$ Min$(2, f(2)) \Rightarrow$ Min$(2, 4)$

Gráfica:

x	$y = x+1$
-1	0
0	1

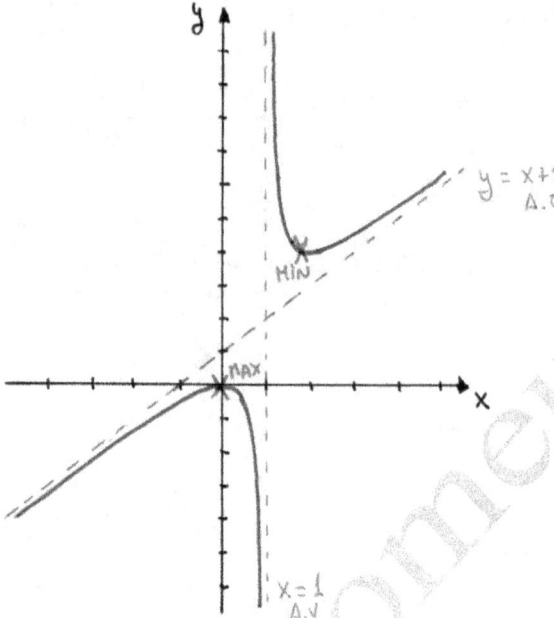

$y = x+1$
A.O

MIN

MAX

$x = 1$
A.V

PROBLEMA 3

Datos: $p(A) = 0'4$; $p(A \cup B) = 0'8$; $p(\bar{A} \cup \bar{B}) = 0'7$

a) $p(\bar{A} \cup \bar{B}) = p(\overline{A \cap B}) = 1 - p(A \cap B) \Rightarrow$

$\Rightarrow 0'7 = 1 - p(A \cap B) \Rightarrow p(A \cap B) = 0'3$

$p(A \cup B) = p(A) + p(B) - p(A \cap B)$

$0'8 = 0'4 + p(B) - 0'3 \Rightarrow p(B) = 0'7$

$p(A) = 0'4$

$p(A|B) = \dfrac{p(A \cap B)}{p(B)} = \dfrac{0'3}{0'7} = \dfrac{3}{7}$

Como $p(A) \neq p(A|B)$
A y B NO son
independientes.

PÁGINA 4

b) La probabilidad de que solo se verifique un suceso se calcula según:

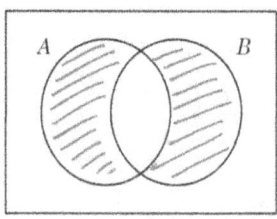

Solo un suceso

$p(A \cup B) - p(A \cap B) = 0'8 - 0'3 = 0'5$

c) Como $p(B) + p(\bar{B}) = 1 \Rightarrow p(\bar{B}) = 1 - p(B) = 1 - 0'7 = 0'3$

d) $p(\bar{A} \mid B) = \dfrac{p(\bar{A} \cap B)}{p(B)} = \dfrac{p(B) - p(A \cap B)}{p(B)} = \dfrac{0'7 - 0'3}{0'7} = \dfrac{4}{7}$

PROBLEMA 4

a) $A \cdot B = \begin{pmatrix} 1 & 2 & 3 \\ 2 & 1 & 1 \end{pmatrix} \cdot \begin{pmatrix} -1 & 0 \\ 2 & 2 \\ -1 & -1 \end{pmatrix} = \begin{pmatrix} 0 & 1 \\ -1 & 1 \end{pmatrix}$

$\det(AB) = \begin{vmatrix} 0 & 1 \\ -1 & 1 \end{vmatrix} = 1 \neq 0 \Rightarrow \exists\, (AB)^{-1}$

$(AB)^{-1} = \dfrac{1}{\det(AB)} \cdot \left[Adj\,(AB) \right]^{t}$

$Adj\,(AB) = \begin{pmatrix} 1 & 1 \\ -1 & 0 \end{pmatrix}, \left[Adj\,(AB) \right]^{t} = \begin{pmatrix} 1 & -1 \\ 1 & 0 \end{pmatrix} \rightarrow (AB)^{-1} = \begin{pmatrix} 1 & -1 \\ 1 & 0 \end{pmatrix}$

PÁGINA 5

b) $C + AB = \begin{pmatrix} 1 & -1 \\ 1 & 0 \end{pmatrix} + \begin{pmatrix} 0 & 1 \\ -1 & 1 \end{pmatrix} = \begin{pmatrix} 1 & 0 \\ 0 & 1 \end{pmatrix} = I$

c) $(C + AB)^{-1} = (I)^{-1} = I$

$C^{-1} = \dfrac{1}{\det(C)} \cdot [Adj(C)]^t \; ; \; \det(C) = \begin{vmatrix} 1 & -1 \\ 1 & 0 \end{vmatrix} = 1$

$Adj(C) = \begin{pmatrix} 0 & -1 \\ 1 & 1 \end{pmatrix} , \; [Adj(C)]^t = \begin{pmatrix} 0 & 1 \\ -1 & 1 \end{pmatrix} \rightarrow C^{-1} = \begin{pmatrix} 0 & 1 \\ -1 & 1 \end{pmatrix}$

$C^{-1} + (AB)^{-1} = \begin{pmatrix} 0 & 1 \\ -1 & 1 \end{pmatrix} + \begin{pmatrix} 1 & -1 \\ 1 & 0 \end{pmatrix} = \begin{pmatrix} 1 & 0 \\ 0 & 1 \end{pmatrix} = I$

Se verifica que $(C + AB)^{-1} = C^{-1} + (AB)^{-1} = I$

PROBLEMA 5

$$f(x) = 350x - x^2 - 15000 \quad \text{con} \quad 0 \le x \le 350$$

a y b) $f'(x) = 350 - 2x$

$f'(x) = 0 \longrightarrow 350 - 2x = 0 \Rightarrow x = 175 \text{ bicicletas}$

El beneficio será máximo cuando se alquilan 175 bicicletas, siendo dicho beneficio máximo de:

$$f(175) = 350 \cdot 175 - 175^2 - 15000 = 15625 \, €$$

PÁGINA 6

c y d) La tienda tendrá beneficios si $f(x) > 0$ y pérdidas

si $f(x) < 0$. Así:

$f(x) = -x^2 + 350x - 15000$ con $0 \le x \le 350$

$f(x) = 0 \rightarrow -x^2 + 350x - 15000 = 0$
- $x = 50$
- $x = 300$

Debe alquilar más de 50 pero menos de 300 bicicletas

para tener beneficios. Si alquila menos de 50 o

más de 300 bicicletas, la tienda tendrá pérdidas.

PROBLEMA 6

Sean los sucesos:

A ≡ El hogar está formado por más de una persona

B ≡ El hogar está suscrito al canal Panoramix

Tenemos los datos:

$$p(A) = 0'8 \; ; \; p(B) = 0'3 \; ; \; p(A \cap B) = 0'2$$

a) Como $p(B) + p(\bar{B}) = 1 \Rightarrow p(\bar{B}) = 1 - p(B) = 1 - 0'3 = 0'7$

b) $p(\bar{A} \cap B) = p(B) - p(A \cap B) = 0'3 - 0'2 = 0'1$

c) $p(B | \bar{A}) = \dfrac{p(B \cap \bar{A})}{p(\bar{A})} = \dfrac{p(B) - p(A \cap B)}{1 - p(A)} = \dfrac{0'3 - 0'2}{1 - 0'8} = \dfrac{1}{2}$

d) $p(A | B) = \dfrac{p(A \cap B)}{p(B)} = \dfrac{0'2}{0'3} = \dfrac{2}{3}$

238

PROVES D'ACCÉS A LA UNIVERSITAT	PRUEBAS DE ACCESO A LA UNIVERSIDAD
CONVOCATÒRIA: JUNY 2021	CONVOCATORIA: JUNIO 2021
Assignatura: MATEMÀTIQUES APLICADES A LES CIÈNCIES SOCIALS II	Asignatura: MATEMÁTICAS APLICADAS A LAS CIENCIAS SOCIALES II

BAREMO DEL EXAMEN: **Se han de contestar tres problemas de entre los seis propuestos.** Cada problema se valorará de 0 a 10 puntos y la nota final será la media aritmética de los tres. Se permite el uso de calculadoras siempre que no sean gráficas o programables y que no puedan realizar cálculo simbólico ni almacenar texto o fórmulas en memoria. Se utilice o no la calculadora, los resultados analíticos, numéricos y gráficos deberán estar siempre debidamente justificados. Está permitido el uso de regla. Las gráficas se harán con el mismo color que el resto del examen.

Todas las respuestas han de estar debidamente razonadas.

Problema 1. En una explotación ganadera se crían 100 animales. Cada ejemplar necesita diariamente como mínimo 5 kg de piensos de origen animal y como mínimo 3 kg de piensos de origen vegetal. Hay dos marcas A y B que venden sacos con mezclas de dichos piensos. La marca A vende sacos con 7 kg de piensos animales y 3 kg de piensos vegetales. La marca B vende sacos con 6 kg de piensos animales y 4 kg de piensos vegetales. Si los sacos de la marca A cuestan 12 euros y los de la marca B cuestan 11 euros,

    a) ¿cuál es la combinación de compra de sacos de cada marca que se ha de realizar semanalmente para minimizar el coste? *(8 puntos)*

    b) ¿cuál sería dicho coste mínimo? *(2 puntos)*

Problema 2. En una empresa de 57 trabajadores el gasto en salarios en este mes ha sido de 62000 euros. En la empresa hay trabajadores de tres categorías, denominadas A, B y C. Este mes el salario de los trabajadores de la categoría A ha sido de 800 euros, el de los trabajadores de la categoría B de 1000 euros y el de los trabajadores de la categoría C de 2000 euros. Una auditoría externa ha indicado que la desigualdad salarial entre los trabajadores de la empresa es excesiva, por lo que se ha decidido que el próximo mes se incrementará en un 4% el salario a los trabajadores de la categoría A, se mantendrá el salario a los trabajadores de la categoría B y se rebajará en un 10% el salario a los trabajadores de la categoría C. De esta manera, el gasto de la empresa en salarios en el próximo mes será un 2% inferior al gasto en salarios de este mes. ¿Cuántos trabajadores de cada categoría tiene la empresa?

(Planteamiento correcto 5 puntos --- Resolución correcta 5 puntos)

Problema 3. Dada la función $f(x) = \dfrac{1-x^2}{x^2-4}$, se pide:

    a) Su dominio y puntos de corte con los ejes coordenados. *(2 puntos)*

    b) Las asíntotas horizontales y verticales, si las hubiera. *(2 puntos)*

    c) Los intervalos de crecimiento y decrecimiento. *(2 puntos)*

    d) Los máximos y mínimos locales. *(2 puntos)*

    e) La representación gráfica de la función a partir de los resultados anteriores. *(2 puntos)*

Problema 4. Desde el inicio de 1980, la capacidad (cantidad de gas que puede extraerse) de una explotación gasística, expresada en miles de metros cúbicos, viene dada por la función

$$f(x) = 36600 + 1500x - 15x^2$$

donde la variable x representa el tiempo en años transcurridos desde el inicio de 1980.

a) Calcula la capacidad de la explotación al inicio de 1980. *(2 puntos)*

b) Calcula cuánto tiempo ha de pasar desde el inicio de 1980 para que la capacidad alcance su valor máximo, y cuál es dicho valor máximo (en miles de metros cúbicos). *(4 puntos)*

c) Si el beneficio en euros por metro cúbico de gas disminuye con los años según la función

$$g(x) = 3 - \frac{3x^2}{12100} \ ,$$

calcula cuánto tiempo debe pasar para que la explotación deje de ser rentable y cuál será la capacidad (en miles de metros cúbicos) de la explotación en ese momento. *(4 puntos)*

Problema 5. Si A y B son dos sucesos tales que $P(A) = 0,4$, $P(B|A) = 0,25$ y $P(B^c) = 0,75$, se pide

a) ¿Son independientes los sucesos A y B? ¿Por qué? *(2,5 puntos)*

b) Calcula $P(A \cup B)$. *(2,5 puntos)*

c) Calcula $P(A|B^c)$. *(2,5 puntos)*

d) Calcula $P(A^c \cup B^c)$ y $P(A^c \cap B^c)$. *(2,5 puntos)*

(A^c y B^c representan, respectivamente, el suceso complementario de A y el suceso complementario de B).

Problema 6. Una empresa fabrica protectores de pantalla para teléfonos móviles. La empresa produce tres tipos de protectores: de 4 pulgadas, de 4,7 pulgadas y de 5 pulgadas. Consideramos la población de los habitantes de una ciudad que poseen un único teléfono móvil y cuya medida es una de estas tres. Un estudio de mercado indica que el 30% de los teléfonos móviles tienen una pantalla de 4 pulgadas. Este mismo estudio también indica que el 30% de los usuarios de un teléfono móvil de una pantalla de 4 pulgadas utilizan un protector de pantalla. Este también es el caso del 25% de los que poseen un teléfono móvil con pantalla de 4,7 pulgadas y del 40% de los que poseen un teléfono móvil con una pantalla de 5 pulgadas.

a) Si el 34% de los que tienen un teléfono móvil usan un protector de pantalla, calculad el porcentaje de los que usan un teléfono móvil de 4,7 pulgadas y el porcentaje de los que usan un teléfono móvil de 5 pulgadas. *(4 puntos)*

b) Se considera un usuario de teléfono móvil con protector de pantalla. Calcula la probabilidad de que utilice un teléfono móvil con una pantalla de 5 pulgadas. *(3 puntos)*

c) Consideramos ahora una persona que tiene un teléfono móvil con protector de pantalla y cuya pantalla no es de 4,7 pulgadas. Calcula la probabilidad de que use un teléfono móvil con una pantalla de 5 pulgadas. *(3 puntos)*

PROBLEMA 1

	Sacos	Pienso Animal (Kg)	Pienso Vegetal (Kg)	Coste (€)
Marca A	x	$7x$	$3x$	$12x$
Marca B	y	$6y$	$4y$	$11y$
TOTAL	$x+y$	$7x+6y$	$3x+4y$	$12x+11y$
Restricción	✓	≥ 3500	≥ 2100	Objetivo (Mínimo)

Tenemos que hallar el mínimo de $f(x,y) = 12x + 11y$

sujeta a las restricciones dadas por:

$$\left. \begin{array}{l} 7x + 6y \geq 3500 \\ 3x + 4y \geq 2100 \\ x \geq 0 \; ; \; y \geq 0 \end{array} \right\} \quad \begin{array}{l} y \geq \dfrac{3500 - 7x}{6} \\[2mm] y \geq \dfrac{2100 - 3x}{4} \end{array}$$

x	$y = \dfrac{3500 - 7x}{6}$
0	$\dfrac{1750}{3}$
500	0

x	$y = \dfrac{2100 - 3x}{4}$
0	525
700	0

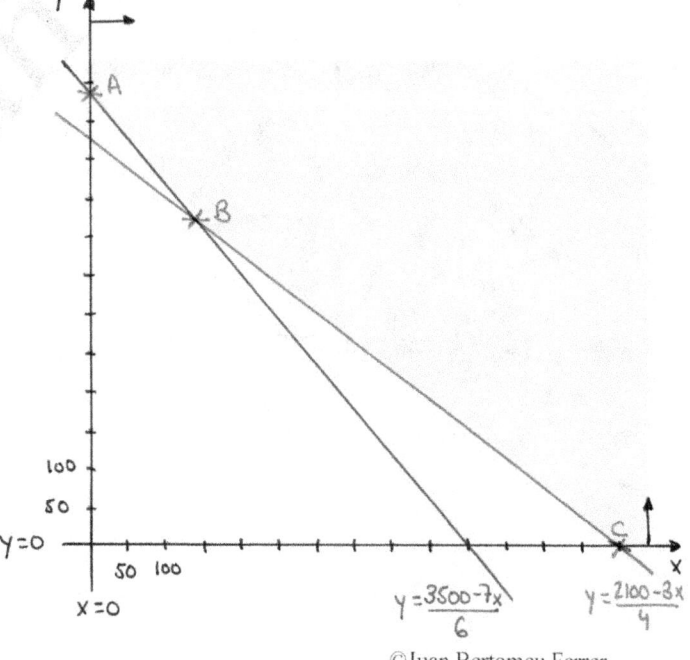

Tenemos ya los vértices $A\left(0, \frac{1750}{3}\right)$ y $C(700,0)$

Determinamos el vértice B:

$\left.\begin{array}{l} y = \frac{3500-7x}{6} \\[3mm] y = \frac{2100-3x}{4} \end{array}\right\}$ $\frac{3500-7x}{6} = \frac{2100-3x}{4}$ $\Rightarrow 14000 - 28x = 12600 - 18x \Rightarrow$

$\Rightarrow 10x = 1400 \Rightarrow x = 140 \Rightarrow y = 420 \Rightarrow B(140, 420)$

$f(x,y) = 12x + 11y$

$\hookrightarrow f\left(0, \frac{1750}{3}\right) = 11 \cdot \frac{1750}{3} = 6416'67 €$

$\hookrightarrow f(140, 420) = 12 \cdot 140 + 11 \cdot 420 = 6300 €$

$\hookrightarrow f(700, 0) = 12 \cdot 700 = 8400 €$

Hay que comprar 140 sacos de la marca A y 420 sacos de la marca B SEMANALMENTE para que el coste (6300 €) sea el mínimo.

PROBLEMA 2

	Trabajadores	Sueldo este mes	Sueldo mes próximo
Categoría A	x	$800x$	$1'04 \cdot 800x = 832x$
Categoría B	y	$1000y$	$1000y$
Categoría C	z	$2000z$	$0'90 \cdot 2000z = 1800z$
TOTAL	57	62000	$0'98 \cdot 62000 = 60760$

PÁGINA 2

$$x + y + z = 57$$

$$800x + 1000y + 2000z = 62000$$

$$832x + 1000y + 1800z = 60760$$

$$\left.\begin{array}{l} x + y + z = 57 \\ \xrightarrow{\div 200} 4x + 5y + 10z = 310 \\ \xrightarrow{\div 8} 104x + 125y + 225z = 7595 \end{array}\right\}$$

$$A^{*} = \begin{pmatrix} 1 & 1 & 1 & \vdots & 57 \\ 4 & 5 & 10 & \vdots & 310 \\ 104 & 125 & 225 & \vdots & 7595 \end{pmatrix} \;,\; det(A) = \begin{vmatrix} 1 & 1 & 1 \\ 4 & 5 & 10 \\ 104 & 125 & 225 \end{vmatrix} = -5$$

$$\Rightarrow rg(A) = rg(A^{*}) = 3 \Rightarrow T^{MA} \text{ROUCHÉ} \Rightarrow \text{Sistema Compatible}$$

Determinado. Con la regla de Cramer:

$$X = \dfrac{\begin{vmatrix} 57 & 1 & 1 \\ 310 & 5 & 10 \\ 7595 & 125 & 225 \end{vmatrix}}{-5} = \dfrac{-150}{-5} = 30 \text{ trabajadores categoría A}$$

$$Y = \dfrac{\begin{vmatrix} 1 & 57 & 1 \\ 4 & 310 & 10 \\ 104 & 7595 & 225 \end{vmatrix}}{-5} = \dfrac{-80}{-5} = 16 \text{ trabajadores categoría B}$$

$$z = \dfrac{\begin{vmatrix} 1 & 1 & 57 \\ 4 & 5 & 310 \\ 104 & 125 & 7595 \end{vmatrix}}{-5} = \dfrac{-55}{-5} = 11 \text{ trabajadores categoría C}$$

PÁGINA 3

©Juan Bertomeu Ferrer
www.bertoblog.com

PROBLEMA 3

$$f(x) = \frac{1-x^2}{x^2-4}$$

Dominio:

$$x^2 - 4 = 0 \implies x^2 = 4 \begin{cases} x = -2 \\ x = +2 \end{cases} \quad \text{Dom}(f(x)) = \mathbb{R} \smallsetminus \{-2, 2\}$$

Puntos de corte con los ejes:

→ **Con el eje X :** $f(x) = 0$

$$\frac{1-x^2}{x^2-4} = 0 \implies 1-x^2 = 0 \implies x^2 = 1 \begin{cases} x = -1 \longrightarrow PC(-1, 0) \\ x = 1 \longrightarrow PC(1, 0) \end{cases}$$

→ **Con el eje Y :** $x = 0$

$$f(0) = \frac{1-0}{0-4} = -\frac{1}{4} \longrightarrow PC\left(0, -\frac{1}{4}\right)$$

Asíntotas:

→ **Verticales:**

$$\lim_{x \to -2} \frac{1-x^2}{x^2-4} = \left[\frac{-3}{0}\right] \longrightarrow \begin{cases} \lim\limits_{x \to -2^-} \frac{1-x^2}{x^2-4} = \left[\frac{-3}{0^+}\right] = -\infty \\[2mm] \lim\limits_{x \to -2^+} \frac{1-x^2}{x^2-4} = \left[\frac{-3}{0^-}\right] = +\infty \end{cases}$$

$x = -2$ es A. Vertical

$$\lim_{x \to 2} \frac{1-x^2}{x^2-4} = \left[\frac{-3}{0}\right] \longrightarrow \begin{cases} \lim\limits_{x \to 2^-} \frac{1-x^2}{x^2-4} = \left[\frac{-3}{0^-}\right] = +\infty \\[2mm] \lim\limits_{x \to 2^+} \frac{1-x^2}{x^2-4} = \left[\frac{-3}{0^+}\right] = -\infty \end{cases}$$

$x = 2$ es A. Vertical

PÁGINA 4

⟶ Horizontales:

$$\lim_{x \to \infty} \frac{1-x^2}{x^2-4} = -1$$

$$\lim_{x \to -\infty} \frac{1-x^2}{x^2-4} = -1$$

$y = -1$ es A. Horizontal tanto cuando $x \to \infty$ como cuando $x \to -\infty$

Monotonía y extremos relativos:

$$f'(x) = \frac{-2x \cdot (x^2-4) - (1-x^2) \cdot 2x}{(x^2-4)^2} = \frac{6x}{(x^2-4)^2}$$

$$f'(x) = 0 \longrightarrow \frac{6x}{(x^2-4)^2} = 0 \longrightarrow 6x = 0 \Rightarrow x = 0$$

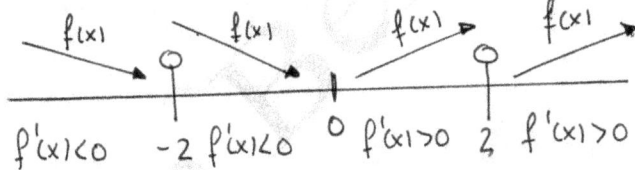

$f'(x)<0$ -2 $f'(x)<0$ 0 $f'(x)>0$ 2 $f'(x)>0$

Decreciente: $(-\infty, -2) \cup (-2, 0)$

Creciente: $(0, 2) \cup (2, +\infty)$

Mínimo relativo en $x = 0 \Rightarrow \text{Mín}(0, f(0)) = \left(0, -\frac{1}{4}\right)$

Gráfica :

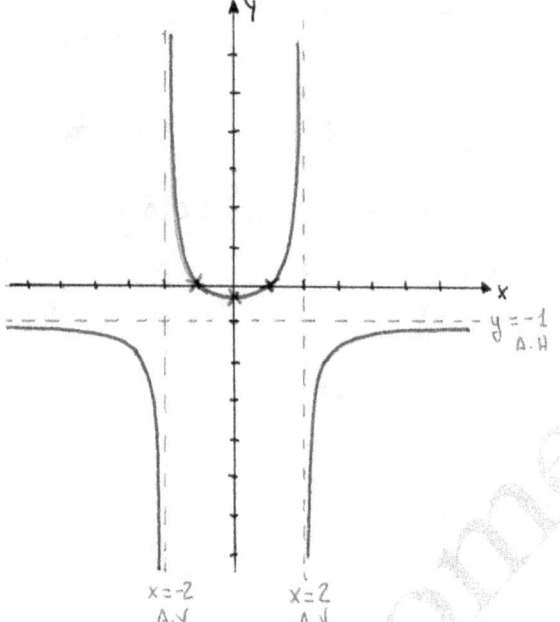

x=-2
A.V

x=2
A.V

y=-1
A.H

PROBLEMA 4

$f(x) = 36600 + 1500x - 15x^2$ miles de metros cúbicos

$x \equiv$ tiempo (años desde 1980)

$x \geqslant 0$

a) $f(0) = 36600$ miles de $m^3 = 3'66 \cdot 10^7 \, m^3$ de gas

b) $f'(x) = 1500 - 30x$

$f'(x) = 0 \longrightarrow 1500 - 30x = 0 \Rightarrow x = 50$ años

$f(x)\nearrow$ $f(x)\searrow$ La capacidad alcanzará su

0 $f'(x)>0$ 50 $f'(x)<0$ valor máximo a los 50 años

siendo dicha capacidad máxima :

$f(50) = 36600 + 1500 \cdot 50 - 15 \cdot 50^2 = 74100$ miles de m^3

PÁGINA 6

c) $g(x) = 3 - \dfrac{3x^2}{12100}$ €/m³

La explotación es rentable mientras sea $g(x) > 0$. Así:

$g(x) > 0 \longrightarrow 3 - \dfrac{3x^2}{12100} > 0 \longrightarrow -\dfrac{3x^2}{12100} > -3 \Rightarrow$

$\Rightarrow \dfrac{3x^2}{12100} < 3 \longrightarrow \dfrac{x^2}{12100} < 1 \Rightarrow x^2 < 12100 \Rightarrow x < 110 \text{ años}$

La explotación deja de ser rentable a los $x = 110$ años

y la capacidad a los 110 años:

$f(110) = 36600 + 1500 \cdot 110 - 15 \cdot 110^2 = 20100$ miles de m³

PROBLEMA 5

Datos: $p(A) = 0'4$; $p(B|A) = 0'25$; $p(\bar{B}) = 0'75$

a) $p(B) + p(\bar{B}) = 1 \Rightarrow p(B) = 1 - p(\bar{B}) = 1 - 0'75 = 0'25$

Como $p(B|A) = p(B) \Rightarrow$ A y B son independientes.

b) $p(A \cup B) = p(A) + p(B) - p(A \cap B)$

$p(B|A) = \dfrac{p(A \cap B)}{p(A)} \longrightarrow 0'25 = \dfrac{p(A \cap B)}{0'4} \Rightarrow p(A \cap B) = 0'1$

$\longrightarrow p(A \cup B) = 0'4 + 0'25 - 0'1 = 0'55$

c) $p(A \mid \bar{B}) = \dfrac{p(A \cap \bar{B})}{p(\bar{B})} = \dfrac{p(A) - p(A \cap B)}{p(\bar{B})} =$

$$= \dfrac{0'4 - 0'1}{0'75} = 0'4$$

d) $p(\bar{A} \cup \bar{B}) = 1 - p(A \cap B) = 1 - 0'1 = 0'9$

$p(\bar{A} \cap \bar{B}) = 1 - p(A \cup B) = 1 - 0'55 = 0'45$

PROBLEMA 6

Sean los sucesos:

A ≡ Teléfono de 4" ; B ≡ Teléfono de 4.7" ; C ≡ Teléfono de 5"

D ≡ Utiliza protector de pantalla

Con los datos, hacemos un diagrama en árbol según:

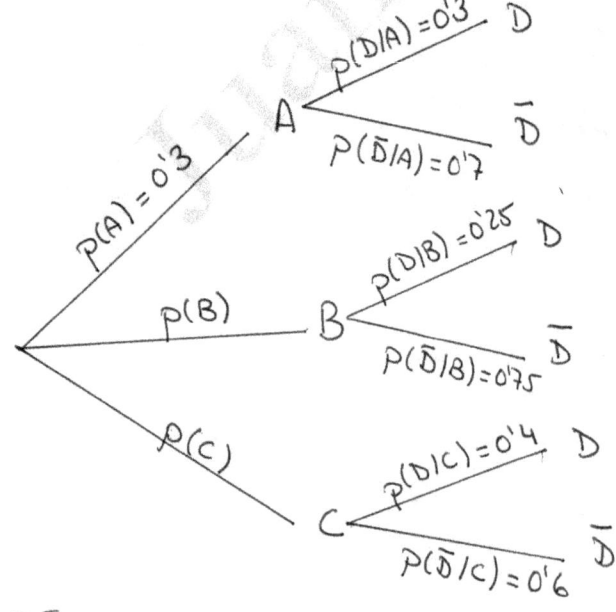

a) Se nos da $p(D) = 0'34$:

$$p(D) = p(A \cap D) + p(B \cap D) + p(C \cap D) \Rightarrow$$

$$0'34 = 0'3 \cdot 0'3 + p(B) \cdot 0'25 + p(C) \cdot 0'4$$

$$0'25 = 0'25\, p(B) + 0'4\, p(C) \quad (\text{Ecuación 1})$$

Por otro lado sabemos:

$$p(A) + p(B) + p(C) = 1 \longrightarrow p(B) + p(C) = 0'7 \quad (\text{Ecuación 2})$$

Hacemos el sistema:

$$\left.\begin{array}{l} 0'25\,p(B) + 0'4\,p(C) = 0'25 \\ p(B) + p(C) = 0'7 \end{array}\right\} \quad E_1 - 0'25\,E_2 \longrightarrow 0'15\,p(C) = 0'075 \Rightarrow$$

$$\Rightarrow p(C) = \frac{0'075}{0'15} = 0'5 \Rightarrow p(B) = 0'7 - 0'5 = 0'2$$

El 20% de los teléfonos son de 4.7" y el 50% de

los teléfonos son de 5".

b) $p(C \mid D) = \dfrac{p(C \cap D)}{p(D)} = \dfrac{0'5 \cdot 0'4}{0'34} = \dfrac{10}{17} = 0'5882$

c) $p(C \mid (D \cap \bar{B})) = \dfrac{p(C \cap D)}{p(A \cap D) + p(C \cap D)} = \dfrac{0'5 \cdot 0'4}{0'3 \cdot 0'3 + 0'5 \cdot 0'4} = \dfrac{20}{29} = 0'6896$

GENERALITAT VALENCIANA
Conselleria d'Innovació,
Universitats, Ciència
i Societat Digital

COMISSIÓ GESTORA DE LES PROVES D'ACCÉS A LA UNIVERSITAT

COMISIÓN GESTORA DE LAS PRUEBAS DE ACCESO A LA UNIVERSIDAD

SISTEMA UNIVERSITARI VALENCIÀ
SISTEMA UNIVERSITARIO VALENCIANO

PROVES D'ACCÉS A LA UNIVERSITAT	PRUEBAS DE ACCESO A LA UNIVERSIDAD
CONVOCATÒRIA: JULIOL 2021	CONVOCATORIA: JULIO 2021
Assignatura: MATEMÀTIQUES APLICADES A LES CIÈNCIES SOCIALS II	Asignatura: MATEMÁTICAS APLICADAS A LAS CIENCIAS SOCIALES II

BAREMO DEL EXAMEN: **Se han de contestar tres problemas de entre los seis propuestos.** Cada problema se valorará de 0 a 10 puntos y la nota final será la media aritmética de los tres. Se permite el uso de calculadoras siempre que no sean gráficas o programables y que no puedan realizar cálculo simbólico ni almacenar texto o fórmulas en memoria. Se utilice o no la calculadora, los resultados analíticos, numéricos y gráficos deberán estar siempre debidamente justificados. Está permitido el uso de regla. Las gráficas se harán con el mismo color que el resto del examen.

Todas las respuestas han de estar debidamente razonadas.

Problema 1. Una empresa está especializada en la preparación de mezclas de café. Utilizando café colombiano, brasileño y keniata, la empresa quiere comercializar paquetes de 1 kg con un coste de 8,50 € el paquete. El precio de un kilo de cada clase de café es, respectivamente, de 10 €, 6 € y 8 €. Sabiendo que la cantidad de café colombiano de la mezcla ha de ser el triple de la de café brasileño, calcula el porcentaje de cada tipo de café que ha de utilizarse en la mezcla.

(Planteamiento correcto 5 puntos - Solución correcta 5 puntos)

Problema 2. Consideramos las matrices

$$A = \begin{pmatrix} 2 & 3 & 4 \\ 1 & 1 & 3 \\ 1 & 3 & 1 \end{pmatrix}, \qquad B = \begin{pmatrix} 0 & 0 & 2 \\ 1 & 1 & 1 \\ 0 & 3 & 1 \end{pmatrix} \quad y \qquad C = \begin{pmatrix} 5 & 3 & 0 \\ 2 & 1 & 2 \end{pmatrix}$$

a) Calcula la inversa de la matriz $A - B$.   *(3 puntos)*

b) Calcula la matriz X de dimensión 2×3, que satisface la ecuación $XA + C = XB$.   *(4 puntos)*

c) ¿Es posible hacer el producto BC? Si la respuesta es afirmativa calcula dicho producto; en caso contrario, justifica el porqué. ¿Es posible hacer el producto CB? Si la respuesta es afirmativa calcula dicho producto; en caso contrario, justifica el porqué.   *(3 puntos)*

Problema 3. Dada la función $f(x) = \dfrac{x^2 - 36}{x^2 - 2x - 8}$, se pide:

a) Su dominio y puntos de corte con los ejes coordenados.   *(2 puntos)*

b) Las asíntotas horizontales y verticales, si existen.   *(2 puntos)*

c) Los intervalos de crecimiento y decrecimiento.   *(2 puntos)*

d) Los máximos y mínimos locales.   *(2 puntos)*

e) La representación gráfica de la función a partir de los resultados de los apartados anteriores. *(2 puntos)*

Problema 4. Una empresa ha estimado que los ingresos y gastos mensuales (en euros) que genera la fabricación de x unidades de un producto vienen dados por las siguientes funciones:

$$\text{Ingresos: } I(x) = 4x^2 + 800x. \qquad \text{Gastos: } G(x) = 6x^2 + 460x + 672.$$

a) La empresa considera rentable el producto si el beneficio que obtiene con él es mayor o igual que 0. ¿Cuál es el número mínimo de unidades que debe fabricar la empresa para que el producto sea rentable?

(4 puntos)

b) ¿Cuál es el número de unidades que debe fabricar la empresa para que el beneficio sea máximo? ¿Cuál es el beneficio obtenido en este caso? *(3 puntos)*

c) El próximo mes se introducirá una nueva normativa que obligará a la empresa a fabricar al menos 100 unidades de este producto. ¿Cuál es el máximo beneficio que podrá obtener la empresa tras la implantación de esta normativa? Justifica tu respuesta. *(3 puntos)*

Problema 5. En un sorteo, un jugador extrae dos bolas sin reemplazamiento de una urna que contiene 2 bolas blancas, 3 bolas amarillas y 5 bolas negras. El jugador consigue el primer premio si las dos bolas extraídas son blancas, consigue el segundo premio si las dos bolas extraídas son amarillas y consigue el tercer premio si una de las dos bolas extraídas es blanca y la otra no lo es. No hay más premios en el sorteo.

a) Calcula la probabilidad de que el jugador consiga el primer o el segundo premio. *(4 puntos)*
b) Calcula la probabilidad de que el jugador consiga el tercer premio. *(3 puntos)*
c) Si un jugador nos dice que ha obtenido premio en el sorteo, ¿cuál es la probabilidad de que haya obtenido el tercer premio? *(3 puntos)*

Problema 6. Una determinada enfermedad afecta actualmente al 5% de la población. El único test disponible para detectar la enfermedad tiene una probabilidad del 99% de clasificar correctamente a los enfermos (probabilidad de que el test dé positivo si la persona tiene la enfermedad), mientras que la probabilidad de que el test dé negativo si la persona no está enferma es del 95%. Se pide:

a) La probabilidad de que una persona esté enferma si ha dado positivo en el test. *(2,5 puntos)*
b) La probabilidad de que una persona esté sana si ha dado negativo en el test. *(2,5 puntos)*
c) La probabilidad de que el test dé el resultado correcto. *(2,5 puntos)*
d) Existen indicios para creer que la enfermedad afecta únicamente a un 1% de la población. ¿Cuál es la probabilidad de que una persona esté enferma si ha dado positivo en el test en este caso? *(2,5 puntos)*

PROBLEMA 1

	Kg	Coste (€)
Colombiano	x	$10x$
Brasileño	y	$6y$
Keniata	z	$8z$
TOTAL :	1 Kg	8'50€

$$\Rightarrow \left.\begin{array}{r} x+y+z = 1 \\ 10x+6y+8z = 8'50 \\ x = 3y \end{array}\right\}$$

$$A^* = \begin{pmatrix} 1 & 1 & 1 & 1 \\ 10 & 6 & 8 & 8'50 \\ 1 & -3 & 0 & 0 \end{pmatrix} \; ; \; \det(A) = \begin{vmatrix} 1 & 1 & 1 \\ 10 & 6 & 8 \\ 1 & -3 & 0 \end{vmatrix} = -4$$

$$\Rightarrow rg(A) = rg(A^*) = 3 \Rightarrow T^{ma} \text{ ROUCHÉ} \Rightarrow \text{Sistema Compatible}$$

Determinado. Con la regla de Cramer:

$$x = \frac{\begin{vmatrix} 1 & 1 & 1 \\ 8'50 & 6 & 8 \\ 0 & -3 & 0 \end{vmatrix}}{-4} = \frac{-1'5}{-4} = 0'375 \Rightarrow 37'5\% \text{ de café colombiano.}$$

$$y = \frac{\begin{vmatrix} 1 & 1 & 1 \\ 10 & 8'50 & 8 \\ 1 & 0 & 0 \end{vmatrix}}{-4} = \frac{-0'5}{-4} = 0'125 \Rightarrow 12'5\% \text{ de café brasileño.}$$

$$z = \frac{\begin{vmatrix} 1 & 1 & 1 \\ 10 & 6 & 8'50 \\ 1 & -3 & 0 \end{vmatrix}}{-4} = \frac{-2}{-4} = 0'50 \Rightarrow 50\% \text{ de café Keniata.}$$

PÁGINA 1

PROBLEMA 2

$$A = \begin{pmatrix} 2 & 3 & 4 \\ 1 & 1 & 3 \\ 1 & 3 & 1 \end{pmatrix} \quad ; \quad B = \begin{pmatrix} 0 & 0 & 2 \\ 1 & 1 & 1 \\ 0 & 3 & 1 \end{pmatrix} \quad ; \quad C = \begin{pmatrix} 5 & 3 & 0 \\ 2 & 1 & 2 \end{pmatrix}$$

a) $A - B = \begin{pmatrix} 2 & 3 & 4 \\ 1 & 1 & 3 \\ 1 & 3 & 1 \end{pmatrix} - \begin{pmatrix} 0 & 0 & 2 \\ 1 & 1 & 1 \\ 0 & 3 & 1 \end{pmatrix} = \begin{pmatrix} 2 & 3 & 2 \\ 0 & 0 & 2 \\ 1 & 0 & 0 \end{pmatrix}$

$$\det(A-B) = \begin{vmatrix} 2 & 3 & 2 \\ 0 & 0 & 2 \\ 1 & 0 & 0 \end{vmatrix} = 6 \implies \text{Como } \det(A-B) \neq 0 \implies \exists \, (A-B)^{-1}$$

$$(A-B)^{-1} = \frac{1}{\det(A-B)} \cdot \left[Adj (A-B) \right]^{t}$$

$$Adj (A-B) = \begin{pmatrix} \begin{vmatrix} 0 & 2 \\ 0 & 0 \end{vmatrix} & -\begin{vmatrix} 0 & 2 \\ 1 & 0 \end{vmatrix} & \begin{vmatrix} 0 & 0 \\ 1 & 0 \end{vmatrix} \\[2mm] -\begin{vmatrix} 3 & 2 \\ 0 & 0 \end{vmatrix} & \begin{vmatrix} 2 & 2 \\ 1 & 0 \end{vmatrix} & -\begin{vmatrix} 2 & 3 \\ 1 & 0 \end{vmatrix} \\[2mm] \begin{vmatrix} 3 & 2 \\ 0 & 2 \end{vmatrix} & -\begin{vmatrix} 2 & 2 \\ 0 & 2 \end{vmatrix} & \begin{vmatrix} 2 & 3 \\ 0 & 0 \end{vmatrix} \end{pmatrix} = \begin{pmatrix} 0 & 2 & 0 \\ 0 & -2 & 3 \\ 6 & -4 & 0 \end{pmatrix}$$

$$\left[Adj(A-B) \right]^{t} = \begin{pmatrix} 0 & 0 & 6 \\ 2 & -2 & -4 \\ 0 & 3 & 0 \end{pmatrix} \implies (A-B)^{-1} = \frac{1}{6} \cdot \begin{pmatrix} 0 & 0 & 6 \\ 2 & -2 & -4 \\ 0 & 3 & 0 \end{pmatrix}$$

b) $XA + C = XB \Rightarrow XA - XB = -C \Rightarrow X(A-B) = -C \Rightarrow$

$\Rightarrow X \cdot \underbrace{(A-B) \cdot (A-B)^{-1}}_{I} = -C \cdot (A-B)^{-1} \Rightarrow X = -C \cdot (A-B)^{-1}$

$\Rightarrow X = -\dfrac{1}{6} \cdot \begin{pmatrix} 5 & 3 & 0 \\ 2 & 1 & 2 \end{pmatrix} \cdot \begin{pmatrix} 0 & 0 & 6 \\ 2 & -2 & -4 \\ 0 & 3 & 0 \end{pmatrix} = -\dfrac{1}{6} \cdot \begin{pmatrix} 6 & -6 & 18 \\ 2 & 4 & 8 \end{pmatrix}$

$\Rightarrow X = \begin{pmatrix} -1 & 1 & -3 \\ -\frac{1}{3} & -\frac{2}{3} & -\frac{4}{3} \end{pmatrix}$

c) Dadas dos matrices $X_{m \times n}$ e $Y_{p \times q}$, el producto $X \cdot y$ puede realizarse si $n = p$. Es decir, si el número de columnas de la matriz que está escrita en primer lugar coincide con el número de filas de la matriz escrita en segundo lugar.

En nuestro caso:

$B_{3 \times 3} \cdot C_{2 \times 3}$ ⟶ No existe el producto $B \cdot C$

$C_{2 \times 3} \cdot B_{3 \times 3} = \begin{pmatrix} 5 & 3 & 0 \\ 2 & 1 & 2 \end{pmatrix} \cdot \begin{pmatrix} 0 & 0 & 2 \\ 1 & 1 & 1 \\ 0 & 3 & 1 \end{pmatrix} = \begin{pmatrix} 3 & 3 & 13 \\ 1 & 7 & 7 \end{pmatrix}$

Si que se puede efectuar el producto

PROBLEMA 3

$$f(x) = \frac{x^2 - 36}{x^2 - 2x - 8}$$

Dominio:

$$x^2 - 2x - 8 = 0 \begin{cases} x = -2 \\ x = 4 \end{cases} \implies Dom(f(x)) = \mathbb{R} - \{-2, 4\}$$

Puntos de corte con los ejes:

⟶ Con el eje X : $f(x) = 0$

$$\frac{x^2 - 36}{x^2 - 2x - 8} = 0 \implies x^2 - 36 = 0 \begin{cases} x = -6 \implies PC(-6, 0) \\ x = 6 \implies PC(6, 0) \end{cases}$$

⟶ Con el eje Y : $x = 0$

$$f(0) = \frac{0 - 36}{0 - 0 - 8} = \frac{36}{8} = \frac{9}{2} \longrightarrow PC\left(0, \frac{9}{2}\right)$$

Asíntotas:

⟶ Verticales :

$$\lim_{x \to -2} \frac{x^2 - 36}{x^2 - 2x - 8} = \left[\frac{-32}{0}\right] \to \begin{cases} \lim_{x \to -2} \dfrac{x^2 - 36}{x^2 - 2x - 8} = \left[\dfrac{-32}{0^+}\right] = -\infty \\ \\ \lim_{x \to -2} \dfrac{x^2 - 36}{x^2 - 2x - 8} = \left[\dfrac{-32}{0^-}\right] = +\infty \end{cases}$$

$$\implies x = -2 \text{ es A. Vertical}$$

PÁGINA 4

$$\lim_{x \to 4} \frac{x^2-36}{x^2-2x-8} = \left[\frac{-20}{0}\right] \to \begin{cases} \lim_{x \to 4^-} \frac{x^2-36}{x^2-2x-8} = \left[\frac{-20}{0^-}\right] = +\infty \\\\ \lim_{x \to 4^+} \frac{x^2-36}{x^2-2x-8} = \left[\frac{-20}{0^+}\right] = -\infty \end{cases}$$

$\Rightarrow x = 4$ es A. Vertical

$\longrightarrow$ Horizontales:

$$\left.\begin{array}{l} \lim_{x \to \infty} \frac{x^2-36}{x^2-2x-8} = 1 \\\\ \lim_{x \to -\infty} \frac{x^2-36}{x^2-2x-8} = 1 \end{array}\right\}$$ $y = 1$ es A. Horizontal tanto cuando

$x \to \infty$ como cuando $x \to -\infty$

Monotonía y extremos relativos:

$$f'(x) = \frac{2x \cdot (x^2-2x-8) - (x^2-36)(2x-2)}{(x^2-2x-8)^2} = \frac{-2x^2+56x-72}{(x^2-2x-8)^2}$$

$$f'(x) = 0 \longrightarrow -2x^2+56x-72 = 0 \begin{cases} x = 14+4\sqrt{10} \approx 26'65 \\\\ x = 14-4\sqrt{10} \approx 1'35 \end{cases}$$

$f'(x)<0$ (-2) $f'(x)<0$ $14-4\sqrt{10}$ $f'(x)>0$ (4) $f'(x)>0$ $14+4\sqrt{10}$ $f'(x)<0$

Creciente: $(14-4\sqrt{10}, 4) \cup (4, 14+4\sqrt{10})$

Decreciente: $(-\infty, -2) \cup (-2, 14-4\sqrt{10}) \cup (14+4\sqrt{10}, +\infty)$

Mínimo relativo en $x \approx 1'35 \Rightarrow Min(1'35, f(1'35)) = (1'35, 3'85)$

Máximo relativo en $x \approx 26'65 \Rightarrow Max(26'65, f(26'65)) = (26'65, 1'04)$

PÁGINA 5

257

Gráfica:

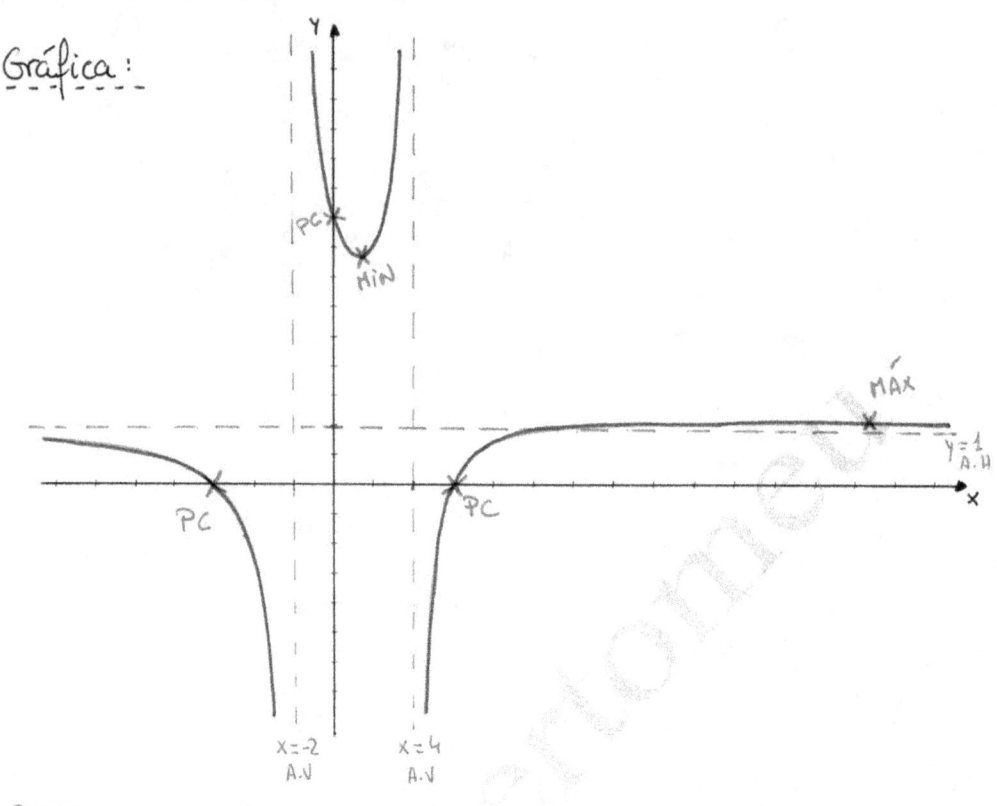

PROBLEMA 4

$$I_{(x)} = 4x^2 + 800x \quad ; \quad G_{(x)} = 6x^2 + 460x + 672$$

a) La función de beneficios vendrá dada por:

$$B(x) = I_{(x)} - G_{(x)} = 4x^2 + 800x - (6x^2 + 460x + 672)$$

$$B(x) = -2x^2 + 340x - 672 \text{ euros con } x \geqslant 0$$

El producto es rentable si $B(x) \geqslant 0$

$$-2x^2 + 340x - 672 \geqslant 0$$

$$\Downarrow$$

$$-2x^2 + 340x - 672 = 0 \begin{cases} x = 2 \\ x = 168 \end{cases}$$

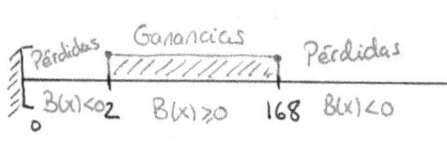

PÁGINA 6

Para que el producto sea rentable ($B(x) > 0$) la empresa debe fabricar un mínimo de 2 unidades y un máximo de 168.

b) Para el máximo beneficio:

$B'(x) = -4x + 340$

$B'(x) = 0 \longrightarrow -4x + 340 = 0 \Rightarrow x = 85$ unidades

La empresa debe fabricar 85 unidades para obtener el

máximo beneficio, que será de:

$B(85) = -2 \cdot 85^2 + 340 \cdot 85 - 672 = 13778$ euros.

c) Del estudio realizado en los apartados anteriores, es fácil razonar que si se deben fabricar un mínimo de 100 unidades, el beneficio máximo se conseguirá fabricando justamente esas 100 unidades, pues la rentabilidad del producto decrece a partir de las 85 unidades y desaparece a partir de las 168 unidades. En este caso, los beneficios serán:

$B(100) = -2 \cdot 100^2 + 340 \cdot 100 - 672 = 13328$ euros.

PÁGINA 7

PROBLEMA 5

Hacemos la representación usando un diagrama en árbol.

1ª Extracción   2ª Extracción

$P(B_1 \cap B_2) = \frac{2}{10} \cdot \frac{1}{9} = \frac{2}{90}$

$P(B_1 \cap A_2) = \frac{2}{10} \cdot \frac{3}{9} = \frac{6}{90}$

$P(B_1 \cap N_2) = \frac{2}{10} \cdot \frac{5}{9} = \frac{10}{90}$

$P(A_1 \cap B_2) = \frac{3}{10} \cdot \frac{2}{9} = \frac{6}{90}$

$P(A_1 \cap A_2) = \frac{3}{10} \cdot \frac{2}{9} = \frac{6}{90}$

$P(A_1 \cap N_2) = \frac{3}{10} \cdot \frac{5}{9} = \frac{15}{90}$

$P(N_1 \cap B_2) = \frac{5}{10} \cdot \frac{2}{9} = \frac{10}{90}$

$P(N_1 \cap A_2) = \frac{5}{10} \cdot \frac{3}{9} = \frac{15}{90}$

$P(N_1 \cap N_2) = \frac{5}{10} \cdot \frac{4}{9} = \frac{20}{90}$

a) $P\left(1^{er}\text{Premio} \cup 2^{o}\text{Premio}\right) = P(B_1 \cap B_2) + P(A_1 \cap A_2) = \frac{2}{90} + \frac{6}{90} =$

$$= \frac{8}{90} = \frac{4}{45} \approx 0'0889$$

b) $P(3^{er}\text{Premio}) = P(B_1 \cap A_2) + P(B_1 \cap N_2) + P(A_1 \cap B_2) + P(N_1 \cap B_2) =$

$$= \frac{6}{90} + \frac{10}{90} + \frac{6}{90} + \frac{10}{90} = \frac{32}{90} = \frac{16}{45} \approx 0'3556$$

c) $P(3^{er}\text{Premio} / \text{Premio}) = \dfrac{P(3^{er}\text{Premio})}{P(\text{Premio})} = \dfrac{0'3556}{0'0889 + 0'3556} = 0'8$

PÁGINA 8

PROBLEMA 6

Sean los sucesos:

A ≡ Persona con la enfermedad

B ≡ Test positivo

Construimos el árbol:

$p(B/A) = 0'99$ B ⟶ $p(A \cap B) = 0'05 \cdot 0'99 = 0'0495$

$p(A) = 0'05$ A

$p(\bar{B}/A) = 0'01$ $\bar{B}$ ⟶ $p(A \cap \bar{B}) = 0'05 \cdot 0'01 = 0'0005$

$p(\bar{A}) = 0'95$ $\bar{A}$

$p(B/\bar{A}) = 0'05$ B ⟶ $p(\bar{A} \cap B) = 0'95 \cdot 0'05 = 0'0475$

$p(\bar{B}/\bar{A}) = 0'95$ $\bar{B}$ ⟶ $p(\bar{A} \cap \bar{B}) = 0'95 \cdot 0'95 = 0'9025$

a) $p(A/B) = \dfrac{p(A \cap B)}{p(B)} = \dfrac{0'0495}{0'0495 + 0'0475} = 0'5103$

b) $p(\bar{A}/\bar{B}) = \dfrac{p(\bar{A} \cap \bar{B})}{p(\bar{B})} = \dfrac{0'9025}{0'0005 + 0'9025} = 0'9994$

c) $p(\text{Test correcto}) = p(A \cap B) + p(\bar{A} \cap \bar{B}) = 0'0495 + 0'9025 = 0'9520$

Para el último apartado, tenemos que cambiar el diagrama en árbol que hemos hecho, pues p(A) (la probabilidad de estar enfermo) ha cambiado:

PÁGINA 9

$p(B/A) = 0'99 \rightarrow B \longrightarrow p(A \cap B) = 0'01 \cdot 0'99 = 0'0099$

A

$p(A) = 0'01$

$p(\bar{B}/A) = 0'01 \rightarrow \bar{B} \longrightarrow p(A \cap \bar{B}) = 0'01 \cdot 0'01 = 0'0001$

$p(\bar{A}) = 0'99$

$p(B/\bar{A}) = 0'05 \rightarrow B \longrightarrow p(\bar{A} \cap B) = 0'99 \cdot 0'05 = 0'0495$

$\bar{A}$

$p(\bar{B}/\bar{A}) = 0'95 \rightarrow \bar{B} \longrightarrow p(\bar{A} \cap \bar{B}) = 0'99 \cdot 0'95 = 0'9405$

d) $p(A \mid B) = \dfrac{p(A \cap B)}{p(B)} = \dfrac{0'0099}{0'0099 + 0'0495} = 0'1667$

 GENERALITAT
VALENCIANA
Conselleria d'Innovació,
Universitats, Ciència
i Societat Digital

COMISSIÓ GESTORA DE LES PROVES D'ACCÉS A LA UNIVERSITAT

COMISIÓN GESTORA DE LAS PRUEBAS DE ACCESO A LA UNIVERSIDAD

SISTEMA UNIVERSITARI VALENCIÀ
SISTEMA UNIVERSITARIO VALENCIANO

PROVES D'ACCÉS A LA UNIVERSITAT	PRUEBAS DE ACCESO A LA UNIVERSIDAD
CONVOCATÒRIA: JUNY 2022	CONVOCATORIA: JUNIO 2022
Assignatura: MATEMÀTIQUES APLICADES A LES CIÈNCIES SOCIALS II	Asignatura: MATEMÁTICAS APLICADAS A LAS CIENCIAS SOCIALES II

BAREMO DEL EXAMEN: Se han de contestar tres problemas de entre los seis propuestos. Cada problema se valorará de 0 a 10 puntos y la nota final será la media aritmética de los tres. Se permite el uso de calculadoras siempre que no sean gráficas o programables y que no puedan realizar cálculo simbólico ni almacenar texto o fórmulas en memoria. Se utilice o no la calculadora, los resultados analíticos, numéricos y gráficos deberán estar siempre debidamente justificados. Está permitido el uso de regla. Las gráficas se harán con el mismo color que el resto del examen.

Todas las respuestas han de estar debidamente razonadas.

Problema 1. Una agencia inmobiliaria tiene tres locales en alquiler, por los que ha cobrado en total 1650 euros en este mes. La agencia ha pagado al propietario del primer local el 95% de la cantidad que ha cobrado por su alquiler; al propietario del segundo local, el 90% de la cantidad que ha cobrado por su alquiler; y al propietario del tercer local, el 80% de la cantidad que ha cobrado por su alquiler. Tras estos tres pagos, a la agencia le han quedado 132 euros de ganancia. Se sabe también que el alquiler que se cobra por el primer local es el doble de la suma de lo que se cobra por el alquiler de los otros dos locales juntos. ¿Cuántos euros cobra la agencia por cada uno de los tres locales que tiene en alquiler?

(Planteamiento correcto 5 puntos – Resolución correcta 5 puntos)

Problema 2. Una empresa apícola vende dos tipos de cajas con tres variedades de miel en cada una: miel de romero, miel de azahar y miel multifloral. La caja de tipo A contiene 2 tarros de miel de romero, 2 de azahar y 1 de multifloral. La caja de tipo B contiene 1 tarro de miel de romero, 2 de azahar y 2 de multifloral. Cada día la empresa dispone de 280 tarros de miel de romero, 300 de miel de azahar y 250 de miel multifloral. Con cada caja de tipo A obtiene un beneficio de 7 euros y con cada caja de tipo B obtiene un beneficio de 5 euros.

a) ¿Cuántas cajas de cada tipo debe comercializar para obtener un beneficio máximo? *(8 puntos)*
b) ¿Cuál es dicho beneficio máximo? *(2 puntos)*

Problema 3. Se considera la función $f(x) = \dfrac{x^2+x-2}{(x+1)^2}$. Se pide:

a) Su dominio y los puntos de corte con los ejes coordenados. *(2 puntos)*
b) Las asíntotas horizontales y verticales, si existen. *(2 puntos)*
c) Los intervalos de crecimiento y decrecimiento. *(2 puntos)*
d) Los máximos y mínimos locales, si existen. *(2 puntos)*
e) La representación gráfica de la función a partir de los resultados anteriores. *(2 puntos)*

Problema 4. En una empresa se ha comprobado que sus beneficios están relacionados con su inversión en publicidad según la función $B(x) = 50\,000 + 40\,x - \left(\dfrac{x}{10}\right)^2$, donde x es la inversión en publicidad $(x \geq 0)$ y $B(x)$ es el beneficio obtenido, ambos en euros.

a) Calcula la cantidad invertida en publicidad que produce un beneficio máximo. ¿Cuál es dicho beneficio máximo? *(4 puntos)*

b) Calcula los intervalos para la inversión en publicidad en los que los beneficios crecen o decrecen a medida que se invierte en publicidad. *(3 puntos)*

c) ¿Existe un valor para la inversión en publicidad a partir del cual los beneficios obtenidos serían menores que si no se invirtiera nada en publicidad? En caso afirmativo, determínalo. *(3 puntos)*

Problema 5. Entre los clientes de una compañía de seguros de automóviles, un 30% tiene menos de 30 años, un 55% tiene entre 30 y 60 años, y el 15% restante tiene más de 60 años. Se sabe que, entre los clientes de menos de 30 años, 3 de cada 4 no presentaron parte de accidente el año pasado; entre los clientes que tienen entre 30 y 60 años, 9 de cada 10 no presentaron parte de accidente el año pasado; y entre los clientes de más de 60 años, 2 de cada 5 no presentaron parte de accidente el año pasado. Seleccionamos al azar un cliente de la compañía.

a) Llamemos A al suceso "el cliente seleccionado tiene más de 60 años" y llamemos B al suceso "el cliente seleccionado no presentó parte de accidente año pasado". Calcula $P(A \cup B)$. *(3 puntos)*

b) Llamemos C al suceso "el cliente seleccionado tiene 30 años o más" y D al suceso "el cliente seleccionado presentó parte de accidente el año pasado". Calcula $P(C \cap D)$. *(3 puntos)*

c) Si sabemos que el cliente seleccionado presentó parte de accidente el año pasado, calcula la probabilidad de que tenga 60 años o menos. *(4 puntos)*

Problema 6. En un juego se lanzan dos monedas equilibradas y un dado de seis caras equilibrado. Un jugador gana si obtiene dos caras y un número par en el dado, o bien, si obtiene exactamente una cara y un número mayor o igual que cinco en el dado.

a) Calcula la probabilidad de que el jugador gane. *(2,5 puntos)*

b) Si se sabe que ha ganado, ¿cuál es la probabilidad de que obtuviera dos caras al lanzar las monedas? *(2,5 puntos)*

c) Si se sabe que ha ganado, ¿cuál es la probabilidad de que obtuviera un cinco al lanzar el dado? *(2,5 puntos)*

d) Llamemos A al suceso "el jugador no gana" y llamemos B al suceso "el jugador obtiene un seis al lanzar el dado". ¿Son independientes los sucesos A y B? *(2,5 puntos)*

PROBLEMA 1

	Lo que cobra la agencia	Lo que gana la agencia
Local 1 $\longrightarrow$	X	$0'05x$
Local 2 $\longrightarrow$	Y	$0'1y$
Local 3 $\longrightarrow$	Z	$0'2z$

$$\left.\begin{array}{c} x+y+z = 1650 \\ 0'05x + 0'1y + 0'2z = 132 \\ x = 2(y+z) \end{array}\right\}$$

$$A^* = \begin{pmatrix} 1 & 1 & 1 & \vdots & 1650 \\ 0'05 & 0'1 & 0'2 & \vdots & 132 \\ 1 & -2 & -2 & \vdots & 0 \end{pmatrix} ; \quad \det(A) = \begin{vmatrix} 1 & 1 & 1 \\ 0'05 & 0'1 & 0'2 \\ 1 & -2 & -2 \end{vmatrix} = 0'3$$

$$\Rightarrow rg(A) = 3 = rg(A^*) \Rightarrow T^{MA} \text{ ROUCHÉ} \Rightarrow \text{Sistema Compatible}$$

Determinado $\Rightarrow$ Con la regla de Cramer:

$$X = \frac{\begin{vmatrix} 1650 & 1 & 1 \\ 132 & 0'1 & 0'2 \\ 0 & -2 & -2 \end{vmatrix}}{0'3} = \frac{330}{0'3} = 1100 \ €$$

$$Y = \frac{\begin{vmatrix} 1 & 1650 & 1 \\ 0'05 & 132 & 0'2 \\ 1 & 0 & -2 \end{vmatrix}}{0'3} = \frac{99}{0'3} = 330 €$$

$$Z = \frac{\begin{vmatrix} 1 & 1 & 1650 \\ 0'05 & 0'1 & 132 \\ 1 & -2 & 0 \end{vmatrix}}{0'3} = \frac{66}{0'3} = 220 €$$

PÁGINA 1

PROBLEMA 2

Cajas	Miel Romero (Tarros)	Miel Azahar (Tarros)	Miel Multifloral (Tarros)	Beneficio (€)
Tipo A → X	$2x$	$2x$	$1x$	$7x$
Tipo B → y	$1y$	$2y$	$2y$	$5y$
TOTAL $x+y$	$2x+y$	$2x+2y$	$x+2y$	$7x+5y$
Restricción /	≤ 280	≤ 300	≤ 250	Función Objetivo (MÁXIMO)

Se trata de obtener el máximo de $f(x,y) = 7x+5y$ sujeta a las restricciones dadas por:

$$2x+y \leq 280$$
$$2x+2y \leq 300$$
$$x+2y \leq 250$$
$$x \geq 0 \;;\; y \geq 0$$

$y \leq 280 - 2x$

$y \leq \dfrac{300 - 2x}{2} \longrightarrow y \leq 150 - x$

$y \leq \dfrac{250 - x}{2}$

X	$y = 280 - 2x$
0	280
140	0
X	$y = 150 - x$
0	150
150	0
X	$y = \dfrac{250 - x}{2}$
0	125
250	0

$y = 280 - 2x$

$y = 150 - x$

$y = \dfrac{250 - x}{2}$

Conocemos ya los vértices $A(0,0)$, $B(0,125)$; $E(140,0)$.

Calculemos los demás:

$C \begin{cases} y = 150 - x \\ y = \dfrac{250 - x}{2} \end{cases}$ $150 - x = \dfrac{250 - x}{2}$ $\Rightarrow x = 50 \Rightarrow C(50, 100)$

$D \begin{cases} y = 150 - x \\ y = 280 - 2x \end{cases}$ $150 - x = 280 - 2x \Rightarrow x = 130 \Rightarrow D(130, 20)$

$f(x, y) = 7x + 5y$

$\quad \hookrightarrow f(0,0) = 0$

$\quad \hookrightarrow f(0, 125) = 5 \cdot 125 = 625 €$

$\quad \hookrightarrow f(140, 0) = 7 \cdot 140 = 980 €$

$\quad \hookrightarrow f(50, 100) = 7 \cdot 50 + 5 \cdot 100 = 850 €$

$\quad \hookrightarrow f(130, 20) = 7 \cdot 130 + 5 \cdot 20 = 1010 €$

Se deben comercializar 130 cajas de tipo A y 20 cajas de tipo B para obtener un beneficio máximo de 1010 € al día.

PROBLEMA 3

$$f(x) = \dfrac{x^2 + x - 2}{(x+1)^2}$$

* Dominio:

$(x+1)^2 = 0 \Rightarrow x + 1 = 0 \Rightarrow x = -1 \Rightarrow \text{Dom}(f(x)) = \mathbb{R} - \{-1\}$

* Puntos de corte con los ejes:

   → Con el eje X : $f(x) = 0$

$$\frac{x^2+x-2}{(x+1)^2} = 0 \implies x^2+x-2 = 0 \begin{cases} x = -2 \longrightarrow PC(-2,0) \\ x = 1 \longrightarrow PC(1,0) \end{cases}$$

   → Con el eje Y : $x = 0$

$$f(0) = \frac{-2}{1} = -2 \longrightarrow P.C(0,-2)$$

* Asíntotas:

   → Verticales:

$$\lim_{x \to -1} \frac{x^2+x-2}{(x+1)^2} = \left[\frac{-2}{0^+}\right] = -\infty \implies x = -1 \text{ es A. Vertical}$$

   → Horizontales:

$$\left. \begin{array}{l} \lim\limits_{x \to \infty} \dfrac{x^2+x-2}{(x+1)^2} = \left[\dfrac{\infty}{\infty}\right] = \lim\limits_{x \to \infty} \dfrac{x^2}{x^2} = 1 \\[4mm] \lim\limits_{x \to -\infty} \dfrac{x^2+x-2}{(x+1)^2} = 1 \end{array} \right\} \; y = 1 \text{ es A. Horizontal}$$

* Monotonía y extremos relativos:

$$f'(x) = \frac{(2x+1)\cdot(x+1)^2 - (x^2+x-2)\cdot 2\cdot(x+1)}{(x+1)^{\cancel{4}3}} = \frac{\cancel{2x^2}+3x+1-\cancel{2x^2}-2x+4}{(x+1)^3} =$$

$$= \frac{x+5}{(x+1)^3} \quad ; \quad f'(x) = 0 \implies \frac{x+5}{(x+1)^3} = 0 \implies x+5 = 0 \implies x = -5$$

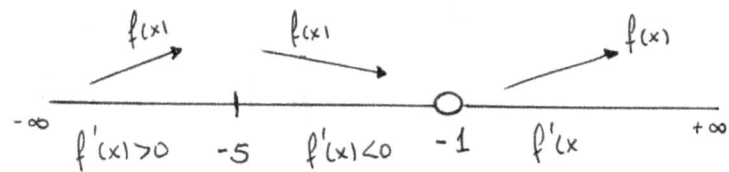

Creciente: $(-\infty, -5) \cup (-1, +\infty)$

Decreciente: $(-5, -1)$

Máximo relativo en $x = -5 \Rightarrow$ Máx $(-5, f(-5)) = (-5, 9/8)$

* <u>Gráfica</u>:

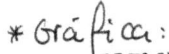

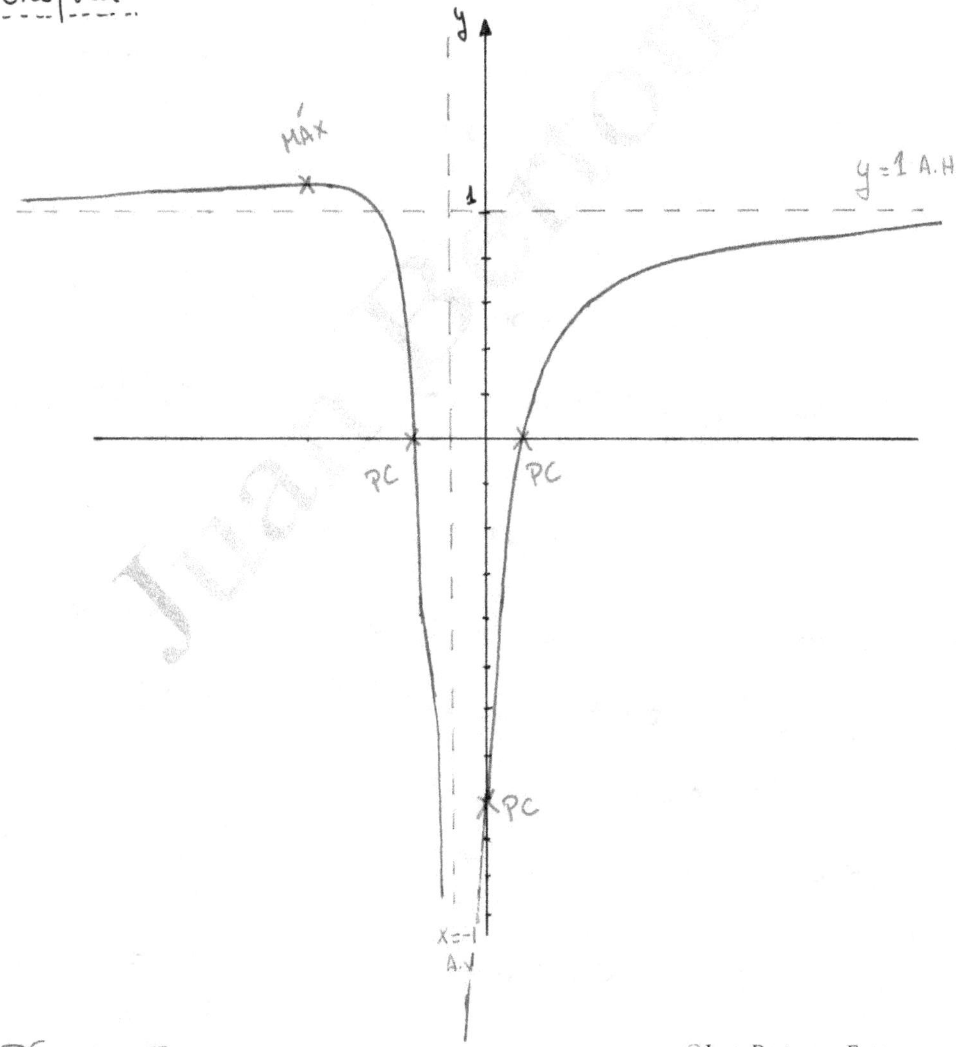

©Juan Bertomeu Ferrer
www.bertoblog.com

269

PROBLEMA 4

$$B(x) = 50000 + 40x - \frac{x^2}{100} \quad \in \quad con \ x \geqslant 0$$

$$B'(x) = 40 - \frac{2x}{100} = 40 - \frac{x}{50}$$

$$B'(x) = 0 \longrightarrow 40 - \frac{x}{50} = 0 \longrightarrow x = 50 \cdot 40 = 2000 \ \in$$

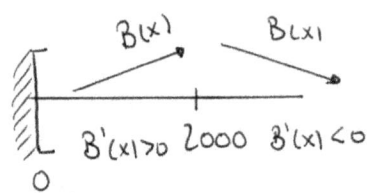

Los beneficios crecen si invertimos entre 0 y 2000 € y decrecen si invertimos más:

$B(x)$ crece en $[0, 2000)$ y decrece en $(2000, +\infty)$

El beneficio máximo se obtiene en $x = 2000 €$ y su valor

es $B(2000) = 50000 + 40 \cdot 2000 - \frac{2000^2}{100} = 90000 \ \in$

c) Con inversión en publicidad es $B(x) = 50000 + 40x - \frac{x^2}{100}$

mientras que sin invertir, el beneficio es $B(0) = 50000 \ €$

Nos preguntan si puede ser $B(x) < B(0)$ para alguna

cantidad x. Veámoslo:

$$B(x) < B(0) \longrightarrow \cancel{50000} + 40x - \frac{x^2}{100} < \cancel{50000} \longrightarrow$$

$$\longrightarrow 40x - \frac{x^2}{100} < 0 \longrightarrow x \left(40 - \frac{x}{100}\right) < 0 \underset{\text{Como } x \geqslant 0}{\Longrightarrow} 40 - \frac{x}{100} < 0$$

PÁGINA 6

$$\Rightarrow 40 < \frac{X}{100} \Rightarrow X > 4000 \,\epsilon$$

Es decir $B(x) < B(0)$ si $X > 4000\,\epsilon$ que significa que si invertimos más de $4000\,\epsilon$ en publicidad obtendremos menos beneficios que sin invertir en ella.

PROBLEMA 5

Sean los sucesos:

F ≡ El cliente tiene menos de 30 años

G ≡ El cliente tiene entre 30 y 60 años

H ≡ El cliente tiene más de 60 años

P ≡ El cliente presentó parte de accidente

Construimos un diagrama en árbol:

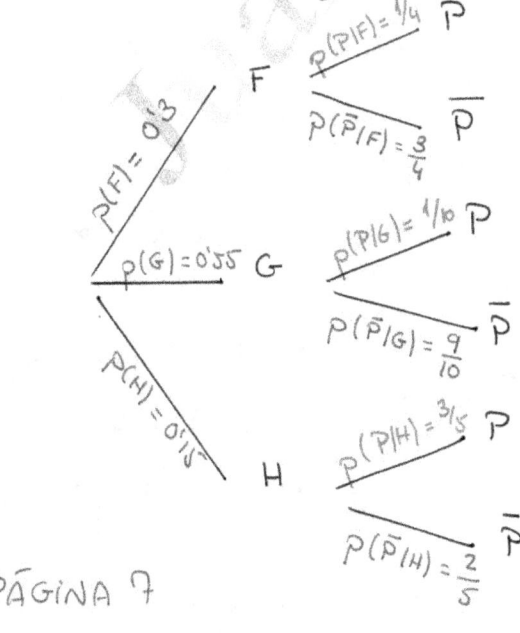

a) $A \equiv$ más de 60

$B \equiv$ no presentó parte

$$\Rightarrow p(A \cup B) = p(H \cup \bar{P}) =$$

$$= p(H) + p(G \cap \bar{P}) + p(F \cap \bar{P}) =$$

$$= 0'15 + 0'55 \cdot \frac{9}{10} + 0'3 \cdot \frac{3}{4} =$$

$$= 0'87$$

b) $C \equiv 30$ años o más

$D \equiv$ presentó parte

$\Rightarrow p(C \cap D) = p(G \cap P) + p(H \cap P) = 0'55 \cdot \dfrac{1}{10} + 0'15 \cdot \dfrac{3}{5} = 0'145$

c) $p(\bar{H} \mid P) = \dfrac{p(\bar{H} \cap P)}{p(P)} = \dfrac{0'3 \cdot 1/4 + 0'55 \cdot 1/10}{0'3 \cdot \dfrac{1}{4} + 0'55 \cdot \dfrac{1}{10} + 0'15 \cdot \dfrac{3}{5}} = \dfrac{13}{22} = 0'591$

PROBLEMA 6

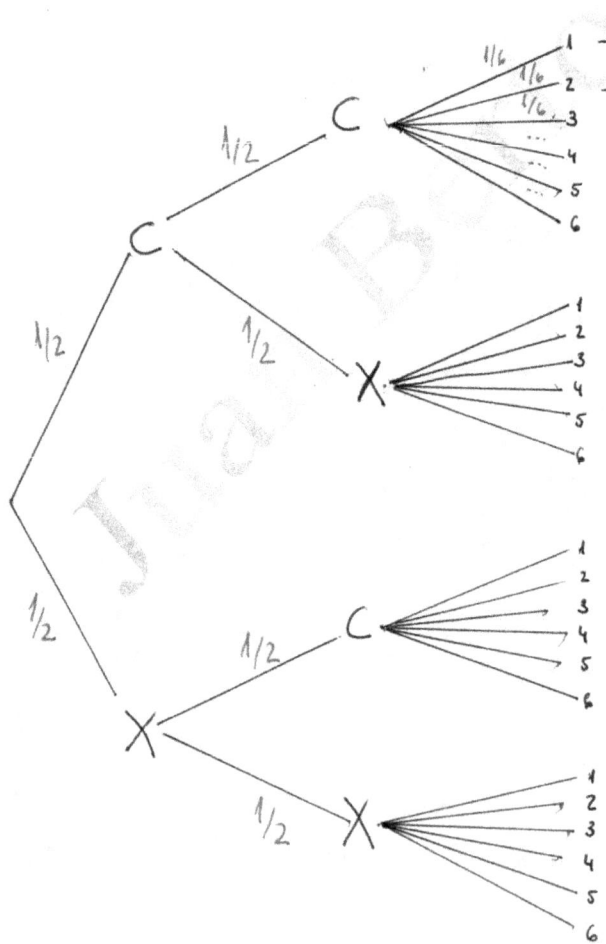

$\dfrac{1}{2} \cdot \dfrac{1}{2} \cdot \dfrac{1}{6} = \dfrac{1}{24}$

$\dfrac{1}{2} \cdot \dfrac{1}{2} \cdot \dfrac{1}{6} = \dfrac{1}{24}$

$\vdots$

Fíjate que las probabilidades de cada una de las ramas del árbol son iguales. Todos los sucesos codificados en cada una de estas ramas son equiprobables y por tanto podremos calcular las probabilidades

PÁGINA 8

simplemente contando casos favorables al suceso en cuestión y dividiendo entre los posibles (que ya has visto que son 24). Así:

a) $p(\text{Ganar}) = p(\text{Dos Caras y par}) + p(1 \text{ cara y cinco o más}) =$

$$= \frac{3}{24} + \frac{2}{24} + \frac{2}{24} = \frac{7}{24}$$

b) $p(\text{Dos caras} \mid \text{Ganar}) = \dfrac{p(\text{Dos Caras} \cap \text{Ganar})}{p(\text{Ganar})} = \dfrac{\frac{3}{24}}{\frac{7}{24}} = \dfrac{3}{7}$

c) $p(\text{Cinco} \mid \text{Ganar}) = \dfrac{p(\text{Cinco} \cap \text{Ganar})}{p(\text{Ganar})} = \dfrac{\frac{2}{24}}{\frac{7}{24}} = \dfrac{2}{7}$

d) $p(A) = p(\overline{\text{Ganar}}) = 1 - \dfrac{7}{24} = \dfrac{17}{24}$

$p(A \mid B) = p(\overline{\text{Ganar}} \mid \text{Seis}) = \dfrac{p(\overline{\text{Ganar}} \cap \text{Seis})}{p(\text{Seis})} = \dfrac{\frac{1}{24}}{\frac{4}{24}} = \dfrac{1}{4}$

Como ves $p(A) \neq p(A \mid B) \Rightarrow$

$\qquad$ A y B no son independientes

PÁGINA 9

PROVES D'ACCÉS A LA UNIVERSITAT	PRUEBAS DE ACCESO A LA UNIVERSIDAD
CONVOCATÒRIA: JULIOL 2022	CONVOCATORIA: JULIO 2022
Assignatura: MATEMÀTIQUES APLICADES A LES CIÈNCIES SOCIALS II	Asignatura: MATEMÁTICAS APLICADAS A LAS CIENCIAS SOCIALES II

BAREMO DEL EXAMEN: **Se han de contestar tres problemas de entre los seis propuestos.** Cada problema se valorará de 0 a 10 puntos y la nota final será la media aritmética de los tres. Se permite el uso de calculadoras siempre que no sean gráficas o programables y que no puedan realizar cálculo simbólico ni almacenar texto o fórmulas en memoria. Se utilice o no la calculadora, los resultados analíticos, numéricos y gráficos deberán estar siempre debidamente justificados. Está permitido el uso de regla. Las gráficas se harán con el mismo color que el resto del examen.

Todas las respuestas han de estar debidamente razonadas.

Problema 1. Consideramos las matrices $A = \begin{pmatrix} 6 & 0 \\ 2 & 4 \end{pmatrix}$, $B = \begin{pmatrix} -4 \\ 6 \end{pmatrix}$ y $C = (-2 \quad -2)$.

a) Justifica cuáles de las siguientes operaciones se pueden realizar y efectúa las que sean realizables.

a.1) $B + 2CA$ *(1 punto)*

a.2) $A - (BC)^T$, siendo $(BC)^T$ la matriz traspuesta de BC. *(2 puntos)*

a.3) CAB *(2 puntos)*

b) Resuelve la ecuación matricial

$$\frac{1}{5}\,(B + AX) = C^T,$$

siendo C^T la matriz traspuesta de C. *(5 puntos)*

Problema 2. Un vendedor dispone de café colombiano y café brasileño, y con ellos realiza mezclas que pone a la venta. Si mezcla a partes iguales los dos tipos de café, obtiene una mezcla que vende a 15 euros el kilo; si la proporción en la mezcla es de una parte de café colombiano por tres partes de café brasileño, vende la mezcla resultante a 10 euros el kilo. El vendedor dispone de 100 kilos de café colombiano y de 210 kilos de café brasileño. Desea hacer las dos mezclas de modo que sus ingresos por venta sean máximos.

a) Halla cuántos kilos de cada mezcla debe producir para obtener el ingreso máximo. *(8 puntos)*

b) ¿Cuál es dicho ingreso máximo? *(2 puntos)*

Problema 3. Se considera la función $f(x) = \dfrac{3x^2 - 4x - 4}{x^2 - x - 1}$. Se pide:

a) Su dominio y los puntos de corte con los ejes coordenados. *(2 puntos)*

b) Las asíntotas horizontales y verticales, si existen. *(2 puntos)*

c) Los intervalos de crecimiento y decrecimiento. *(2 puntos)*

d) Los máximos y mínimos locales, si existen. *(2 puntos)*

e) La representación gráfica de la función a partir de los resultados anteriores. *(2 puntos)*

Problema 4. Una máquina está productiva durante un año desde su compra. Se sabe que el rendimiento (en porcentaje) que tiene la máquina x meses después de su compra viene dado por la función

$$f(x) = \frac{1}{10}(800 + 15\,x + 6\,x^2 - x^3)$$

para cualquier x entre 0 y 12.

a) ¿Es el rendimiento que tiene la máquina un mes después de su compra superior al rendimiento que tiene dos meses después de su compra?   *(2 puntos)*

b) ¿Tras cuántos meses después de su compra alcanza la máquina su mayor rendimiento?; ¿cuál es dicho rendimiento máximo?   *(4 puntos)*

c) A lo largo del año, ¿tiene en algún momento la máquina un rendimiento inferior al 10%?

(4 puntos)

Problema 5. Dados dos sucesos A y B, se sabe que $P(B) = 0,4$, $P(A^c \cap B^c) = 0,2$ y $P(A \cap B) = 0,3$, siendo A^c y B^c los sucesos complementarios de A y B, respectivamente. Se pide:

a) Calcular la probabilidad del suceso $A \cup B$.   *(2,5 puntos)*

b) Calcular la probabilidad de que solamente se verifique uno de los sucesos.   *(2,5 puntos)*

c) Calcular la probabilidad de B condicionado a A.   *(2,5 puntos)*

d) ¿Son independientes los sucesos A y B?   *(2,5 puntos)*

Problema 6. El director de una entidad que audita la contabilidad de empresas sabe, por experiencias pasadas, que cuando se hace una auditoría el 30% de las empresas merece una calificación de «Excelente», el 50% de las empresas merece la calificación de «Aceptable» y el 20% restante merece una calificación de «Deficiente». El director también sabe que entre los auditores de su entidad hay un 90% de auditores que siempre auditan correctamente y dan a cada empresa la calificación que merece; pero hay un 10% de auditores que no auditan correctamente y dan siempre una calificación de «Aceptable».

a) ¿Qué proporción de empresas auditadas por esa entidad recibe la calificación de «Deficiente»?
(3 puntos)

b) ¿Qué proporción de empresas auditadas por esa entidad recibe la calificación que realmente merece?   *(3 puntos)*

c) Para analizar si un determinado auditor audita correctamente o no, el director le encarga que audite la contabilidad de una empresa escogida al azar. No sabemos cuál es la calificación que merece esa empresa. Si el auditor da la calificación de «Aceptable», ¿cuál es la probabilidad de que este auditor sea uno de los que siempre auditan correctamente?   *(4 puntos)*

PROBLEMA 1

$$A = \begin{pmatrix} 6 & 0 \\ 2 & 4 \end{pmatrix} \; ; \; B = \begin{pmatrix} -4 \\ 6 \end{pmatrix} \; ; \; C = (-2 \;\; -2)$$

a1) Dos matrices se pueden multiplicar cuando el número de columnas de la que esté escrita en primer lugar coincida con el número de filas de la que esté escrita en segundo lugar. Además, la matriz producto tendrá las filas de la primera y las columnas de la segunda según:

$$C_{1 \times 2} \cdot A_{2 \times 2} = (CA)_{1 \times 2}$$

se pueden multiplicar

dimensiones de la matriz producto

Para sumar (restar) matrices tienen que tener exactamente las mismas dimensiones:

$$B_{2 \times 1} + 2 \cdot (CA)_{1 \times 2} \longrightarrow$$

la operación no se puede efectuar pues B y CA no tienen las mismas dimensiones

a2) Por lo ya expuesto:

$$B_{2 \times 1} \cdot C_{1 \times 2} = (BC)_{2 \times 2} \Rightarrow (BC)^{t}_{2 \times 2} \Rightarrow$$

$$\Rightarrow A_{2 \times 2} - (BC)^{t}_{2 \times 2} \Rightarrow \text{ Se puede efectuar la operación}$$

PÁGINA 1

$$B \cdot C = \begin{pmatrix} -4 \\ 6 \end{pmatrix} \cdot (-2 \ \ -2) = \begin{pmatrix} 8 & 8 \\ -12 & -12 \end{pmatrix} \Rightarrow (BC)^t = \begin{pmatrix} 8 & -12 \\ 8 & -12 \end{pmatrix}$$

$$A - (BC)^t = \begin{pmatrix} 6 & 0 \\ 2 & 4 \end{pmatrix} - \begin{pmatrix} 8 & -12 \\ 8 & -12 \end{pmatrix} = \begin{pmatrix} -2 & 12 \\ -6 & 16 \end{pmatrix}$$

a3) $C_{1 \times 2} \cdot A_{2 \times 2} \cdot B_{2 \times 1} \longrightarrow$ Se puede efectuar la operación

$$C \cdot A = (-2 \ \ -2) \cdot \begin{pmatrix} 6 & 0 \\ 2 & 4 \end{pmatrix} = (-16 \ \ -8)$$

$$(C \cdot A) \cdot B = (-16 \ \ -8) \cdot \begin{pmatrix} -4 \\ 6 \end{pmatrix} = 16$$

b) $\dfrac{1}{5} \cdot (B + AX) = C^t \Rightarrow B + AX = 5 \cdot C^t \Rightarrow AX = 5C^t - B$

$\Rightarrow \underbrace{A^{-1} A}_{I} X = A^{-1} (5C^t - B) \Rightarrow X = A^{-1} \cdot (5C^t - B)$

$\det(A) = \begin{vmatrix} 6 & 0 \\ 2 & 4 \end{vmatrix} = 24 \Rightarrow$ Como $\det(A) \neq 0 \Rightarrow \exists A^{-1}$

$$A^{-1} = \frac{1}{\det(A)} \cdot \left[Adj(A) \right]^t$$

$$Adj(A) = \begin{pmatrix} 4 & -2 \\ 0 & 6 \end{pmatrix} ; \left[Adj(A) \right]^t = \begin{pmatrix} 4 & 0 \\ -2 & 6 \end{pmatrix} \Rightarrow$$

$$\Rightarrow A^{-1} = \frac{1}{24} \cdot \begin{pmatrix} 4 & 0 \\ -2 & 6 \end{pmatrix}$$

PÁGINA 2

$$5C^t - B = 5 \cdot \begin{pmatrix} -2 \\ -2 \end{pmatrix} - \begin{pmatrix} -4 \\ 6 \end{pmatrix} = \begin{pmatrix} -6 \\ -16 \end{pmatrix}$$

$$\Rightarrow X = A^{-1} \cdot (5C^t - B) = \frac{1}{24} \begin{pmatrix} 4 & 0 \\ -2 & 6 \end{pmatrix} \begin{pmatrix} -6 \\ -16 \end{pmatrix} = \frac{1}{24} \begin{pmatrix} -24 \\ -84 \end{pmatrix} = \begin{pmatrix} -1 \\ -7/2 \end{pmatrix}$$

$\boxed{\text{PROBLEMA 2}}$

Kg	Café Colombiano (Kg)	Café Brasileño (Kg)	Ingresos (€)
Mezcla 1 → X	$x/2$	$x/2$	$15x$
Mezcla 2 → y	$y/4$	$3y/4$	$10y$
Total: $x+y$	$x/2 + y/4$	$x/2 + 3y/4$	$15x+10y$
Restricción:	≤ 100	≤ 210	MÁXIMO

Se trata de obtener el máximo de $f(x,y) = 15x + 10y$ sujeta a las restricciones:

$$\left.\begin{array}{l} \dfrac{x}{2} + \dfrac{y}{4} \leq 100 \\[2mm] \dfrac{x}{2} + \dfrac{3y}{4} \leq 210 \\[2mm] x \geq 0 \; ; \; y \geq 0 \end{array}\right\}$$

x	$y = 400 - 2x$
0	400
200	0
x	$y = \dfrac{840 - 2x}{3}$
0	280
420	0

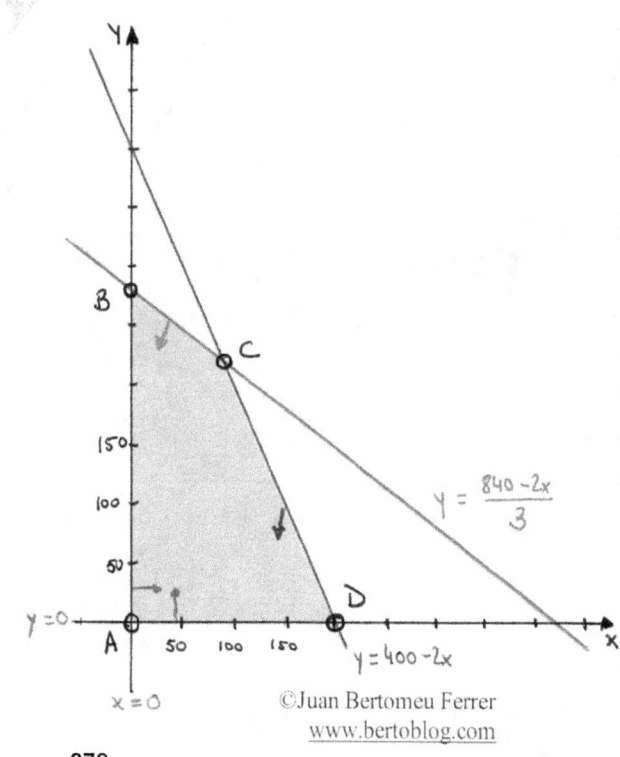

$y = \dfrac{840 - 2x}{3}$

$y = 400 - 2x$

PÁGINA 3

Conocemos ya los vértices $A(0,0)$; $B(0,280)$ y $D(200,0)$

Para el vértice C:

$$\left.\begin{array}{l} y = 400-2x \\ y = \dfrac{840-2x}{3} \end{array}\right\} \quad 400-2x = \dfrac{840-2x}{3} \rightarrow 1200-6x = 840-2x \Rightarrow$$

$$\Rightarrow 4x = 360 \Rightarrow x = 90 \Rightarrow C(90,220)$$

Y sustituyendo en la función objetivo:

$f(x,y) = 15x + 10y$

$\quad \rightarrow f(0,0) = 15\cdot0 + 10\cdot0 = 0 \,\text{€}$

$\quad \rightarrow f(0,280) = 15\cdot0 + 10\cdot280 = 2800\,\text{€}$

$\quad \rightarrow f(90,220) = 15\cdot90 + 10\cdot220 = 3550\,\text{€}$

$\quad \rightarrow f(200,0) = 15\cdot200 + 10\cdot0 = 3000\,\text{€}$

Se deben producir 90 Kg de la mezcla 1 y 220 Kg de la mezcla 2 para obtener los ingresos máximos de 3550 €.

[PROBLEMA 3]

$$f(x) = \dfrac{3x^2 - 4x - 4}{x^2 - x - 1}$$

* Dominio:

$$x^2 - x - 1 = 0 \left\langle \begin{array}{l} x = \dfrac{1-\sqrt{5}}{2} \\ x = \dfrac{1+\sqrt{5}}{2} \end{array}\right. \Rightarrow \text{Dom}(f(x)) = \mathbb{R} - \left\{\dfrac{1-\sqrt{5}}{2}, \dfrac{1+\sqrt{5}}{2}\right\}$$

* Puntos de corte con el eje X:

$$f(x) = 0 \rightarrow 3x^2 - 4x - 4 = 0 \left\langle \begin{array}{l} x = -2/3 \rightarrow PC(-2/3, 0) \\ x = 2 \rightarrow PC(2, 0) \end{array}\right.$$

©Juan Bertomeu Ferrer
www.bertoblog.com

* Punto de corte con el eje Y:

$$x = 0 \longrightarrow f(0) = \frac{0-0-4}{0-0-1} = 4 \longrightarrow PC(0, 4)$$

* Asíntotas Verticales:

$$\lim_{x \to \frac{1-\sqrt{5}}{2}} \frac{3x^2-4x-4}{x^2-x-1} = \left[\frac{-0'382}{0}\right] \longrightarrow \begin{cases} \lim_{x \to \left(\frac{1-\sqrt{5}}{2}\right)^-} \frac{3x^2-4x-4}{x^2-x-1} = \left[\frac{-0'382}{0^+}\right] = -\infty \\[4mm] \lim_{x \to \left(\frac{1-\sqrt{5}}{2}\right)^+} \frac{3x^2-4x-4}{x^2-x-1} = \left[\frac{-0'382}{0^-}\right] = +\infty \end{cases}$$

$$\lim_{x \to \frac{1+\sqrt{5}}{2}} \frac{3x^2-4x-4}{x^2-x-1} = \left[\frac{-2'618}{0}\right] \longrightarrow \begin{cases} \lim_{x \to \left(\frac{1+\sqrt{5}}{2}\right)^-} \frac{3x^2-4x-4}{x^2-x-1} = \left[\frac{-2'618}{0^-}\right] = +\infty \\[4mm] \lim_{x \to \left(\frac{1+\sqrt{5}}{2}\right)^+} \frac{3x^2-4x-4}{x^2-x-1} = \left[\frac{-2'618}{0^+}\right] = -\infty \end{cases}$$

Las rectas $x = \frac{1-\sqrt{5}}{2}$ y $x = \frac{1+\sqrt{5}}{2}$ son asíntotas verticales

* Asíntotas Horizontales:

$$\left.\begin{array}{l} \lim_{x \to \infty} \frac{3x^2-4x-4}{x^2-x-1} = \left[\frac{\infty}{\infty}\right] = \lim_{x \to \infty} \frac{3x^2}{x^2} = 3 \\[4mm] \lim_{x \to -\infty} \frac{3x^2-4x-4}{x^2-x-1} = \left[\frac{\infty}{\infty}\right] = \lim_{x \to -\infty} \frac{3x^2}{x^2} = 3 \end{array}\right\} \begin{array}{l} \text{La recta} \\ y = 3 \\ \text{es A. Horizontal} \end{array}$$

* Monotonía y extremos relativos:

$$f'(x) = \frac{(6x-4)\cdot(x^2-x-1)-(3x^2-4x-4)(2x-1)}{(x^2-x-1)^2} = \frac{x^2+2x}{(x^2-x-1)^2}$$

PÁGINA 5

$$f'(x) = 0 \longrightarrow \frac{x^2 + 2x}{(x^2 - x - 1)^2} = 0 \longrightarrow x(x+2) = 0 \begin{cases} x = 0 \\ x = -2 \end{cases}$$

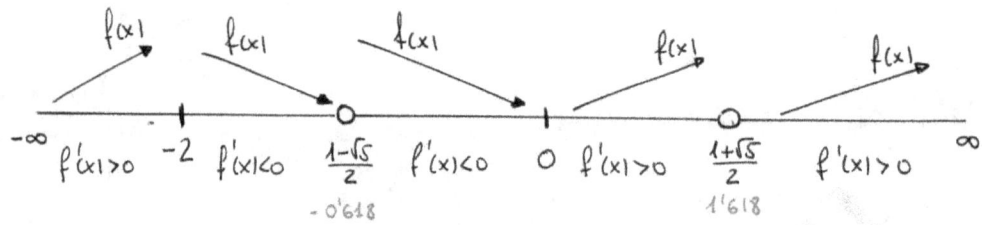

Creciente: $\left(-\infty, -2\right) \cup \left(0, \frac{1+\sqrt{5}}{2}\right) \cup \left(\frac{1+\sqrt{5}}{2}, \infty\right)$

Decreciente: $\left(-2, \frac{1-\sqrt{5}}{2}\right) \cup \left(\frac{1-\sqrt{5}}{2}, 0\right)$

Máximo relativo en $x = -2 \longrightarrow$ Máx $\left(-2, f(-2)\right) = \left(-2, \frac{16}{5}\right)$

Mínimo relativo en $x = 0 \longrightarrow$ Mín $\left(0, f(0)\right) = \left(0, 4\right)$

* Gráfica:

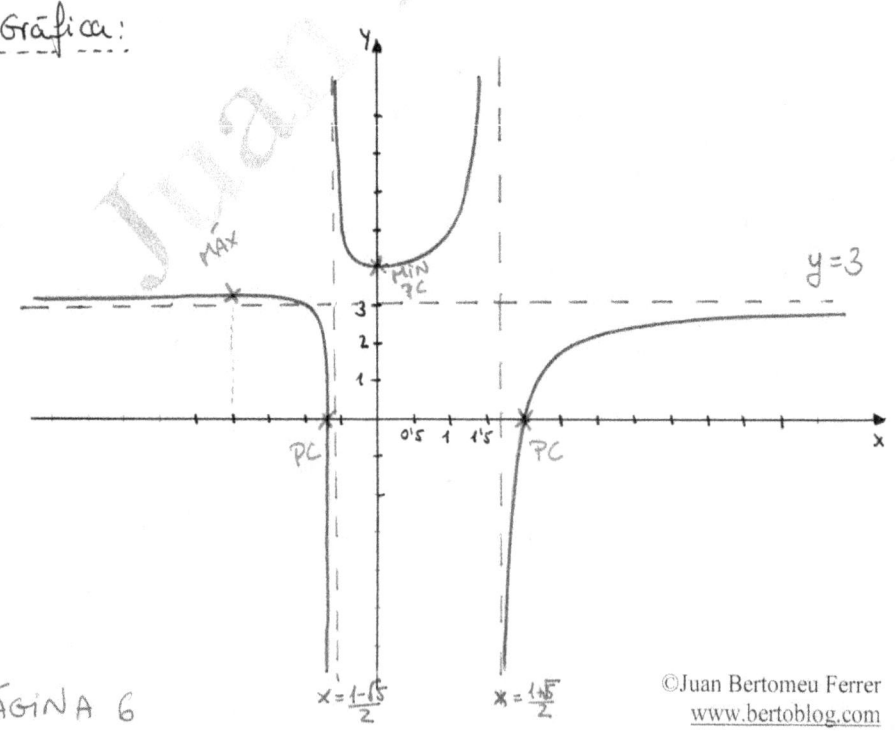

{PROBLEMA 4}

$$f(x) = \frac{1}{10} \cdot \left(800 + 15x + 6x^2 - x^3\right) \quad con \quad 0 \le x \le 12$$

a) Rendimiento 1 mes después de su compra:

$$f(1) = \frac{1}{10} \cdot \left(800 + 15 \cdot 1 + 6 \cdot 1^2 - 1^3\right) = 82\%$$

Rendimiento 2 meses después de su compra:

$$f(2) = \frac{1}{10} \cdot \left(800 + 15 \cdot 2 + 6 \cdot 2^2 - 2^3\right) = 84'6\%$$

Como ves $f(1) < f(2) \longrightarrow$ El rendimiento un mes después

de la compra NO ES SUPERIOR al que tiene la máquina

dos meses después de comprarla.

b) $f'(x) = \frac{1}{10} \cdot \left(15 + 12x - 3x^2\right) \quad con \quad 0 \le x \le 12$

$f'(x) = 0 \longrightarrow -3x^2 + 12x + 15 = 0 \diagup^{\displaystyle x = -1 \to \text{no sirve}}_{\displaystyle x = 5}$

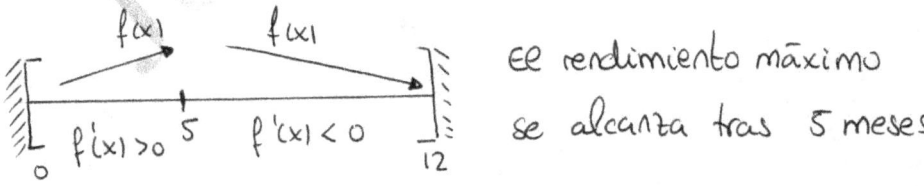

El rendimiento máximo

se alcanza tras 5 meses

desde la compra de la máquina, siendo el máximo rendimiento

$$f(5) = \frac{1}{10} \cdot \left(800 + 15 \cdot 5 + 6 \cdot 5^2 - 5^3\right) = 90\%$$

PÁGINA 7

c) Del estudio de la monotonía en el apartado anterior:

$$x \in [0,5) \rightarrow \text{Creciente} \quad \text{con} \quad f(0) = 80\%$$

$$x = 5 \rightarrow \text{Máximo} \quad \text{con} \quad f(5) = 90\%$$

$$x \in (5,12] \rightarrow \text{Decreciente} \quad \text{con} \quad f(12) = 11'6\%$$

Como ves $f(x) \geq 11'6\%$ $\forall x \in [0,12]$ con lo que podemos

asegurar que a lo largo del año el rendimiento de la

máquina nunca es inferior al 10%. Lo entenderás mejor

viendo la gráfica:

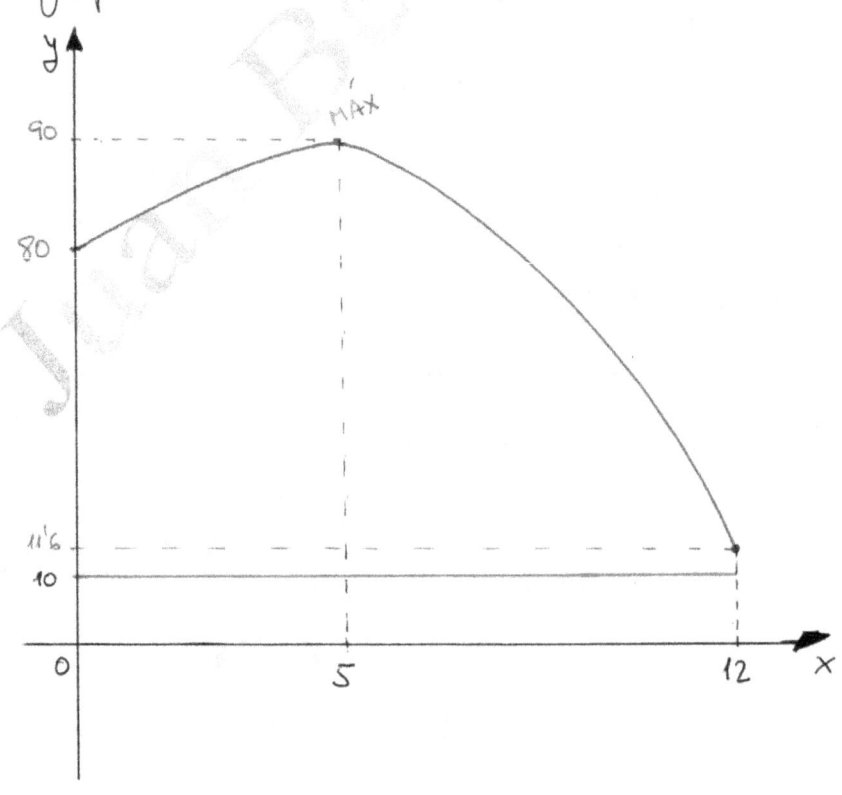

{PROBLEMA 5}

Datos : $p(B) = 0'4$; $p(\bar{A} \cap \bar{B}) = 0'2$; $p(A \cap B) = 0'3$

a) Como ves :

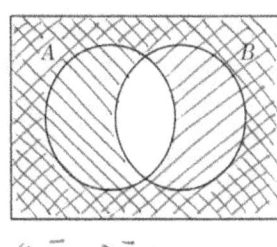

/// $\bar{A}$ § $\bar{B}$

$$p(\bar{A} \cap \bar{B}) = 1 - p(A \cup B)$$
$$0'2 \quad = 1 - p(A \cup B)$$
$$\Longrightarrow p(A \cup B) = 0'8$$

b) También se ve fácilmente que :

| SOLAMENTE UN SUCESO | = | ALGUNO DE LOS DOS | − | LOS DOS A LA VEZ |

$$p(\text{Solo 1 suceso}) = \quad p(A \cup B) - \quad p(A \cap B)$$
$$p(\text{Solo 1 suceso}) = 0'8 - 0'3 = 0'5$$

c y d) $p(B|A) = \dfrac{p(B \cap A)}{?\,\boxed{p(A)}} = \dfrac{0'3}{0'7} = \dfrac{3}{7} = 0'4286$

$p(A \cup B) = p(A) + p(B) - p(A \cap B) \Longrightarrow \boxed{p(A) = 0'7}$

$\Longrightarrow$ Como $p(B|A) \neq p(B) \Rightarrow A$ y B NO son independientes

PÁGINA 9

PROBLEMA 6

Representamos un diagrama en árbol:

La empresa
es

La empresa es
calificada como

Excelente

$0'9$ → Excelente → Bien auditada

$0'1$ → Aceptable → Mal auditada

$0'3$

$0'5$ → Aceptable

$0'9$ Aceptable → Bien auditada

$0'1$ Aceptable → Mal auditada, pero recibe la calificación que merece

$0'2$

Deficiente

$0'9$ Deficiente → Bien auditada

$0'1$ Aceptable → Mal auditada

a) $p(\text{Deficiente}) = 0'2 \cdot 0'9 = 0'18 = \frac{9}{50}$

9 de cada 50 empresas que se auditan reciben la calificación de Deficiente (El 18%)

b) $p\left(\begin{array}{c}\text{Calificación}\\ \text{que merece}\end{array}\right) = 0'3 \cdot 0'9 + 0'5 \cdot 0'9 + 0'5 \cdot 0'1 + 0'2 \cdot 0'9 =$

$$= 0'95 = \frac{19}{20}$$

19 de cada 20 empresas que se auditan reciben la calificación que merecen (El 95%)

c) $P\left(\begin{array}{c|c}\text{Auditoría} & \text{Calificación}\\ \text{Correcta} & \text{"Aceptable"}\end{array}\right) = \dfrac{P(\text{Bien Auditada} \cap \text{Aceptable})}{P(\text{Aceptable})} =$

$$= \frac{0'5 \cdot 0'9}{0'3 \cdot 0'1 + 0'5 \cdot 0'9 + 0'5 \cdot 0'1 + 0'2 \cdot 0'1} = \frac{9}{11} = 0'8182$$

PROVES D'ACCÉS A LA UNIVERSITAT	PRUEBAS DE ACCESO A LA UNIVERSIDAD
CONVOCATÒRIA: JUNY 2023	CONVOCATORIA: JUNIO 2023
Assignatura: MATEMÀTIQUES APLICADES A LES CIÈNCIES SOCIALS II	Asignatura: MATEMÁTICAS APLICADAS A LAS CIENCIAS SOCIALES II

BAREMO DEL EXAMEN: Se han de contestar tres problemas de entre los seis propuestos. Cada problema se valorará de 0 a 10 puntos y la nota final será la media aritmética de los tres. Se permite el uso de calculadoras siempre que no sean gráficas o programables y que no puedan realizar cálculo simbólico ni almacenar texto o fórmulas en memoria. Se utilice o no la calculadora, los resultados analíticos, numéricos y gráficos deberán estar siempre debidamente justificados. Está permitido el uso de regla. Las gráficas se harán con el mismo color que el resto del examen.

Todas las respuestas han de estar debidamente razonadas.

Problema 1. El veterinario me ha recomendado que mi perro tome diariamente un mínimo de 8 unidades de hidratos de carbono, un mínimo de 46 unidades de proteínas y un mínimo de 12 unidades de grasas. En el mercado encuentro dos marcas A y B de comida para perros. Una lata de la marca A contiene 4 unidades de hidratos de carbono, 6 unidades de proteínas y 1 unidad de grasas. Una lata de la marca B contiene 2 unidades de hidratos de carbono, 20 unidades de proteínas y 12 unidades de grasas. La lata de la marca A cuesta 10 euros y la lata de la marca B cuesta 16 euros.

a) ¿Cómo deberé combinar ambas marcas para obtener la dieta deseada por el mínimo precio?
(8 puntos)

b) ¿Cuál es el mínimo precio que habré de pagar? *(2 puntos)*

Problema 2. Una matriz A se denomina normal si $A^t A = A A^t$, donde A^t denota la matriz traspuesta de A.

a) Calcula el valor de x para que la matriz $\begin{pmatrix} 2 & 1 \\ -1 & x \end{pmatrix}$ sea normal. *(4 puntos)*

b) Calcula la matriz X que satisface la ecuación $AX = B^t X - C$, donde

$$A = \begin{pmatrix} 1 & 2 \\ -1 & 0 \end{pmatrix}, \qquad B = \begin{pmatrix} 1 & 0 \\ 1 & 1 \end{pmatrix} \quad y \quad C = \begin{pmatrix} 1 & 2 \\ -3 & -3 \end{pmatrix}.$$

(6 puntos)

Problema 3. Se considera la función $f(x) = \dfrac{x^2 + 2x - 15}{2x^2 - 3x - 2}$. Se pide:

a) Su dominio y los puntos de corte con los ejes coordenados. *(2 puntos)*
b) Las asíntotas horizontales y verticales, si existen. *(2 puntos)*
c) Los intervalos de crecimiento y decrecimiento. *(2 puntos)*
d) Los máximos y mínimos locales, si existen. *(2 puntos)*
e) La representación gráfica de la función a partir de los resultados anteriores. *(2 puntos)*

Problema 4. Una pequeña empresa paga una cuota fija mensual a su compañía eléctrica de 1 200 euros. Además de la cuota fija, los primeros 250 kWh consumidos los paga a 5 euros cada uno; los siguientes, hasta los 900 kWh, a 3 euros cada uno; y el resto a 2 euros cada uno.

a) ¿A cuánto asciende el recibo de un mes de la empresa si ese mes consumió 400 kWh? *(2 puntos)*
b) Obtén la función que dé el importe del recibo mensual de la empresa si consume x kWh. Dibuja su gráfica. *(5 puntos)*
c) Otra pequeña empresa, con la misma cuota fija, paga todos los kWh a 3 euros. ¿Puede ocurrir que en un mes las dos empresas consuman lo mismo y además sus recibos coincidan? En caso afirmativo indica cuál será en ese mes el consumo y el importe del recibo de ambas empresas. *(3 puntos)*

Problema 5. Arsenio Lupin ha descubierto que la alarma del Banco de París no se puede desconectar. No obstante, ha averiguado que la probabilidad de que la alarma suene cuando hay un motivo justificado es 0,95 y que la probabilidad de que suene injustificadamente es 0,3. El 31 de diciembre hay una probabilidad de 0,1 de que Arsenio Lupin atraque el Banco de París y se sabe que nadie más lo atracará ese día.

a) ¿Cuál es la probabilidad de que Arsenio Lupin atraque el Banco de París ese día y que no suene la alarma? *(4 puntos)*
b) Si ese día suena la alarma, ¿cuál es la probabilidad de que Arsenio Lupin no esté atracando el Banco de París? *(3 puntos)*
c) Si la alarma no ha sonado ese día, ¿cuál es la probabilidad de que Arsenio Lupin haya atracado el Banco de París? *(3 puntos)*

Problema 6. Se sabe que el 60% de los clientes de una agencia de viajes realiza un viaje al año, el 30% realiza dos viajes al año, y el 10% restante realiza tres o más viajes al año. Se sabe también que hay un 54% de clientes que están casados y realizan un viaje al año, que hay un 14% de clientes que están casados y realizan dos viajes al año, y que hay un 2% de clientes que están casados y realizan tres o más viajes al año. Seleccionamos al azar un cliente de la agencia.

a) Si sabemos que el cliente seleccionado realiza dos o más viajes al año, ¿cuál es la probabilidad de que no esté casado? *(3 puntos)*
b) Llamemos G al suceso "el cliente seleccionado no está casado" y H al suceso "el cliente seleccionado realiza menos de tres viajes al año". Calcula $P(G \cup H)$. *(3 puntos)*
c) Llamemos J al suceso "el cliente seleccionado está casado" y K al suceso "el cliente seleccionado no realiza dos viajes al año". ¿Son J y K sucesos independientes? *(4 puntos)*

PROBLEMA 1

	Latas	Hidratos	Proteínas	Grasas	Coste (€)
Marca A →	x	4x	6x	x	10x
Marca B →	y	2y	20y	12y	16y
TOTAL		4x+2y	6x+20y	x+12y	10x+16y
Restricción:		⩾8	⩾46	⩾12	MÍNIMO

Tenemos que obtener el mínimo de $f(x,y) = 10x + 16y$ sujeta a las restricciones dadas por:

$$
\left.
\begin{array}{l}
4x + 2y \geqslant 8 \\
6x + 20y \geqslant 46 \\
x + 12y \geqslant 12 \\
x \geqslant 0; \ y \geqslant 0
\end{array}
\right\}
\begin{array}{l}
\rightarrow y \geqslant 4 - 2x \\
\rightarrow y \geqslant \dfrac{23 - 3x}{10} \\
\rightarrow y \geqslant \dfrac{12 - x}{12}
\end{array}
$$

x	$y = 4 - 2x$
0	4
2	0

x	$y = \dfrac{23 - 3x}{10}$
1	2
0	2'3

x	$y = \dfrac{12 - x}{12}$
0	1
12	0

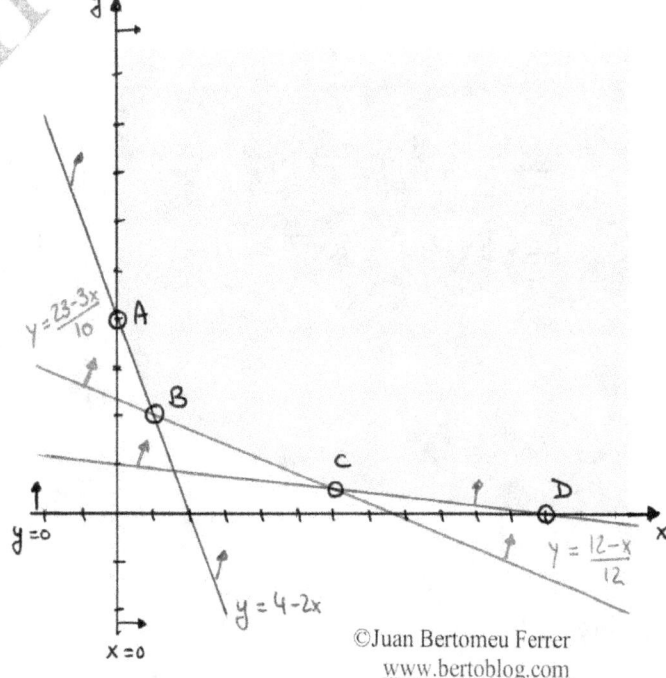

PÁGINA 1

Vértice $A \rightarrow \begin{cases} x = 0 \\ y = 4 - 2x \end{cases} \rightarrow A\,(0,4)$

Vértice $B \rightarrow \begin{cases} y = \dfrac{23-3x}{10} \\ y = 4-2x \end{cases} \rightarrow \dfrac{23-3x}{10} = 4-2x \rightarrow x=1 \rightarrow y=2$

$\rightarrow B\,(1,2)$

Vértice $C \rightarrow \begin{cases} y = \dfrac{23-3x}{10} \\ y = \dfrac{12-x}{12} \end{cases} \rightarrow \dfrac{23-3x}{10} = \dfrac{12-x}{12} \rightarrow x=6 \rightarrow y = \tfrac{1}{2}$

$\rightarrow C\,(6, \tfrac{1}{2})$

Vértice $D \rightarrow \begin{cases} y = \dfrac{12-x}{12} \\ y = 0 \end{cases} \rightarrow D\,(12,0)$

Por tanto:

$f(x,y) = 10x + 16y$

$\hookrightarrow f(0,4) = 16 \cdot 4 = 64\,€$

$\hookrightarrow f(1,2) = 10 \cdot 1 + 16 \cdot 2 = 42\,€$

$\hookrightarrow f(6, \tfrac{1}{2}) = 10 \cdot 6 + 16 \cdot \tfrac{1}{2} = 68\,€$

$\hookrightarrow f(12,0) = 10 \cdot 12 = 120\,€$

Hay que combinar 1 lata de la marca A con 2 latas de la B para obtener la dieta deseada a un coste mínimo de 42 €.

PÁGINA 2

PROBLEMA 2

a) La matriz D será normal si $D^t \cdot D = D \cdot D^t$

$$D = \begin{pmatrix} 2 & 1 \\ -1 & x \end{pmatrix} \implies \begin{pmatrix} 2 & -1 \\ 1 & x \end{pmatrix} \cdot \begin{pmatrix} 2 & 1 \\ -1 & x \end{pmatrix} = \begin{pmatrix} 2 & 1 \\ -1 & x \end{pmatrix} \cdot \begin{pmatrix} 2 & -1 \\ 1 & x \end{pmatrix}$$

$$\implies \begin{pmatrix} 5 & 2-x \\ 2-x & 1+x^2 \end{pmatrix} = \begin{pmatrix} 5 & -2+x \\ -2+x & 1+x^2 \end{pmatrix} \implies \begin{cases} 5 = 5 \checkmark \\ 2-x = -2+x \longrightarrow \\ 1+x^2 = 1+x^2 \checkmark \end{cases}$$

$$\implies 2-x = -2+x \implies x = 2$$

$$D = \begin{pmatrix} 2 & 1 \\ -1 & x \end{pmatrix} \text{ es normal si } x = 2$$

b) $A = \begin{pmatrix} 1 & 2 \\ -1 & 0 \end{pmatrix}$; $B = \begin{pmatrix} 1 & 0 \\ 1 & 1 \end{pmatrix}$; $C = \begin{pmatrix} 1 & 2 \\ -3 & -3 \end{pmatrix}$

$$AX = B^t \cdot X - C \implies AX - B^t X = -C \implies (A - B^t) \cdot X = -C$$

$$\implies X = (A - B^t)^{-1} \cdot (-C)$$

$$A - B^t = \begin{pmatrix} 1 & 2 \\ -1 & 0 \end{pmatrix} - \begin{pmatrix} 1 & 1 \\ 0 & 1 \end{pmatrix} = \begin{pmatrix} 0 & 1 \\ -1 & -1 \end{pmatrix}$$

$$(A - B^t)^{-1} = \frac{1}{\det(A - B^t)} \cdot \left[Adj(A - B^t) \right]^t$$

$$\det(A - B^t) = \begin{vmatrix} 0 & 1 \\ -1 & -1 \end{vmatrix} = 1$$

$$Adj\,(A-B^t) = \begin{pmatrix} -1 & 1 \\ -1 & 0 \end{pmatrix} \rightarrow \left(Adj\,(A-B^t)\right)^t = \begin{pmatrix} -1 & -1 \\ 1 & 0 \end{pmatrix}$$

$$\Rightarrow (A-B^t)^{-1} = \begin{pmatrix} -1 & -1 \\ 1 & 0 \end{pmatrix}$$

$$\Rightarrow X = (A-B^t)^{-1}\cdot(-C) = \begin{pmatrix} -1 & -1 \\ 1 & 0 \end{pmatrix}\cdot\begin{pmatrix} -1 & -2 \\ 3 & 3 \end{pmatrix} = \begin{pmatrix} -2 & -1 \\ -1 & -2 \end{pmatrix}$$

PROBLEMA 3

$$f(x) = \frac{x^2+2x-15}{2x^2-3x-2}$$

Dominio:

$$2x^2-3x-2 = 0 \quad \begin{matrix} \nearrow & x=2 \\ \searrow & x=-\frac{1}{2} \end{matrix} \Rightarrow Dom\,(f(x)) = \mathbb{R} - \left\{-\frac{1}{2}, 2\right\}$$

Cortes con eje X:

$$f(x)=0 \rightarrow x^2+2x-15 = 0 \quad \begin{matrix} \nearrow & x=3 \rightarrow P.C\,(3,0) \\ \searrow & x=-5 \rightarrow P.C\,(-5,0) \end{matrix}$$

Corte con eje Y:

$$x=0 \rightarrow f(0) = \frac{0^2+2\cdot0-15}{2\cdot0^2-3\cdot0-2} = \frac{15}{2} \rightarrow P.C\,\left(0, \frac{15}{2}\right)$$

Asíntotas Verticales:

$$\lim_{x\to-\frac{1}{2}} \frac{x^2+2x-15}{2x^2-3x-2} = \left[\frac{-15'75}{0}\right] \rightarrow \begin{cases} \lim_{x\to-\frac{1}{2}^-} \frac{x^2+2x-15}{2x^2-3x-2} = \left[\frac{-15'75}{0^+}\right] = -\infty \\ \lim_{x\to-\frac{1}{2}^+} \frac{x^2+2x-15}{2x^2-3x-2} = \left[\frac{-15'75}{0^-}\right] = +\infty \end{cases}$$

PÁGINA 4

$$\lim_{x \to 2} \frac{x^2+2x-15}{2x^2-3x-2} = \left[\frac{-7}{0}\right] \longrightarrow \begin{cases} \lim_{x \to 2^-} \frac{x^2+2x-15}{2x^2-3x-2} = \left[\frac{-7}{0^-}\right] = +\infty \\[2mm] \lim_{x \to 2^+} \frac{x^2+2x-15}{2x^2-3x-2} = \left[\frac{-7}{0^+}\right] = -\infty \end{cases}$$

$\Rightarrow$ Las rectas $x = -\frac{1}{2}$ y $x = 2$ son asíntotas verticales

Asíntota Horizontal :

$$\lim_{x \to \infty} \frac{x^2+2x-15}{2x^2-3x-2} = \lim_{x \to \infty} \frac{x^2}{2x^2} = \frac{1}{2}$$

$$\lim_{x \to -\infty} \frac{x^2+2x-15}{2x^2-3x-2} = \frac{1}{2} \quad \Rightarrow \quad \text{La recta } y = \frac{1}{2} \text{ es asíntota horizontal}$$

Monotonía y extremos relativos:

$$f'(x) = \frac{(2x+2)(2x^2-3x-2) - (x^2+2x-15)\cdot(4x-3)}{(2x^2-3x-2)^2} = \frac{-7x^2+56x-49}{(2x^2-3x-2)^2}$$

$$f'(x) = 0 \longrightarrow -7x^2+56x-49 = 0 \begin{cases} x = 1 \\ x = 7 \end{cases}$$

Creciente : $(1,2) \cup (2,7)$

Decreciente : $(-\infty, -\frac{1}{2}) \cup (-\frac{1}{2}, 1) \cup (7, \infty)$

Mínimo relativo en $x=1$ $\longrightarrow$ Mín $(1, f(1)) = (1,4)$

Máximo relativo en $x=7$ $\longrightarrow$ Máx $(7, f(7)) = (7, 0'64)$

Gráfica:

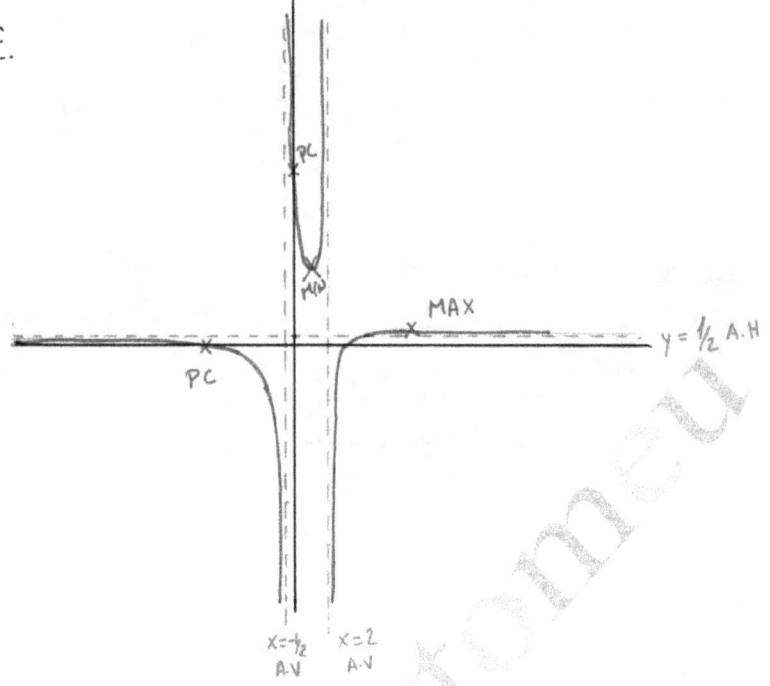

{PROBLEMA 4}

Definimos primeramente la función del importe:

$$1200\ \epsilon\ + \underset{\text{FIJO}}{\underbrace{\qquad\qquad}}$$

Podemos escribir la función por tanto:

$$f(x) = \begin{cases} 1200 + 5x & \text{si } 0 \le x \le 250 \\ 2450 + 3\cdot(x-250) & \text{si } 250 < x \le 900 \\ 4400 + 2\cdot(x-900) & \text{si } x > 900 \end{cases}$$

a) $f(400) = 2450 + 3\cdot(400-250) = 2900\ \epsilon$

b) Hacemos la gráfica con tabla de valores

$$f(x) = \begin{cases} 1200 + 5x & \text{si } 0 \le x \le 250 \\ 2450 + 3(x-250) & \text{si } 250 < x \le 900 \\ 4400 + 2(x-900) & \text{si } x > 900 \end{cases}$$

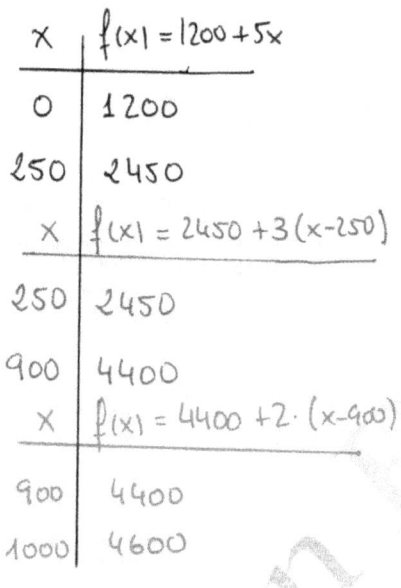

x	$f(x) = 1200 + 5x$
0	1200
250	2450

x	$f(x) = 2450 + 3(x-250)$
250	2450
900	4400

x	$f(x) = 4400 + 2 \cdot (x-900)$
900	4400
1000	4600

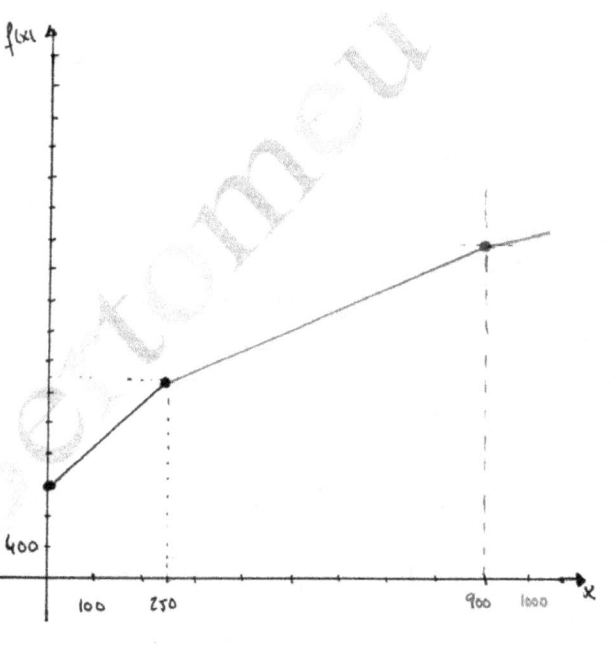

c) La otra empresa paga según la función

$$g(x) = 1200 + 3x \quad \text{con } x \ge 0$$

Se trata de ver si $f(x) = g(x)$ para algún x. Así:

Si $0 \le x \le 250 \rightarrow f(x) = g(x)$

$$1200 + 5x = 1200 + 3x \rightarrow x = 0 \text{ Kwh}$$

Ambas empresas pagan 1200 € si consumen 0 Kwh

Si $250 < x \leq 900 \rightarrow f(x) = g(x)$

$2450 + 3(x-250) = 1200 + 3x$

$1700 + 3x = 1200 + 3x \Rightarrow \cancel{3}x$

Si $x > 900 \rightarrow f(x) = g(x)$

$4400 + 2(x-900) = 1200 + 3x$

$2600 + 2x = 1200 + 3x \rightarrow x = 1400$ Kwh

$g(1400) = 1200 + 3 \cdot 1400 = 5400 €$

Ambas empresas pagan $5400 €$ si consumen 1400 Kwh

PROBLEMA 5

Sean los sucesos:

$A \equiv$ Lupin atraca el banco

$B \equiv$ Suena la alarma

Se nos dan las probabilidades:

a) $P(A \cap \bar{B}) = P(A) \cdot P(\bar{B}/A) =$

$= 0'1 \cdot 0'05 = 0'005$

b) $P(\bar{A}/B) = \dfrac{P(\bar{A} \cap B)}{P(B)} =$

$= \dfrac{0'9 \cdot 0'3}{0'1 \cdot 0'95 + 0'9 \cdot 0'3} = 0'7397$

PÁGINA 8

c) $P(A \mid \bar{B}) = \dfrac{P(A \cap \bar{B})}{P(\bar{B})} = \dfrac{0'1 \cdot 0'05}{0'1 \cdot 0'05 + 0'9 \cdot 0'7} = 0'0079$

PROBLEMA 6

Sean los sucesos:

$A \equiv$ 1 viaje al año $B \equiv$ 2 viajes al año

$C \equiv$ 3 o más viajes al año $D \equiv$ Casado

Se nos dan las probabilidades:

$P(A \cap D) = P(A) \cdot P(D/A)$
$0'54 = 0'6 \cdot P(D/A)$
$P(D/A) = 0'9$

$P(B \cap D) = P(B) \cdot P(D/B)$
$0'14 = 0'3 \cdot P(D/B)$
$P(D/B) = \dfrac{7}{15}$

$P(C \cap D) = P(C) \cdot P(D/C)$
$0'02 = 0'1 \cdot P(D/C)$
$P(D/C) = 0'2$

a) $P(\bar{D} \mid B \cup C) = \dfrac{P(\bar{D} \cap (B \cup C))}{P(B \cup C)} =$

$= \dfrac{P(\bar{D} \cap B) + P(\bar{D} \cap C)}{P(B) + P(C)} = \dfrac{0'3 \cdot \frac{8}{15} + 0'1 \cdot 0'8}{0'3 + 0'1} = 0'6$

b) $G \equiv$ No estar casado $(\bar{D})$

$H \equiv$ El cliente realiza menos de 3 viajes $(A \cup B)$

$P(G \cup H) = p(\bar{D} \cup (A \cup B)) = 1 - p(C \cap D) =$

$= 1 - 0'1 \cdot 0'2 = 0'98$

c) $J \equiv$ Esta casado (D)

$K \equiv$ No realiza dos viajes $(\bar{B})$

$p(\bar{B}) = 1 - p(B) = 0'7$

$p(\bar{B}|D) = \dfrac{p(\bar{B} \cap D)}{p(D)} = \dfrac{0'6 \cdot 0'9 + 0'1 \cdot 0'2}{0'6 \cdot 0'9 + 0'3 \cdot \frac{7}{15} + 0'1 \cdot 0'2} =$

$= \dfrac{0'56}{0'7} = 0'8$

Como $p(\bar{B}) \neq p(\bar{B}|D)$ los sucesos NO son independientes.

COMISSIÓ GESTORA DE LES PROVES D'ACCÉS A LA UNIVERSITAT

COMISIÓN GESTORA DE LAS PRUEBAS DE ACCESO A LA UNIVERSIDAD

SISTEMA UNIVERSITARI VALENCIÀ
SISTEMA UNIVERSITARIO VALENCIANO

PROVES D'ACCÉS A LA UNIVERSITAT	PRUEBAS DE ACCESO A LA UNIVERSIDAD
CONVOCATÒRIA: JULIOL 2023	CONVOCATORIA: JULIO 2023
Assignatura: MATEMÀTIQUES APLICADES A LES CIÈNCIES SOCIALS II	Asignatura: MATEMÁTICAS APLICADAS A LAS CIENCIAS SOCIALES II

BAREMO DEL EXAMEN: **Se han de contestar tres problemas de entre los seis propuestos.** Cada problema se valorará de 0 a 10 puntos y la nota final será la media aritmética de los tres. Se permite el uso de calculadoras siempre que no sean gráficas o programables y que no puedan realizar cálculo simbólico ni almacenar texto o fórmulas en memoria. Se utilice o no la calculadora, los resultados analíticos, numéricos y gráficos deberán estar siempre debidamente justificados. Está permitido el uso de regla. Las gráficas se harán con el mismo color que el resto del examen.

Todas las respuestas han de estar debidamente razonadas.

Problema 1. Dadas las matrices

$$A = \begin{pmatrix} 1 & 1 & 0 \\ 0 & 2 & -2 \\ -1 & 0 & 1 \end{pmatrix} \quad y \quad B = \begin{pmatrix} 3 & -2 & 1 \\ -1 & 4 & 2 \\ 0 & 0 & 1 \end{pmatrix},$$

se pide:

a) Calcular la matriz A^2 y su inversa.   *(5 puntos)*
b) Resolver la ecuación matricial $2A^2X = 4B$.   *(5 puntos)*

Problema 2. Un millonario ha dejado en herencia todo su dinero a sus tres hijas. A la hija mayor le ha dejado 9 millones de euros más la mitad de la suma de lo que ha dejado a las otras dos. A la hija mediana le ha dejado la mitad de la suma de lo que ha dejado a las otras dos. A la hija pequeña le ha dejado el 35% de la suma de lo que ha dejado a las otras dos. ¿Cuánto dinero ha dejado el millonario a cada una de sus hijas?

(Planteamiento correcto 5 puntos-Resolución correcta 5 puntos)

Problema 3. Se considera la función $f(x) = \dfrac{4x-5}{2(x^2-1)}$. Se pide:

a) Su dominio y los puntos de corte con los ejes coordenados.   *(2 puntos)*
b) Las asíntotas horizontales y verticales, si existen.   *(2 puntos)*
c) Los intervalos de crecimiento y decrecimiento.   *(2 puntos)*
d) Los máximos y mínimos locales, si existen.   *(2 puntos)*
e) La representación gráfica de la función a partir de los resultados anteriores.   *(2 puntos)*

Problema 4. El consumo de energía (en Mwh) en una empresa metalúrgica a las x horas de un día viene dado por la siguiente función:

$$f(x) = \begin{cases} 2x + 14, & \text{si } x \in [0,6] \\ -x^2 + 24x - 82, & \text{si } x \in \,]6,18] \\ -x + 34, & \text{si } x \in \,]18,24] \end{cases}$$

a) Estudia la continuidad de esta función en el intervalo $[0,24]$. *(3 puntos)*
b) Determina a qué horas del día el consumo alcanza sus valores máximo y mínimo. ¿Cuáles son dichos valores? *(4 puntos)*
c) Planteando la integral adecuada, calcula el consumo que se realiza entre las 8 de la mañana y las 10 de la mañana. *(3 puntos)*

Problema 5. Una estación espacial internacional cuenta con un grupo de especialistas en ingeniería y con otro de especialistas en ciencias. El grupo de especialistas en ingeniería está compuesto por 10 especialistas de América y 20 de Europa, entre los cuales 7 y 9 son mujeres, respectivamente. El grupo de especialistas en ciencias está formado por 21 especialistas de América y 19 de Europa, entre los cuales 12 y 10 son mujeres, respectivamente. Se elige un integrante de la estación espacial al azar.

a) ¿Cuál es la probabilidad de que sea de Europa? *(2 puntos)*
b) ¿Cuál es la probabilidad de que sea hombre y especialista en ciencias? *(2 puntos)*
c) Si se ha elegido una mujer, ¿es más probable que sea especialista en ciencias o en ingeniería?

(3 puntos)
d) ¿Son independientes los sucesos "ser mujer" y "ser especialista en ingeniería"? *(3 puntos)*

Problema 6. En una población hay dos compañías, A y B, que proporcionan el servicio de internet. La compañía A proporciona servicio al 70% de los hogares que han contratado el servicio de internet. El 65% de los hogares que han contratado el servicio de internet tienen contratado también el servicio de televisión de pago. Sabemos que la mitad de los clientes de la compañía B ha contratado televisión de pago.

a) Calcula el porcentaje de hogares que no han contratado el servicio de televisión de pago y tienen contratado el servicio de internet con la compañía A. *(3 puntos)*
b) Si en un hogar se ha contratado el servicio de internet, pero no el servicio de televisión de pago, ¿cuál es la probabilidad de que sea cliente de la compañía B? *(4 puntos)*
c) Sea A el suceso "ser cliente de la compañía A" y C el suceso "haber contratado la televisión de pago". Calcula $P(A \cup C)$. *(3 puntos)*

PROBLEMA 1

$$A = \begin{pmatrix} 1 & 1 & 0 \\ 0 & 2 & -2 \\ -1 & 0 & 1 \end{pmatrix} \qquad B = \begin{pmatrix} 3 & -2 & 1 \\ -1 & 4 & 2 \\ 0 & 0 & 1 \end{pmatrix}$$

a) $A^2 = A \cdot A = \begin{pmatrix} 1 & 1 & 0 \\ 0 & 2 & -2 \\ -1 & 0 & 1 \end{pmatrix} \cdot \begin{pmatrix} 1 & 1 & 0 \\ 0 & 2 & -2 \\ -1 & 0 & 1 \end{pmatrix} = \begin{pmatrix} 1 & 3 & -2 \\ 2 & 4 & -6 \\ -2 & -1 & 1 \end{pmatrix}$

$(A^2)^{-1} = \dfrac{1}{\det(A^2)} \cdot \left[\text{Adj}(A^2) \right]^t$; $\det(A^2) = \begin{vmatrix} 1 & 3 & -2 \\ 2 & 4 & -6 \\ -2 & -1 & 1 \end{vmatrix} = 16$

$$\text{Adj}(A^2) = \begin{pmatrix} \begin{vmatrix} 4 & -6 \\ -1 & 1 \end{vmatrix} & -\begin{vmatrix} 2 & -6 \\ -2 & 1 \end{vmatrix} & \begin{vmatrix} 2 & 4 \\ -2 & -1 \end{vmatrix} \\[2mm] -\begin{vmatrix} 3 & -2 \\ -1 & 1 \end{vmatrix} & \begin{vmatrix} 1 & -2 \\ -2 & 1 \end{vmatrix} & -\begin{vmatrix} 1 & 3 \\ -2 & -1 \end{vmatrix} \\[2mm] \begin{vmatrix} 3 & -2 \\ 4 & -6 \end{vmatrix} & -\begin{vmatrix} 1 & -2 \\ 2 & -6 \end{vmatrix} & \begin{vmatrix} 1 & 3 \\ 2 & 4 \end{vmatrix} \end{pmatrix} = \begin{pmatrix} -2 & 10 & 6 \\ -1 & -3 & -5 \\ -10 & 2 & -2 \end{pmatrix}$$

$\left[\text{Adj}(A^2) \right]^t = \begin{pmatrix} -2 & -1 & -10 \\ 10 & -3 & 2 \\ 6 & -5 & -2 \end{pmatrix} \Rightarrow (A^2)^{-1} = \dfrac{1}{16} \cdot \begin{pmatrix} -2 & -1 & -10 \\ 10 & -3 & 2 \\ 6 & -5 & -2 \end{pmatrix}$

b) $2A^2 X = 4B \Rightarrow A^2 X = 2B \Rightarrow \underbrace{(A^2)^{-1} \cdot A^2}_{I} X = (A^2)^{-1} \cdot (2B)$

$$\Rightarrow X = (A^2)^{-1} \cdot (2B)$$

PÁGINA 1

Con lo que:

$$X = (A^2)^{-1} \cdot (2B) = \frac{1}{16} \cdot \begin{pmatrix} -2 & -1 & -10 \\ 10 & -3 & 2 \\ 6 & -5 & -2 \end{pmatrix} \cdot \begin{pmatrix} 6 & -4 & 2 \\ -2 & 8 & 4 \\ 0 & 0 & 2 \end{pmatrix} =$$

$$= \frac{1}{16} \cdot \begin{pmatrix} -10 & 0 & -28 \\ 66 & -64 & 12 \\ 46 & -64 & -12 \end{pmatrix} = \begin{pmatrix} -5/8 & 0 & -7/4 \\ 33/8 & -4 & 3/4 \\ 23/8 & -4 & -3/4 \end{pmatrix}$$

PROBLEMA 2

Millones
de euros

Hija Mayor $\longrightarrow$ x $\left. \begin{array}{l} x = 9 + \frac{1}{2}(y+z) \\[6pt] y = \frac{1}{2}(x+z) \\[6pt] z = \frac{35}{100} \cdot (x+y) \end{array} \right\}$

Hija Mediana $\longrightarrow$ y

Hija Menor $\longrightarrow$ z

$$A^* = \begin{pmatrix} 1 & -1/2 & -1/2 & \vdots & 9 \\ -1/2 & 1 & -1/2 & \vdots & 0 \\ -0'35 & -0'35 & 1 & \vdots & 0 \end{pmatrix} \quad ; \quad \det(A) = \begin{vmatrix} 1 & -1/2 & -1/2 \\ -1/2 & 1 & -1/2 \\ -0'35 & -0'35 & 1 \end{vmatrix} = 0'225$$

$$\Rightarrow rg(A) = 3 = rg(A^*) \Rightarrow T \overset{MA}{=} \text{ROUCHÉ} \Rightarrow \text{Sistema Compatible}$$

Determinado $\Rightarrow$ Aplicamos la regla de Cramer.

$$X = \frac{\begin{vmatrix} 9 & -1/2 & -1/2 \\ 0 & 1 & -1/2 \\ 0 & -0'35 & 1 \end{vmatrix}}{0'225} = \frac{7'425}{0'225} = 33 \text{ millones de euros}$$

PÁGINA 2

$$y = \frac{\begin{vmatrix} 1 & 9 & -1/2 \\ -1/2 & 0 & -1/2 \\ -0'35 & 0 & 1 \end{vmatrix}}{0'225} = \frac{6'075}{0'225} = 27 \text{ millones de euros}$$

$$z = \frac{\begin{vmatrix} 1 & -1/2 & 9 \\ -1/2 & 1 & 0 \\ -0'35 & -0'35 & 0 \end{vmatrix}}{0'225} = \frac{4'725}{0'225} = 21 \text{ millones de euros}$$

PROBLEMA 3

$$f(x) = \frac{4x-5}{2(x^2-1)}$$

Dominio:

$$2(x^2-1) = 0 \Rightarrow x^2 = 1 \begin{cases} x = -1 \\ x = +1 \end{cases} \qquad \text{Dom}(f(x)) = \Re - \{-1, +1\}$$

Cortes con eje X:

$$f(x) = 0 \longrightarrow 4x-5 = 0 \longrightarrow x = 5/4 \longrightarrow P.C \left(5/4, 0\right)$$

Corte con eje Y:

$$x = 0 \longrightarrow f(0) = \frac{-5}{2\cdot(-1)} = \frac{5}{2} \longrightarrow P.C\left(0, 5/2\right)$$

Asíntotas Verticales:

$$\lim_{x \to -1} \frac{4x-5}{2(x^2-1)} = \left[\frac{-9}{0}\right] \longrightarrow \begin{cases} \lim_{x \to -1^-} \frac{4x-5}{2(x^2-1)} = \left[\frac{-9}{0^+}\right] = -\infty \\ \lim_{x \to -1^+} \frac{4x-5}{2(x^2-1)} = \left[\frac{-9}{0^-}\right] = +\infty \end{cases}$$

PÁGINA 3

$\Rightarrow$ La recta $x = -1$ es Asíntota Vertical

$$\lim_{x \to 1} \frac{4x-5}{2(x^2-1)} = \left[\frac{-1}{0}\right] \Rightarrow \begin{cases} \lim_{x \to 1^-} \frac{4x-5}{2(x^2-1)} = \left[\frac{-1}{0^-}\right] = +\infty \\[4mm] \lim_{x \to 1^+} \frac{4x-5}{2(x^2-1)} = \left[\frac{-1}{0^+}\right] = -\infty \end{cases}$$

$\Rightarrow$ La recta $x = 1$ es Asíntota Vertical

Asíntotas Horizontales:

$$\lim_{x \to \infty} \frac{4x-5}{2(x^2-1)} = \left[\frac{\infty}{\infty}\right] = \lim_{x \to \infty} \frac{4x}{2x^2} = 0$$

$$\lim_{x \to -\infty} \frac{4x-5}{2(x^2-1)} = 0 \Rightarrow \text{La recta } y = 0 \text{ es Asíntota Horizontal}$$

Monotonía y extremos relativos:

$$f'(x) = \frac{4 \cdot \left[2(x^2-1)\right] - (4x-5) \cdot 4x}{\left[2(x^2-1)\right]^2} = \frac{-8x^2 + 20x - 8}{4 \cdot (x^2-1)^2}$$

$$f'(x) = 0 \longrightarrow -8x^2 + 20x - 8 = 0 \begin{cases} x = 1/2 \\ x = 2 \end{cases}$$

Creciente: $\left(\frac{1}{2}, 1\right) \cup (1, 2)$

Decreciente: $(-\infty, -1) \cup \left(-1, \frac{1}{2}\right) \cup (2, +\infty)$

Mínimo relativo en $x = 1/2 \longrightarrow \text{Mín}\left(\frac{1}{2}, f\left(\frac{1}{2}\right)\right) = \left(\frac{1}{2}, 2\right)$

Máximo relativo en $x = 2 \longrightarrow \text{Máx}\left(2, f(2)\right) = \left(2, \frac{1}{2}\right)$

PÁGINA 4

Gráfica:

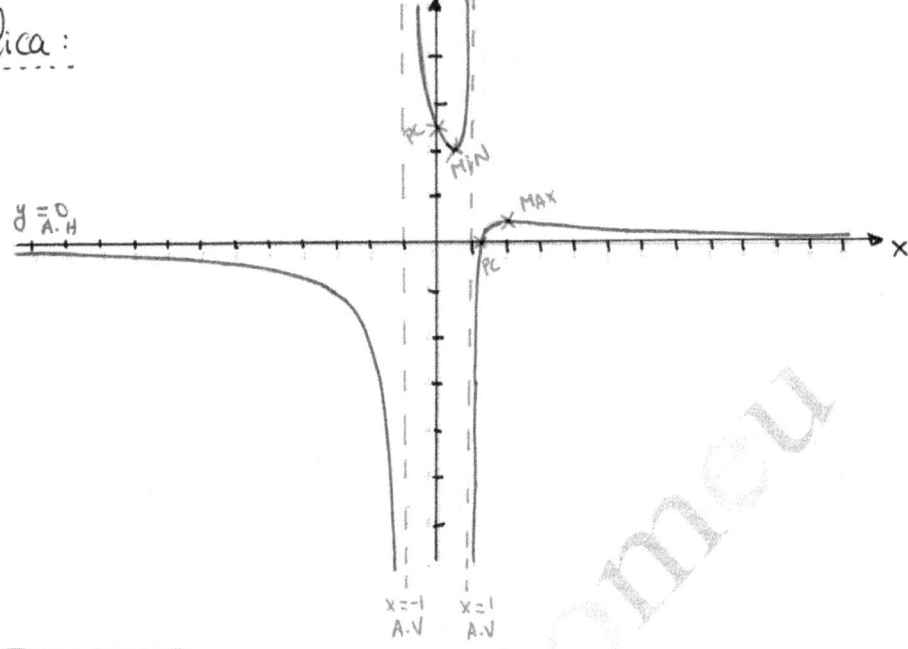

PROBLEMA 4

$$f(x) = \begin{cases} 2x+14 & si \quad x \in [0,6] \\ -x^2+24x-82 & si \quad x \in \,]6,18] \\ -x+34 & si \quad x \in \,]18,24] \end{cases}$$

Las funciones que definen a $f(x)$ son funciones polinómicas que son continuas. Las únicas posibles discontinuidades estarán en los puntos de encuentro. Así:

En $x = 6$:

$f(6) = 2 \cdot 6 + 14 = 26$

$\lim\limits_{x \to 6} f(x) \to \begin{cases} \lim\limits_{x \to 6^-} (2x+14) = 26 \\ \lim\limits_{x \to 6^+} (-x^2+24x-82) = 26 \end{cases} \Rightarrow \lim\limits_{x \to 6} f(x) = 26$

PÁGINA 5

Como $f(6) = \lim\limits_{x \to 6} f(x) \Rightarrow f(x)$ es continua en $x = 6$

En $x = 18$:

$f(18) = -18^2 + 24 \cdot 18 - 82 = 26$

$\lim\limits_{x \to 18} f(x) \to \begin{cases} \lim\limits_{x \to 18^-} (-x^2 + 24x - 82) = 26 \\\\ \lim\limits_{x \to 18^+} (-x + 34) = 16 \end{cases} \Rightarrow \nexists \lim\limits_{x \to 18} f(x)$

$f(x)$ presenta una discontinuidad de salto finito en $x = 18$

$\Rightarrow f(x)$ es continua en $[0, 24] - \{18\}$

b) Si $0 \le x < 6 \to f(x) = 2x + 14$

$f'(x) = 2 \Rightarrow f'(x) \ne 0$

Si $6 < x < 18 \to f(x) = -x^2 + 24x - 82$

$f'(x) = -2x + 24 \to f'(x) = 0 \, ; \, -2x + 24 = 0 \to x = 12$

Si $18 < x \le 24 \to f(x) = -x + 34$

$f'(x) = -1 \Rightarrow f'(x) \ne 0$

PÁGINA 6

Calculamos los extremos absolutos en $[0, 24]$

$f(0) = 14$
$f(6) = 26$
$f(12) = 62$
$f(18) = 26$
$f(24) = 10$

El consumo máximo de 62 Mw·h se produce a las 12 horas y el mínimo de 10 Mw·h se produce a las 24 horas

PROBLEMA 5

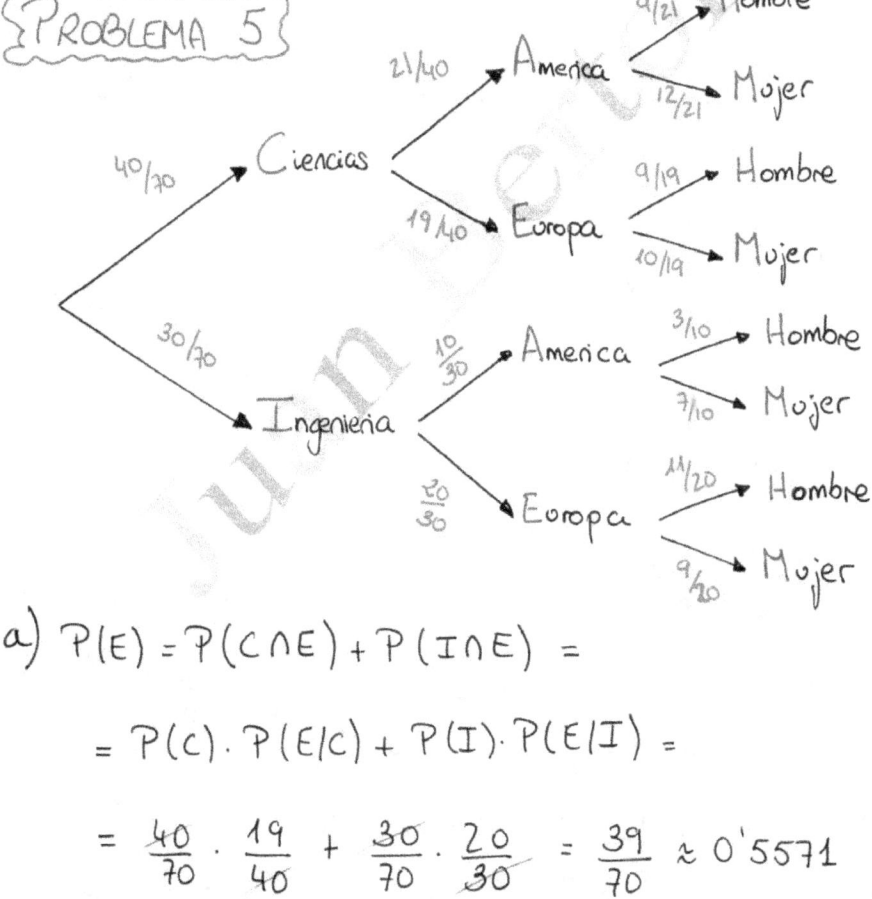

a) $P(E) = P(C \cap E) + P(I \cap E) =$

$= P(C) \cdot P(E/C) + P(I) \cdot P(E/I) =$

$= \dfrac{40}{70} \cdot \dfrac{19}{40} + \dfrac{30}{70} \cdot \dfrac{20}{30} = \dfrac{39}{70} \approx 0'5571$

PÁGINA 7

b) $P(H \cap C) = P(C \cap A \cap H) + P(C \cap E \cap H) =$

$$= \frac{40}{70} \cdot \frac{21}{40} \cdot \frac{9}{21} + \frac{40}{70} \cdot \frac{19}{40} \cdot \frac{9}{19} = \frac{18}{70} = \frac{9}{35} \approx 0'2571$$

c) $P(C|M) = \dfrac{P(C \cap M)}{P(M)} = \dfrac{\frac{40}{70} \cdot \frac{21}{40} \cdot \frac{12}{21} + \frac{40}{70} \cdot \frac{19}{40} \cdot \frac{10}{19}}{\frac{40}{70} \cdot \frac{21}{40} \cdot \frac{12}{21} + \frac{40}{70} \cdot \frac{19}{40} \cdot \frac{10}{19} + \frac{30}{70} \cdot \frac{10}{30} \cdot \frac{7}{10} + \frac{30}{70} \cdot \frac{20}{30} \cdot \frac{9}{20}} =$

$$= \frac{22/70}{38/70} = \frac{22}{38} = \frac{11}{19} \approx 0'5789$$

$$P(I|M) = \frac{P(I \cap M)}{P(M)} = \frac{\frac{30}{70} \cdot \frac{10}{30} \cdot \frac{7}{10} + \frac{30}{70} \cdot \frac{20}{30} \cdot \frac{9}{20}}{38/70} = \frac{16/70}{38/70} =$$

$$= \frac{16}{38} = \frac{8}{19} \approx 0'4211$$

$\Rightarrow$ Escogida una mujer al azar, es más probable que sea especialista en ciencias.

d) $P(M) = \dfrac{38}{70} = \dfrac{19}{35}$

$$P(M|I) = \frac{P(M \cap I)}{P(I)} = \frac{16/70}{30/70} = \frac{16}{70} = \frac{8}{35}$$

Como $P(M) \neq P(M|I)$ los sucesos "ser mujer" (M) y "ser especialista en ingeniería" (I) NO son independientes

PÁGINA 8

PROBLEMA 8

Sean los sucesos:

A = Ser cliente de la compañia A

B = Ser cliente de la compañia B

C = Contratar la televisión de pago

$$P(C|A) = X$$

$P(A) = 0'7$ → A

$$P(\bar{C}|A) = 1 - x$$

$P(B) = 0'3$ → B

$$P(C|B) = 0'5$$

$$P(\bar{C}|B) = 0'5$$

Dato:

$$P(C) = 0'65$$

$$P(A) \cdot P(C|A) + P(B) \cdot P(C|B)$$

$$0'7x + 0'3 \cdot 0'5 = 0'65$$

$$\Rightarrow x = \frac{5}{7}$$

a) $P(\bar{C} \cap A) = P(A) \cdot P(\bar{C}|A) = 0'7 \cdot \left(1 - \frac{5}{7}\right) = \frac{1}{5}$

b) $P(B|\bar{C}) = \dfrac{P(B \cap \bar{C})}{P(\bar{C})} = \dfrac{P(B) \cdot P(\bar{C}|B)}{1 - P(C)} = \dfrac{0'3 \cdot 0'5}{1 - 0'65} = \dfrac{3}{7}$

c) $P(A \cup C) = P(A) + P(B \cap C) = 1 - P(B \cap \bar{C}) =$

$$= 1 - 0'3 \cdot 0'5 = 0'85$$

GENERALITAT
VALENCIANA
Conselleria d'Educació,
Universitats i Ocupació

COMISSIÓ GESTORA DE LES PROVES D'ACCÉS A LA UNIVERSITAT

COMISIÓN GESTORA DE LAS PRUEBAS DE ACCESO A LA UNIVERSIDAD

SISTEMA UNIVERSITARI VALENCIÀ
SISTEMA UNIVERSITARIO VALENCIANO

PROVES D'ACCÉS A LA UNIVERSITAT	PRUEBAS DE ACCESO A LA UNIVERSIDAD
CONVOCATÒRIA: JUNY 2024	CONVOCATORIA: JUNIO 2024
Assignatura: MATEMÀTIQUES APLICADES A LES CIÈNCIES SOCIALS II	Asignatura: MATEMÁTICAS APLICADAS A LAS CIENCIAS SOCIALES II

BAREMO DEL EXAMEN: **Se han de contestar tres problemas de entre los seis propuestos.** Cada problema se valorará de 0 a 10 puntos y la nota final será la media aritmética de los tres. Se permite el uso de calculadoras siempre que no sean gráficas o programables y que no puedan realizar cálculo simbólico ni almacenar texto o fórmulas en memoria. Se utilice o no la calculadora, los resultados analíticos, numéricos y gráficos deberán estar siempre debidamente justificados. Está permitido el uso de regla. Las gráficas se harán con el mismo color que el resto del examen.

Todas las respuestas han de estar debidamente razonadas.

Problema 1. Una tienda de televisores ha obtenido *247 250* euros por la venta de *220* televisores de sus modelos *ULED, QLED* y *LD*. Un televisor del modelo *ULED* cuesta *1 250* euros y los otros dos modelos son un *10 %* y un *20 %* más baratos que el modelo *ULED*, respectivamente. Sabemos que la suma de la cantidad de televisores *QLED* y de televisores *LD* vendidos es igual al triple de los televisores *ULED* vendidos. Halla el número de televisores de cada modelo que se han vendido.

(Planteamiento correcto, 5 puntos - Resolución correcta 5 puntos)

Problema 2. Consideremos las matrices:

$$A = \begin{pmatrix} 1 & 0 & -1 \\ 0 & 1 & 0 \\ 0 & 0 & 1 \end{pmatrix} \quad y \quad B = \begin{pmatrix} 1 & 1 & 0 \\ 0 & 1 & 1 \\ 1 & 0 & 1 \end{pmatrix}$$

Se pide:
a) Hallar la matriz X que satisface la ecuación $X^{-1} A + A = B$. *(4 puntos)*
b) Hallar la matriz Y que satisface la ecuación $(A - B) Y - A Y = I$, donde I representa a la matriz identidad de orden 3. *(4 puntos)*
c) Hallar la matriz Z que satisface la ecuación $A Z A^{-1} = I$. *(2 puntos)*

Problema 3. Se considera la función $f(x) = \dfrac{x^2 - 3x}{x(x-3) + (x+1)}$. Se pide:
a) Su dominio y puntos de corte con los ejes coordenados. *(2 puntos)*
b) Las asíntotas horizontales y verticales, si existen. *(2 puntos)*
c) Los intervalos de crecimiento y decrecimiento. *(2 puntos)*
d) Los máximos y mínimos locales, si existen. *(2 puntos)*
e) La representación gráfica de la función a partir de los resultados anteriores.

(2 puntos)

Problema 4. Se considera la función:

$$f(x) = \begin{cases} x^3 + ax^2 + 24x & \text{si } x \leq -1, \\ (x-1)^2 + 3 & \text{si } x > -1. \end{cases}$$

siendo a un número real.

a) Determina el valor de a para que esta función sea continua. *(2 puntos)*
b) Supongamos que $a = 9$. Determina los máximos y mínimos locales que tiene esta función en el intervalo $]-9/2, -3/2[$. *(4 puntos)*
c) Supongamos que $a = 0$. Calcula el área de la región delimitada por esta función, la recta de ecuación $x = 2$, la recta de ecuación $x = 3$ y el eje OX. *(4 puntos)*

Problema 5. Un *30 %* de los directivos de una empresa sabe inglés y alemán. En dicha empresa, el *40 %* de los directivos sabe inglés. Además, de los directivos que saben alemán, el *40 %* sabe también inglés. Seleccionamos un directivo al azar.

a) ¿Qué probabilidad hay de que el directivo sepa alemán? *(3 puntos)*
b) ¿Qué probabilidad hay de que el directivo sepa alemán y no inglés? *(3 puntos)*
c) Si el directivo no sabe alemán, ¿cuál es la probabilidad de que sepa inglés? *(4 puntos)*

Problema 6. Lanzamos un dado de 6 caras bien equilibrado. Si al lanzar el dado obtenemos un número mayor que 2, entonces lanzamos dos veces una moneda bien construida; pero si al lanzar el dado obtenemos un número menor o igual que 2, entonces lanzamos dos veces una moneda defectuosa en la que la probabilidad de obtener cara es tres veces mayor que la de obtener cruz.

a) Si sabemos que en los dos lanzamientos de la moneda hemos obtenido dos caras, ¿cuál es la probabilidad de que hayamos obtenido un número mayor que 2 al lanzar el dado? *(3 puntos)*
b) Calcula la probabilidad de la unión de los sucesos "obtener un número menor o igual que 2 al lanzar el dado" y "obtener al menos una cara en los dos lanzamientos de la moneda". *(4 puntos)*
c) ¿Son independientes los sucesos "obtener un 6 al lanzar el dado" y "obtener dos cruces en los dos lanzamientos de la moneda"? *(3 puntos)*

PROBLEMA 1

	Unidades	Ingresos (€)
Modelo ULED	x	$1250 x$
Modelo QLED	y	$1125 y$
Modelo LD	z	$1000 z$

$$\left.\begin{array}{c} x + y + z = 220 \\ 1250x + 1125y + 1000z = 247250 \\ y + z = 3x \end{array}\right\}$$

$$A^* = \begin{pmatrix} 1 & 1 & 1 & 220 \\ 1250 & 1125 & 1000 & 247250 \\ -3 & 1 & 1 & 0 \end{pmatrix}, \quad \det(A) = \begin{vmatrix} 1 & 1 & 1 \\ 1250 & 1125 & 1000 \\ -3 & 1 & 1 \end{vmatrix} = 500$$

$$\Rightarrow rg(A) = 3 \Rightarrow \text{Sistema Compatible Determinado} \Rightarrow \text{Cramer:}$$

$$x = \frac{\begin{vmatrix} 220 & 1 & 1 \\ 247250 & 1125 & 1000 \\ 0 & 1 & 1 \end{vmatrix}}{500} = \frac{27500}{500} = 55 \text{ televisores ULED}$$

$$y = \frac{\begin{vmatrix} 1 & 220 & 1 \\ 1250 & 247250 & 1000 \\ -3 & 0 & 1 \end{vmatrix}}{500} = \frac{54000}{500} = 108 \text{ televisores QLED}$$

$$z = \frac{\begin{vmatrix} 1 & 1 & 220 \\ 1250 & 1125 & 247250 \\ -3 & 1 & 0 \end{vmatrix}}{500} = \frac{28500}{500} = 57 \text{ televisores LD}$$

PROBLEMA 2

a) $X^{-1}A + A = B \rightarrow X^{-1}A = B - A \rightarrow X^{-1} \cdot A \cdot A^{-1} = (B-A)A^{-1}$

$\rightarrow X^{-1} = BA^{-1} - I \Rightarrow (X^{-1})^{-1} = (B \cdot A^{-1} - I)^{-1} \Rightarrow$

$$\Rightarrow X = (B \cdot A^{-1} - I)^{-1}$$

La matriz inversa A^{-1}, por Gauss-Jordan:

$$\begin{pmatrix} 1 & 0 & -1 & | & 1 & 0 & 0 \\ 0 & 1 & 0 & | & 0 & 1 & 0 \\ 0 & 0 & 1 & | & 0 & 0 & 1 \end{pmatrix} \xrightarrow{F_1 + F_3} \begin{pmatrix} 1 & 0 & 0 & | & 1 & 0 & 1 \\ 0 & 1 & 0 & | & 0 & 1 & 0 \\ 0 & 0 & 1 & | & 0 & 0 & 1 \end{pmatrix} \Rightarrow$$

$$\Rightarrow A^{-1} = \begin{pmatrix} 1 & 0 & 1 \\ 0 & 1 & 0 \\ 0 & 0 & 1 \end{pmatrix}$$

Por otro lado:

$$B \cdot A^{-1} - I = \begin{pmatrix} 1 & 1 & 0 \\ 0 & 1 & 1 \\ 1 & 0 & 1 \end{pmatrix} \cdot \begin{pmatrix} 1 & 0 & 1 \\ 0 & 1 & 0 \\ 0 & 0 & 1 \end{pmatrix} - \begin{pmatrix} 1 & 0 & 0 \\ 0 & 1 & 0 \\ 0 & 0 & 1 \end{pmatrix} =$$

$$= \begin{pmatrix} 1 & 1 & 1 \\ 0 & 1 & 1 \\ 1 & 0 & 2 \end{pmatrix} - \begin{pmatrix} 1 & 0 & 0 \\ 0 & 1 & 0 \\ 0 & 0 & 1 \end{pmatrix} = \begin{pmatrix} 0 & 1 & 1 \\ 0 & 0 & 1 \\ 1 & 0 & 1 \end{pmatrix}$$

PÁGINA 2

$$\left(B \cdot A^{-1} - I\right)^{-1} = \frac{1}{|BA^{-1} - I|} \cdot \left[Adj\left(BA^{-1} - I\right)\right]^{t}$$

$$\det\left(BA^{-1} - I\right) = \begin{vmatrix} 0 & 1 & 1 \\ 0 & 0 & 1 \\ 1 & 0 & 1 \end{vmatrix} = 1$$

$$Adj\left(BA^{-1} - I\right) = \begin{pmatrix} \begin{vmatrix} 0 & 1 \\ 0 & 1 \end{vmatrix} & -\begin{vmatrix} 0 & 1 \\ 1 & 1 \end{vmatrix} & \begin{vmatrix} 0 & 0 \\ 1 & 0 \end{vmatrix} \\ \\ -\begin{vmatrix} 1 & 1 \\ 0 & 1 \end{vmatrix} & \begin{vmatrix} 0 & 1 \\ 1 & 1 \end{vmatrix} & -\begin{vmatrix} 0 & 1 \\ 1 & 0 \end{vmatrix} \\ \\ \begin{vmatrix} 1 & 1 \\ 0 & 1 \end{vmatrix} & -\begin{vmatrix} 0 & 1 \\ 0 & 1 \end{vmatrix} & \begin{vmatrix} 0 & 1 \\ 0 & 0 \end{vmatrix} \end{pmatrix} = \begin{pmatrix} 0 & 1 & 0 \\ -1 & -1 & 1 \\ 1 & 0 & 0 \end{pmatrix}$$

$$\Rightarrow X = \left(B \cdot A^{-1} - I\right)^{-1} = \begin{pmatrix} 0 & -1 & 1 \\ 1 & -1 & 0 \\ 0 & 1 & 0 \end{pmatrix}$$

b) $(A - B)Y - AY = I \Rightarrow (A - B - A)Y = I \Rightarrow -BY = I$

$$\Rightarrow (-B)^{-1} \cdot (-B)Y = (-B)^{-1} \cdot I \Rightarrow Y = -B^{-1}$$

$$B^{-1} = \frac{1}{|B|} \cdot \left[Adj(B)\right]^{t} \;;\; \det(B) = \begin{vmatrix} 1 & 1 & 0 \\ 0 & 1 & 1 \\ 1 & 0 & 1 \end{vmatrix} = 2$$

$$Adj(B) = \begin{pmatrix} 1 & 1 & -1 \\ -1 & 1 & 1 \\ 1 & -1 & 1 \end{pmatrix} \Rightarrow \left[Adj(B)\right]^{t} = \begin{pmatrix} 1 & -1 & 1 \\ 1 & 1 & -1 \\ -1 & 1 & 1 \end{pmatrix}$$

PÁGINA 3

$$B^{-1} = \frac{1}{2} \cdot \begin{pmatrix} 1 & -1 & 1 \\ 1 & 1 & -1 \\ -1 & 1 & 1 \end{pmatrix} \Rightarrow Y = -B^{-1} = \begin{pmatrix} -1/2 & 1/2 & -1/2 \\ -1/2 & -1/2 & 1/2 \\ 1/2 & -1/2 & 1/2 \end{pmatrix}$$

c) $AZA^{-1} = I \Rightarrow A^{-1}AZA^{-1}A = A^{-1}IA \Rightarrow$

$$\Rightarrow Z = A^{-1} \cdot A \Rightarrow Z = I = \begin{pmatrix} 1 & 0 & 0 \\ 0 & 1 & 0 \\ 0 & 0 & 1 \end{pmatrix}$$

PROBLEMA 3

$$f(x) = \frac{x^2-3x}{x^2-3x+x+1} = \frac{x^2-3x}{x^2-2x+1} = \frac{x^2-3x}{(x-1)^2}$$

a) Dominio:

$(x-1)^2 = 0 \Rightarrow x-1 = 0 \Rightarrow x = 1 \Rightarrow$ Dom$(f(x)) = \mathbb{R} - \{1\}$

Puntos de corte con eje X:

$f(x) = 0 \rightarrow x^2-3x = 0 \rightarrow x(x-3) = 0$
- $x=0 \rightarrow PC(0,0)$
- $x=3 \rightarrow PC(3,0)$

Puntos de corte con eje Y:

$x=0 \rightarrow f(0) = \frac{0}{1} = 0 \rightarrow P.C(0,0)$

b) Asíntota Vertical:

$\lim\limits_{x\to 1} \frac{x^2-3x}{(x-1)^2} = \left[\frac{-2}{0}\right] \rightarrow \begin{cases} \lim\limits_{x\to 1^-} \frac{x^2-3x}{(x-1)^2} = \left[\frac{-2}{0^+}\right] = -\infty \\[3mm] \lim\limits_{x\to 1^+} \frac{x^2-3x}{(x-1)^2} = \left[\frac{-2}{0^+}\right] = -\infty \end{cases}$

$\Rightarrow x=1$ es A. Vertical

PÁGINA 4

Asíntotas Horizontales:

$$\left.\begin{array}{l}\displaystyle\lim_{x \to \infty} \frac{x^2-3x}{x^2-2x+1} = \left(\frac{\infty}{\infty}\right) = 1 \\[4mm] \displaystyle\lim_{x \to -\infty} \frac{x^2-3x}{x^2-2x+1} = 1\end{array}\right\} \quad y = 1 \text{ es A. Horizontal}$$

c y d) Monotonía y Extremos relativos:

$$f'(x) = \frac{(2x-3)(x-1)^2 - (x^2-3x)\cdot 2(x-1)}{(x-1)^{\cancel{4}3}} = \frac{2x^2-2x-3x+3-2x^2+6x}{(x-1)^3} =$$

$$= \frac{x+3}{(x-1)^3} \quad ; \quad f'(x) = 0 \longrightarrow x+3 = 0 \longrightarrow x = -3$$

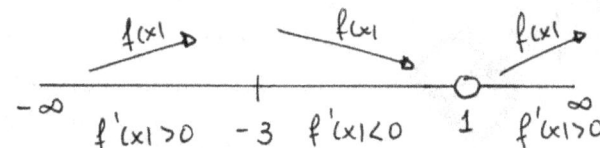

Creciente: $(-\infty, -3) \cup (1, +\infty)$

Decreciente: $(-3, 1)$

Máximo relativo $\left(-3, f(-3)\right) = \left(-3, \dfrac{9}{8}\right)$

$f'(x) > 0 \quad -3 \quad f'(x) < 0 \quad 1 \quad f'(x) > 0$

e) Gráfica:

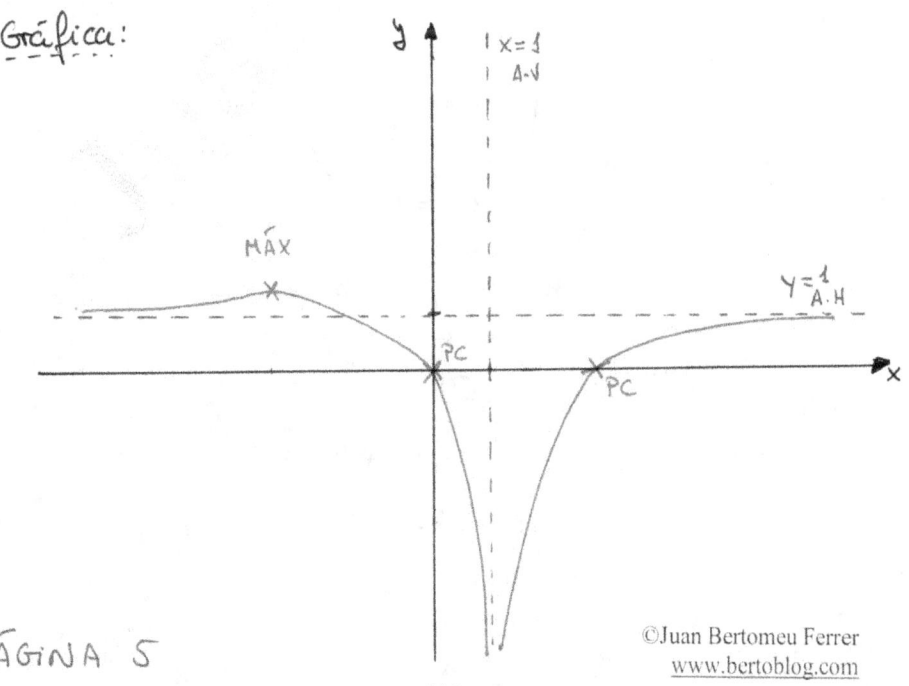

PÁGINA 5

PROBLEMA 4

$$f(x) = \begin{cases} x^3 + ax^2 + 24x & \text{si } x \leq -1 \\ \\ (x-1)^2 + 3 & \text{si } x > 1 \end{cases}$$

a) Para que $f(x)$ sea continua, basta con asegurar la continuidad en $x = -1$. Así:

$$f(-1) = (-1)^3 + a \cdot (-1)^2 + 24 \cdot (-1) = a - 25$$

$$\lim_{x \to -1} f(x) \to \begin{cases} \lim_{x \to -1^-} (x^3 + ax^2 + 24x) = a - 25 \\ \\ \lim_{x \to -1^+} [(x-1)^2 + 3] = 7 \end{cases} \quad a - 25 = 7 \Rightarrow a = 32$$

Si $a = 32 \Rightarrow f(-1) = \lim_{x \to -1} f(x) \Rightarrow f(x)$ continua en $x = -1$ (y en $\mathbb{R}$)

b) En el intervalo $\left(-\frac{9}{2}, -\frac{3}{2}\right)$ la función es $f(x) = x^3 + 9x^2 + 24x$

Por tanto:

$$f'(x) = 3x^2 + 18x + 24$$

$$f'(x) = 0 \to 3x^2 + 18x + 24 = 0 \begin{cases} x = -2 \\ x = -4 \end{cases}$$

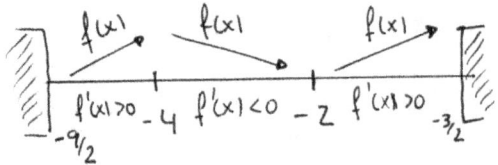

Máximo relativo: $(-4, f(-4)) = (-4, -16)$

Mínimo relativo: $(-2, f(-2)) = (-2, -20)$

c) La función $f(x) = (x-1)^2 + 3$ es mayor que cero para todo $x \in \mathbb{R}$. Por tanto, el área pedida

$$A = \int_2^3 \left[(x-1)^2 + 3 \right] dx = \left[\frac{(x-1)^3}{3} + 3x \right]_2^3 = \left(\frac{2^3}{3} + 9 \right) - \left(\frac{1}{3} + 6 \right) = \frac{16}{3} u^2$$

PROBLEMA 5

Sean los sucesos:

$A \equiv$ Saber Alemán

$I \equiv$ Saber Inglés

Se nos dan los datos:

$P(A \cap I) = 0'3$; $P(I) = 0'4$; $P(I \mid A) = 0'4$

a) $P(I \mid A) = \dfrac{P(I \cap A)}{P(A)} \rightarrow P(A) = \dfrac{P(I \cap A)}{P(I \mid A)} = \dfrac{0'3}{0'4} = 0'75$

b) $P(A \cap \overline{I}) = P(A) - P(A \cap I) = 0'75 - 0'3 = 0'45$

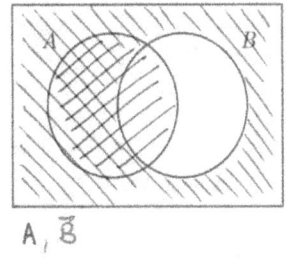

$A, \overline{B}$

$P(A \cap \overline{B}) = P(A) - P(A \cap B)$

c) $P(I \mid \overline{A}) = \dfrac{P(I \cap \overline{A})}{P(\overline{A})} = \dfrac{P(I) - P(I \cap A)}{1 - P(A)} =$

$= \dfrac{0'4 - 0'3}{0'25} = 0'4$

PÁGINA 7

PROBLEMA 6

Planteamos el árbol

A ≡ Sacar un número mayor que 2 en el dado

B ≡ Sacar un número menor o igual que 2 en el dado

a) $P(A|(C\cap C)) = \dfrac{P(A\cap(C\cap C))}{P(C\cap C)} = \dfrac{\frac{4}{6}\cdot\frac{1}{2}\cdot\frac{1}{2}}{\frac{4}{6}\cdot\frac{1}{2}\cdot\frac{1}{2}+\frac{2}{6}\cdot\frac{3}{4}\cdot\frac{3}{4}} = \dfrac{8}{17}$

b) D ≡ Obtener al menos una cara

$P(B\cup D) = P(A\cap C\cap C) + P(A\cap C\cap X) + P(A\cap X\cap C) + P(B) =$

$= 1 - P(A\cap X\cap X) = 1 - \dfrac{4}{6}\cdot\dfrac{1}{2}\cdot\dfrac{1}{2} = \dfrac{5}{6}$

c) $P(6) = \dfrac{1}{6}$

$P(6|(X\cap X)) = \dfrac{P(6\cap(X\cap X))}{P(X\cap X)} = \dfrac{\frac{1}{6}\cdot\frac{1}{2}\cdot\frac{1}{2}}{\frac{4}{6}\cdot\frac{1}{2}\cdot\frac{1}{2}+\frac{2}{6}\cdot\frac{1}{4}\cdot\frac{1}{4}} = \dfrac{2}{9}$

⟹ Como $P(6) \neq P(6|(X\cap X))$ ⟹ NO son independientes.

PÁGINA 8

 GENERALITAT VALENCIANA
Conselleria d'Educació
Universitats i Ocupació

COMISSIÓ GESTORA DE LES PROVES D'ACCÉS A LA UNIVERSITAT
COMISIÓN GESTORA DE LAS PRUEBAS DE ACCESO A LA UNIVERSIDAD

SISTEMA UNIVERSITARI VALENCIÀ
SISTEMA UNIVERSITARIO VALENCIANO

PROVES D'ACCÉS A LA UNIVERSITAT	PRUEBAS DE ACCESO A LA UNIVERSIDAD
CONVOCATÒRIA: JULIOL 2024	CONVOCATORIA: JULIO 2024
Assignatura: MATEMÀTIQUES APLICADES A LES CIÈNCIES SOCIALS II	Asignatura: MATEMÁTICAS APLICADAS A LAS CIENCIAS SOCIALES II

BAREMO DEL EXAMEN: **Se han de contestar tres problemas de entre los seis propuestos.** Cada problema se valorará de 0 a 10 puntos y la nota final será la media aritmética de los tres. Se permite el uso de calculadoras siempre que no sean gráficas o programables y que no puedan realizar cálculo simbólico ni almacenar texto o fórmulas en memoria. Se utilice o no la calculadora, los resultados analíticos, numéricos y gráficos deberán estar siempre debidamente justificados. Está permitido el uso de regla. Las gráficas se harán con el mismo color que el resto del examen.

Todas las respuestas han de estar debidamente razonadas.

Problema 1. Una fábrica vende diariamente dos modelos de bolígrafos de color verde. El modelo sencillo requiere una unidad de tinta y otra de plástico para su fabricación, el más sofisticado requiere una unidad de tinta y una y media de plástico. Dispone de 2 500 unidades de tinta y de 3 000 de plástico, y además se sabe que no se pueden fabricar más de 2 000 unidades de bolígrafos sencillos. Por cada bolígrafo sencillo la empresa gana 0,5 euros y por cada uno de los sofisticados 0,7 euros.

   a) ¿Cuántas unidades de cada tipo debe producir para maximizar las ganancias?

   (8 puntos)

   b) ¿A cuánto ascienden estas ganancias máximas?   *(2 puntos)*

Problema 2. Consideramos las matrices $A = \begin{pmatrix} 1 & 0 \\ 0 & 1 \\ -1 & 3 \end{pmatrix}$, $B = \begin{pmatrix} -1 & 4 & 0 \\ 0 & 2 & 3 \end{pmatrix}$ y $C = \begin{pmatrix} 3 & 1 \\ 1 & 0 \end{pmatrix}$.

   a) Analiza si la matriz $A B - 2 I$ es invertible, siendo I la matriz identidad de orden 3.

   (3 puntos)

   b) Determina la matriz X que es solución de la ecuación $A + 2 X C = B^t$, siendo B^t la traspuesta de la matriz B.   *(4 puntos)*

   c) Calcula para qué valores de z la matriz $D = \begin{pmatrix} 1 & -1 \\ -1 & z \end{pmatrix}$ cumple la condición $C D = D C$.   *(3 puntos)*

Problema 3. Se considera la función $f(x) = \dfrac{1}{(3x^2-1)^2}$. Se pide:

a) Su dominio y los puntos de corte con los ejes coordenados.   *(2 puntos)*

b) Las asíntotas horizontales y verticales, si existen.   *(2 puntos)*

c) Los intervalos de crecimiento y decrecimiento.   *(2 puntos)*

d) Los máximos y mínimos locales, si existen.   *(2 puntos)*

e) La representación gráfica de la función a partir de los resultados anteriores.   *(2 puntos)*

Problema 4. Un agricultor estima que si aplica x kilos de abono en un terreno, sus ingresos serán $-x^2 + 60x + 100$ euros.

a) ¿Qué cantidad de abono maximiza sus ingresos? ¿Cuáles son estos ingresos máximos?   *(3 puntos)*

b) Si el coste del abono es de 12 euros por kilo, ¿qué cantidad de abono maximiza sus beneficios?; ¿cuáles son estos beneficios máximos?   *(4 puntos)*

c) ¿Qué cantidades de abono garantizan beneficios positivos?   *(3 puntos)*

Problema 5. Un instituto tiene estudiantes de ESO y de Bachillerato. El instituto ofrece tres extraescolares: dos deportivas (fútbol y baloncesto) y una no deportiva (música); todos los estudiantes tienen que escoger una extraescolar, pero solo una. El instituto tiene en total 400 estudiantes, y 300 de ellos han escogido fútbol. El instituto tiene 310 estudiantes de ESO; de ellos, 230 han escogido fútbol y 60 han escogido baloncesto. Se sabe también que 8 estudiantes de Bachillerato han escogido música. Seleccionamos al azar un estudiante de este instituto.

a) Calcula la probabilidad de la unión de los sucesos "el estudiante está en ESO" y "el estudiante ha escogido música".   *(3 puntos)*

b) Si sabemos que el estudiante seleccionado ha escogido una extraescolar deportiva, ¿cuál es la probabilidad de que esté en ESO?   *(4 puntos)*

c) ¿Son independientes los sucesos "el estudiante está en Bachillerato" y "el estudiante no ha escogido baloncesto"?   *(3 puntos)*

Problema 6. Una empresa de vacunas para ganado bovino está evaluando la efectividad de dos métodos distintos, A y B, para administrar una vacuna contra virus que afectan al aparato respiratorio. En el estudio, de las 600 reses de una explotación ganadera, 250 fueron vacunadas por el método A, otras 250 por el método B y el resto no fueron vacunadas. Se observó que en los cuatro meses siguientes tuvieron problemas respiratorios el 30 % de las reses vacunadas por el método A, el 20 % de las vacunadas por el método B y el 60 % de las no vacunadas. Calcula:

a) La probabilidad de que una res elegida al azar haya tenido problemas respiratorios.   *(3 puntos)*

b) La probabilidad de que una res que no ha tenido problemas respiratorios haya sido vacunada por el método B.   *(4 puntos)*

c) La probabilidad de la intersección de los sucesos "la res no ha sido vacunada" y "la res tiene problemas respiratorios".   *(3 puntos)*

PROBLEMA 1

	Unidades	Tinta (ud)	Plástico (ud)	Beneficio (€)
Sencillo →	x	$1x$	$1x$	$0'5x$
Sofisticado →	y	$1y$	$1'5y$	$0'7y$
TOTAL:		$x+y$	$x+1'5y$	$0'5x+0'7y$
Restricción:	$x \leq 2000$	≤ 2500	≤ 3000	MÁXIMO

Tenemos que obtener el máximo de $f(x,y) = 0'5x + 0'7y$ sujeta a las restricciones dadas por:

$$\left.\begin{array}{l} x+y \leq 2500 \\ x+1'5y \leq 3000 \end{array}\right\} \rightarrow \begin{array}{l} y \leq 2500 - x \\ y \leq \dfrac{6000-2x}{3} \end{array}$$

$$x \leq 2000$$
$$x \geq 0 ; \ y \geq 0$$

x	$y = 2500 - x$
0	2500
2500	0
x	$y = \dfrac{6000-2x}{3}$
0	2000
3000	0

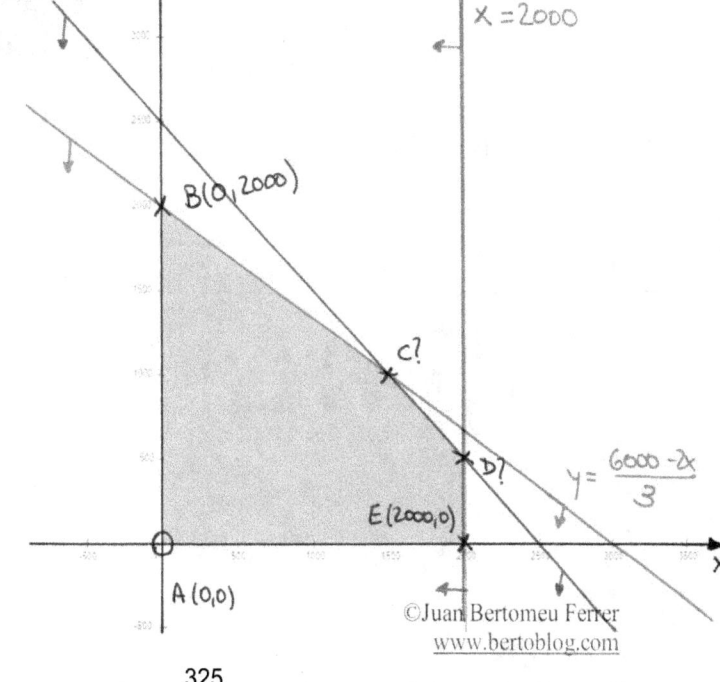

PÁGINA 1

Tenemos ya los vértices $A(0,0)$; $B(0,2000)$; $E(2000,0)$ y determinamos los vértices restantes

Vértice C $\longrightarrow$ $\begin{cases} y = 2500 - x \\ y = \dfrac{6000 - 2x}{3} \end{cases}$ $2500 - x = \dfrac{6000 - 2x}{3}$ $\Rightarrow x = 1500 \rightarrow y = 1000$

$$\Rightarrow C(1500, 1000)$$

Vértice D $\longrightarrow$ $\begin{cases} x = 2000 \\ y = 2500 - x \end{cases}$ $y = 500$ $\Rightarrow D(2000, 500)$

Por tanto:

$f(x,y) = 0'5\,x + 0'7\,y$

$\quad\hookrightarrow f(0,0) = 0\,€$

$\quad\hookrightarrow f(0,2000) = 0'7 \cdot 2000 = 1400\,€$

$\quad\hookrightarrow f(1500, 1000) = 0'5 \cdot 1500 + 0'7 \cdot 1000 = 1450\,€$

$\quad\hookrightarrow f(2000, 500) = 0'5 \cdot 2000 + 0'7 \cdot 500 = 1350\,€$

$\quad\hookrightarrow f(2000, 0) = 0'5 \cdot 2000 = 1000\,€$

| Deben producirse 1500 bolis sencillos y 1000 bolis sofisticados para obtener los beneficios máximos de 1450€.

PROBLEMA 2

a) $A \cdot B = \begin{pmatrix} 1 & 0 \\ 0 & 1 \\ -1 & 3 \end{pmatrix} \cdot \begin{pmatrix} -1 & 4 & 0 \\ 0 & 2 & 3 \end{pmatrix} = \begin{pmatrix} -1 & 4 & 0 \\ 0 & 2 & 3 \\ 1 & 2 & 9 \end{pmatrix}$

PÁGINA 2

$$AB - 2I = \begin{pmatrix} -1 & 4 & 0 \\ 0 & 2 & 3 \\ 1 & 2 & 9 \end{pmatrix} - 2 \cdot \begin{pmatrix} 1 & 0 & 0 \\ 0 & 1 & 0 \\ 0 & 0 & 1 \end{pmatrix} = \begin{pmatrix} -3 & 4 & 0 \\ 0 & 0 & 3 \\ 1 & 2 & 7 \end{pmatrix}$$

La matriz $(AB-2I)$ será invertible si $\det(AB-2I) \neq 0$.

$$\det(AB - 2I) = \begin{vmatrix} -3 & 4 & 0 \\ 0 & 0 & 3 \\ 1 & 2 & 7 \end{vmatrix} = 30 \neq 0 \Rightarrow \exists (AB-2I)^{-1}$$

b) $A + 2XC = B^t \longrightarrow 2XC = B^t - A \longrightarrow X = \frac{1}{2}(B^t - A) \cdot C^{-1}$

$C^{-1} = \frac{1}{\det(C)} \cdot [Adj(C)]^t$, $\det(C) = \begin{vmatrix} 3 & 1 \\ 1 & 0 \end{vmatrix} = -1 \neq 0 \Rightarrow \exists C^{-1}$

$Adj(C) = \begin{pmatrix} 0 & -1 \\ -1 & 3 \end{pmatrix} \longrightarrow [Adj(C)]^t = \begin{pmatrix} 0 & -1 \\ -1 & 3 \end{pmatrix} \Rightarrow C^{-1} = \begin{pmatrix} 0 & 1 \\ 1 & -3 \end{pmatrix}$

$B^t - A = \begin{pmatrix} -1 & 0 \\ 4 & 2 \\ 0 & 3 \end{pmatrix} - \begin{pmatrix} 1 & 0 \\ 0 & 1 \\ -1 & 3 \end{pmatrix} = \begin{pmatrix} -2 & 0 \\ 4 & 1 \\ 1 & 0 \end{pmatrix}$

$$\Rightarrow X = \frac{1}{2}(B^t - A) C^{-1} = \frac{1}{2} \cdot \begin{pmatrix} -2 & 0 \\ 4 & 1 \\ 1 & 0 \end{pmatrix} \cdot \begin{pmatrix} 0 & 1 \\ 1 & -3 \end{pmatrix} = \frac{1}{2} \cdot \begin{pmatrix} 0 & -2 \\ 1 & 1 \\ 0 & 1 \end{pmatrix}$$

$$\Rightarrow X = \begin{pmatrix} 0 & -1 \\ 1/2 & 1/2 \\ 0 & 1/2 \end{pmatrix}$$

c) $C \cdot D = D \cdot C \longrightarrow \begin{pmatrix} 3 & 1 \\ 1 & 0 \end{pmatrix} \cdot \begin{pmatrix} 1 & -1 \\ -1 & z \end{pmatrix} = \begin{pmatrix} 1 & -1 \\ -1 & z \end{pmatrix} \cdot \begin{pmatrix} 3 & 1 \\ 1 & 0 \end{pmatrix} \Longrightarrow$

$\Longrightarrow \begin{pmatrix} 2 & -3+z \\ 1 & -1 \end{pmatrix} = \begin{pmatrix} 2 & 1 \\ -3+z & -1 \end{pmatrix} \Longrightarrow -3+z = 1 \Longrightarrow z = 4$

PROBLEMA 3

$f(x) = \dfrac{1}{(3x^2 - 1)^2}$

a) Dominio:

$(3x^2 - 1)^2 = 0 \rightarrow 3x^2 - 1 = 0 \rightarrow 3x^2 = 1 \rightarrow x^2 = \dfrac{1}{3}$
$\qquad \nearrow x = -\dfrac{1}{\sqrt{3}} = -\dfrac{\sqrt{3}}{3}$
$\qquad \searrow x = \dfrac{1}{\sqrt{3}} = \dfrac{\sqrt{3}}{3}$

$\Longrightarrow Dom(f(x)) = \mathbb{R} \sim \left\{ -\dfrac{\sqrt{3}}{3}, \dfrac{\sqrt{3}}{3} \right\}$

Puntos de corte con el eje X:

$f(x) \neq 0 \quad \forall x \in Dom(f(x)) \Rightarrow$ No corta al eje X

Puntos de corte con el eje Y:

$x = 0 \rightarrow f(0) = \dfrac{1}{(3 \cdot 0 - 1)^2} = 1 \rightarrow P.C (0,1)$

b) Asíntotas Verticales:

$\lim\limits_{x \to -\frac{\sqrt{3}}{3}} \dfrac{1}{(3x^2-1)^2} = \left[\dfrac{1}{0}\right] \longrightarrow$
$\begin{cases} \lim\limits_{x \to -\frac{\sqrt{3}}{3}^-} \dfrac{1}{(3x^2-1)^2} = \left[\dfrac{1}{0^+}\right] = +\infty \\[4mm] \lim\limits_{x \to -\frac{\sqrt{3}}{3}^+} \dfrac{1}{(3x^2-1)^2} = \left[\dfrac{1}{0^+}\right] = +\infty \end{cases}$

$x = -\dfrac{\sqrt{3}}{3}$ es A. Vertical

PÁGINA 4

$$\lim_{x \to \frac{\sqrt{3}}{3}} \frac{1}{(3x^2-1)^2} = \left[\frac{1}{0}\right] \longrightarrow \begin{cases} \lim\limits_{x \to \frac{\sqrt{3}}{3}^-} \frac{1}{(3x^2-1)^2} = \left[\frac{1}{0^+}\right] = +\infty \\[20pt] \lim\limits_{x \to \frac{\sqrt{3}}{3}^+} \frac{1}{(3x^2-1)^2} = \left[\frac{1}{0^+}\right] = +\infty \end{cases}$$

$x = \dfrac{\sqrt{3}}{3}$ es A. Vertical

Asíntotas Horizontales:

$$\left. \begin{array}{l} \lim\limits_{x \to \infty} \dfrac{1}{(3x^2-1)^2} = 0 \\[20pt] \lim\limits_{x \to -\infty} \dfrac{1}{(3x^2-1)^2} = 0 \end{array} \right\} \quad y = 0 \text{ es A. Horizontal.}$$

c y d) $\quad f'(x) = \dfrac{-1 \cdot 2 \cdot (3x^2-1) \cdot 6x}{(3x^2-1)^{4^3}} = \dfrac{-12x}{(3x^2-1)^3}$

$f'(x) = 0 \longrightarrow -12x = 0 \longrightarrow x = 0$

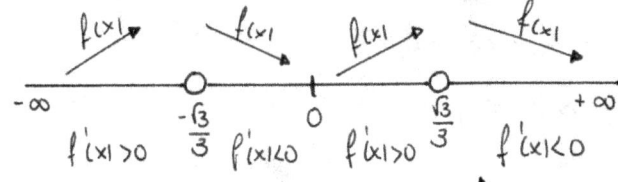

$f'(x) > 0 \quad f'(x) < 0 \quad f'(x) > 0 \quad f'(x) < 0$

Crece: $\left(-\infty, -\dfrac{\sqrt{3}}{3}\right) \cup \left(0, \dfrac{\sqrt{3}}{3}\right)$

Decrece: $\left(-\dfrac{\sqrt{3}}{2}, 0\right) \cup \left(\dfrac{\sqrt{3}}{3}, +\infty\right)$

Mínimo relativo $(0, f(0)) \to$ Mín $(0, 1)$

e)

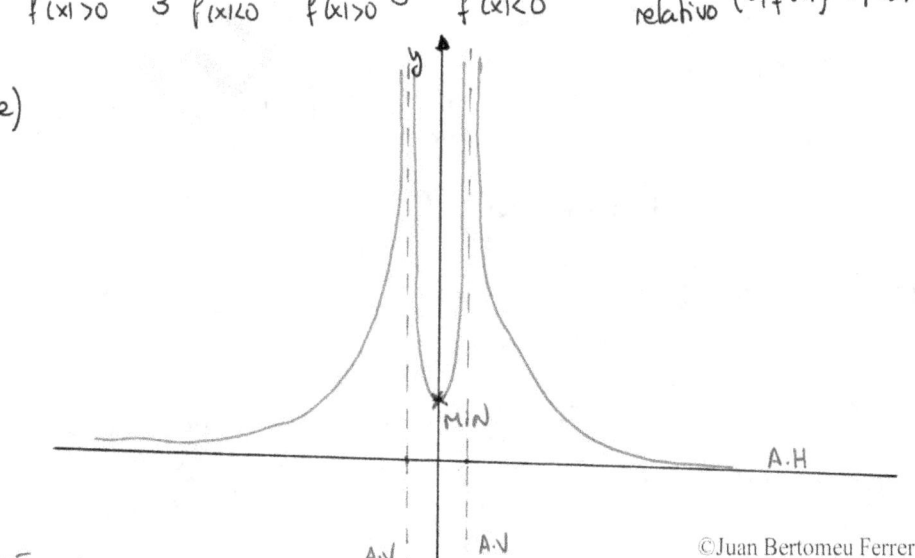

©Juan Bertomeu Ferrer
www.bertoblog.com

PROBLEMA 4

a) $I(x) = -x^2 + 60x + 100$ con $x \geq 0$

$I'(x) = -2x + 60$

$I'(x) = 0 \longrightarrow -2x + 60 = 0 \longrightarrow x = 30$ Kg

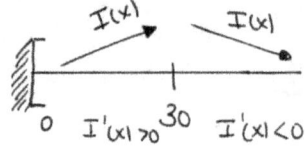

Los ingresos son máximos si el agricultor emplea $x = 30$ Kg de abono. Los ingresos máximos son:

$$I(30) = -30^2 + 60 \cdot 30 + 100 = 1000 \, €$$

b) Los ingresos son $I(x)$ y los costes $C(x) = 12x ; x \geq 0$. Así:

$$B(x) = I(x) - C(x) = -x^2 + 60x + 100 - 12x = -x^2 + 48x + 100 \text{ con } x \geq 0$$

$B'(x) = -2x + 48$

$B'(x) = 0 \longrightarrow -2x + 48 = 0 \longrightarrow x = 24$ Kg

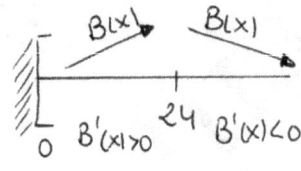

Los beneficios son máximos para $x = 24$ Kg de abono. El beneficio será:

$$B(24) = -24^2 + 48 \cdot 24 + 100 = 676 \, €$$

c) $B(x) > 0 \longrightarrow -x^2 + 48x + 100 > 0$

$-x^2 + 48x + 100 = 0 \Big\langle$ $\begin{array}{l} x = 50 \text{ Kg} \\ x = -2 \text{ Kg} \end{array}$

```
        B(x)=0        B(x)=0
          ↑             ↑
B(x)<0  ●  B(x)>0  ●  B(x)<0
        -2           50
```

Por tanto, los beneficios son positivos si se usan menos de 50 Kg de abono $\Longrightarrow B(x) > 0$ si $x \in [0, 50)$

PÁGINA 6

PROBLEMA 5

Sean los sucesos
$$\begin{cases} A \equiv \text{Estudiante de Bachillerato} \\ F \equiv \text{El estudiante escoge fútbol} \\ B \equiv \text{El estudiante escoge baloncesto} \\ M \equiv \text{El estudiante escoge música.} \end{cases}$$

Planteamos el árbol:

Con los datos del enunciado se pueden deducir fácilmente todas las probabilidades del árbol.

$P(F|A) = \frac{70}{90}$, $P(B|A) = \frac{12}{90}$, $P(M|A) = \frac{8}{90}$, $P(A) = \frac{90}{400}$ (BACH)

$P(\bar{A}) = \frac{310}{400}$ (ESO), $P(F|\bar{A}) = \frac{230}{310}$, $P(B|\bar{A}) = \frac{60}{310}$, $P(M|\bar{A}) = \frac{20}{310}$

a) $P(\bar{A} \cup M) = P(\bar{A}) + P(A \cap M) = P(\bar{A}) + P(A) \cdot P(M|A) =$

$$= \frac{310}{400} + \frac{90}{400} \cdot \frac{8}{90} = \frac{318}{400} = 0'7950$$

b) $P(\bar{A} / F \cup B) = \dfrac{P(\bar{A} \cap (F \cup B))}{P(F \cup B)} = \dfrac{P(\bar{A} \cap F) + P(\bar{A} \cap B)}{P(A \cap F) + P(A \cap B) + P(\bar{A} \cap F) + P(\bar{A} \cap B)}$

$$= \dfrac{\frac{310}{400} \cdot \frac{230}{310} + \frac{310}{400} \cdot \frac{60}{310}}{\frac{90}{400} \cdot \frac{70}{90} + \frac{90}{400} \cdot \frac{12}{90} + \frac{310}{400} \cdot \frac{230}{310} + \frac{310}{400} \cdot \frac{60}{310}} = \dfrac{290/400}{372/400} = \dfrac{290}{372} =$$

$$= 0'7796$$

PÁGINA 7

c) $P(A) = \dfrac{90}{400} = 0'2250$

$P(A \mid \bar{B}) = \dfrac{P(A \cap \bar{B})}{P(\bar{B})} = \dfrac{P(A \cap \bar{B})}{1 - P(B)} = \dfrac{\frac{90}{400} \cdot \frac{78}{90}}{1 - \frac{72}{400}} = \dfrac{\frac{78}{400}}{\frac{328}{400}} = $

$= \dfrac{78}{328} = 0'2378$

$\Rightarrow$ Como $P(A) \neq P(A \mid \bar{B}) \Rightarrow$ A y $\bar{B}$ $\underline{\underline{No}}$ son independientes

PROBLEMA 6

Sean los sucesos $\longrightarrow$
$\begin{cases} A \equiv \text{La res ha sido vacunada con método A} \\ B \equiv \text{La res ha sido vacunada con método B} \\ C \equiv \text{La res no ha sido vacunada} \\ D \equiv \text{La res ha tenido problemas respiratorios} \end{cases}$

Planteamos el árbol:

a) $P(D) = P(A \cap D) + P(B \cap D) + P(C \cap D) =$

$= P(A) \cdot P(D \mid A) + P(B) \cdot P(D \mid B) + P(C) \cdot P(D \mid C) =$

$= \dfrac{250}{600} \cdot 0'3 + \dfrac{250}{600} \cdot 0'2 + \dfrac{100}{600} \cdot 0'6 =$

$= \dfrac{37}{120} = 0'3083$

b) $P(B \mid \bar{D}) = \dfrac{P(B \cap \bar{D})}{P(\bar{D})} =$

$= \dfrac{\frac{250}{600} \cdot 0'8}{1 - \frac{37}{120}} = \dfrac{40}{83} = 0'4819$

c) $P(C \cap D) = \dfrac{100}{600} \cdot 0'6 = \dfrac{1}{10} = 0'1$

PÁGINA 8

©Juan Bertomeu Ferrer
www.bertoblog.com

www.ingramcontent.com/pod-product-compliance
Lightning Source LLC
Chambersburg PA
CBHW080954170526
45158CB00010B/2800